核燃料サイクル施設の社会学

青森県六ヶ所村

船橋晴俊・長谷川公一・飯島伸子 著

有斐閣選書

目次

序章　むつ小川原開発と核燃料サイクル施設の歴史を解明する視点――〔舩橋晴俊〕　1
（1）核燃料サイクル施設を抱えた青森県の置かれた状況　2
むつ小川原開発の失敗の意味（3）　福島原発震災の衝撃（5）
（2）日本社会の構造的問題点　7
環境負荷の外部転嫁と二重基準の連鎖構造（7）　決定権の格差構造と地域に対する支配力（9）　住民運動の意義と住民運動の排除（11）　開発計画における合理性と道理性の不足（12）
（3）社会的意志決定のありかたの欠陥　13
公共圏の欠落という視点からの検討（14）　自治体の従属性と、総体としての行政の自存化（14）
（4）各章の主題　16
第一章　巨大開発から核燃基地へ――〔舩橋晴俊・長谷川公一〕　19
（1）大規模工業基地構想と工業用地造成　21
開発準備期（21）　開発進行期（一九七一年八月～七三年一二月）（26）　開発停滞期（一九七四～七七年）（30）　石油備蓄基地立地期（一九七八～八三年）（32）
（2）むつ小川原開発問題の核燃問題への変容　35
核燃料サイクル問題の五段階（35）　核燃料サイクル施設とは何か（38）　前史としての原子力船むつ問題（42）　なぜむつ小川原開発用地か（46）　拙速な受け入れ過程（48）

（3）核燃反対運動　51
初期の核燃反対運動（51）　海域調査反対運動（52）　チェルノブイリ原発事故と核燃反対運動（53）
農業者の反対運動（55）　八九年参院選――核燃反対運動の頂点（58）
（4）核燃施設操業下の青森県と六ヶ所村　59
土田村長の誕生（59）　九一年知事選――核燃反対運動の分水嶺（60）
（5）迷走する原子力政策と核燃問題　62
開発の「負の遺産」処理――むつ小川原開発株式会社の倒産（62）　続出するトラブルと原子力行政・日本原燃への不信（65）　再処理維持は青森県のため――再処理見直し論をめぐる攻防（69）　東日本大震災・福島第一原発事故と放射性廃棄物半島化する下北半島（72）　後進性からの脱却（75）
第二章　開発の性格変容と計画決定のありかたの問題点――〔船橋晴俊〕85
（1）開発の性格変容の四段階　86
誘致型開発としての出発（86）　従属型開発への変容（88）　危険施設受け入れ型開発への変容（89）
放射性廃棄物処分事業への変容（90）
（2）計画思想、計画手法、計画決定手続きの欠陥　93
当初計画の策定のしかたの欠陥（94）　第二次基本計画の策定のしかたの問題点（97）　核燃料サイクル立地受け入れ過程の問題点（98）　フォローアップ作業の問題点（100）　再処理工場の操業（102）
社会的共依存（105）
（3）青森県庁と諸主体の関係――政府・財界との一体化と県民との距離　106

計画策定における青森県首脳部と政府・経団連との融合（107）　青森県庁首脳部と県民との距離（108）
地域公共圏の貧弱性（110）　廃炉廃棄物の受け入れ問題（113）　最終処分地拒否条例の否決（114）
結び――「放射性廃棄物処分事業」と地域の選択（115）

第三章　大規模開発下の地域社会の変容――〔飯島伸子〕119
（1）六ヶ所村における地域開発の特徴　120
（2）土地売却の経緯と住民の負担や苦痛　124
（3）生活維持と生活設計上の影響　126
（4）人間関係上の影響　128
家族関係への影響（128）　近隣関係および六ヶ所村村内の人間関係への影響（130）
（5）伝統と文化、ふるさとの喪失　132
（6）被害修復への村民の自主的努力　134

第四章　開発による人口・経済・財政への影響と六ヶ所村民の意識――〔船橋晴俊〕139
（1）青森県にとっての巨大開発の効果　140
青森県の投入予算（140）　青森県の人口動態（141）　青森県の経済活動の水準と産業構造（142）　青森県の財政（145）　青森県の増収努力（148）
（2）六ヶ所村にとっての巨大開発の効果　150
六ヶ所村の人口の変化（150）　開発に伴う六ヶ所村の地域経済と村財政の変化（152）　六ヶ所村財政の

収入構造の歴史的変化（154）　核燃施設の効果と展望（159）

（3）六ヶ所村の住民意識とその規定要因　160

地域の経済活動における日本原燃のウェイトと、住民の核燃事業への賛否（161）　根強い不安意識（164）　受益意識による不安感の低減（164）　経済的受益意識によって支えられた受容的態度（165）　結び（166）

第五章　原子力エネルギーの難点の社会学的検討
——主体・アリーナの布置連関の視点から——〔船橋晴俊〕　171

（1）原子力技術はどのような特徴を有し、どのような形で受益圏と受苦圏を生み出すのか　172

事業システムと社会制御システムが有する「経営システムと支配システムの両義性」（172）　原子力施設の有する「強度の両価性」と逆連動の惹起（178）　「中心部」対「周辺部」、「環境負荷の外部転嫁」（183）

（2）問題解決に必要な公準とその実現を規定するアリーナの条件　184

問題解決に必要な二つの公準（184）　内属的アリーナと外在的アリーナに対応した認識と評価の差異（186）

（3）日本の原子力政策の特徴　190

日本の原子力政策をめぐる主体布置と意志決定内容の特徴（190）　二重基準の連鎖構造（194）

（4）原子力をめぐる閉塞状況と、エネルギー政策の打開の方向性　198

エネルギー問題・環境問題・地域格差問題をめぐる原子力依存の難点（198）　代替的政策の方向性は何か（201）

第六章　地域社会と住民運動・市民運動――〔長谷川公一〕209
（1）六ヶ所村の地域権力構造　210
六ヶ所村の村長（210）　村議と村議会（214）　村長派と反村長派のダイナミクス（216）　「選挙は六ヶ所村の産業」である（219）　原燃の企業城下町化（223）
（2）核燃反対運動の課題と特質　224
核燃反対運動の意義と特質（224）　市民運動としての核燃反対運動（228）　地方拠点都市の役割（231）　弁護士の役割（233）　自由業的専門職層の役割（234）
（3）農業者運動としての核燃反対運動　236
農業者の反対運動の限界と課題（238）
（4）選挙運動としての核燃反対運動　240
選挙戦略のジレンマ（242）
（5）国際的な反原子力運動としての核燃反対運動　245
グローバルな反原子力運動（245）
（6）一九九〇年代以降と福島第一原発事故以後の運動の状況　248
閉塞状況（248）　福島第一原発事故以後の展開（251）
第七章　女性の環境行動と青森県の反開発・反核燃運動――〔飯島伸子〕255
（1）環境運動研究とジェンダー・センシティブ　256
環境運動研究における女性の環境運動（256）　公害・環境問題における女性たちの環境行動――戦前の

事例から（257）　戦後の女性たちの環境行動例（259）
（2）青森県の女性たちの環境運動-1
——石油化学コンビナート建設計画をめぐって　267
開発計画発表時点における主婦たちの行動——米内山義一郎氏の影響（268）　鹿島臨海工業地帯の住民との交流——女性たちが過半数を占める視察経験（271）　漁業婦人たちの環境運動（275）
（3）青森県の女性たちの環境運動-2
——核燃料施設建設をめぐって　279
概況（279）　漁業婦人たちの反核燃運動（280）　農業女性たちの反核燃運動（283）　農漁業者以外の青森県の女性たちの反核燃運動（289）

第八章　日本の地域開発史における六ヶ所村開発の位置づけ——〔飯島伸子〕297
（1）六ヶ所村問題への視角　298
地域開発と地域社会破壊の関係を示す代表例として（298）　公害・環境問題史に占める重要例として（300）
（2）六ヶ所村問題の特徴　302
国策並みの二つの巨大開発（302）　現代の足尾事件としての六ヶ所村問題（304）
（3）地域開発の主体確立への教訓として　311
おわりに（313）

第九章　日本の原子力政策と核燃料サイクル施設――〔長谷川公一〕　317

はじめに――核燃料サイクル施設問題の重層性（318）

（1）海外主要国の再処理政策　318

イギリス（319）　フランス（320）　ドイツ（320）　アメリカ（322）

（2）再処理工場の問題点　323

異常なまでの硬直性（323）　再処理政策の四つの難問（325）　余剰プルトニウム問題のジレンマ（325）

再処理工場の経済性――総費用は約一四兆円（328）

（3）なぜ日本は核燃料サイクル路線に固執するのか　330

青森県当局との信頼維持のための再処理（333）　核武装の潜在能力を担保する――再処理の隠れた動機（335）

（4）福島第一原発事故の衝撃　338

東日本大震災と「原発震災」（338）　過小評価のつけ――政府の責任（340）　「人体実験」（341）　菅・野田政権と原子力政策の転換（342）　核燃料サイクルの見直しが新たな焦点に（343）　韓国が求める再処理（344）　「原子力に頼らない下北半島づくり」を（345）

あとがき　351

資料2　「まちづくりとエネルギー政策についての住民意識調査」　378

資料1　むつ小川原原発と核燃料サイクル施設問題に関する年表　388

人名索引　390　事項索引　400

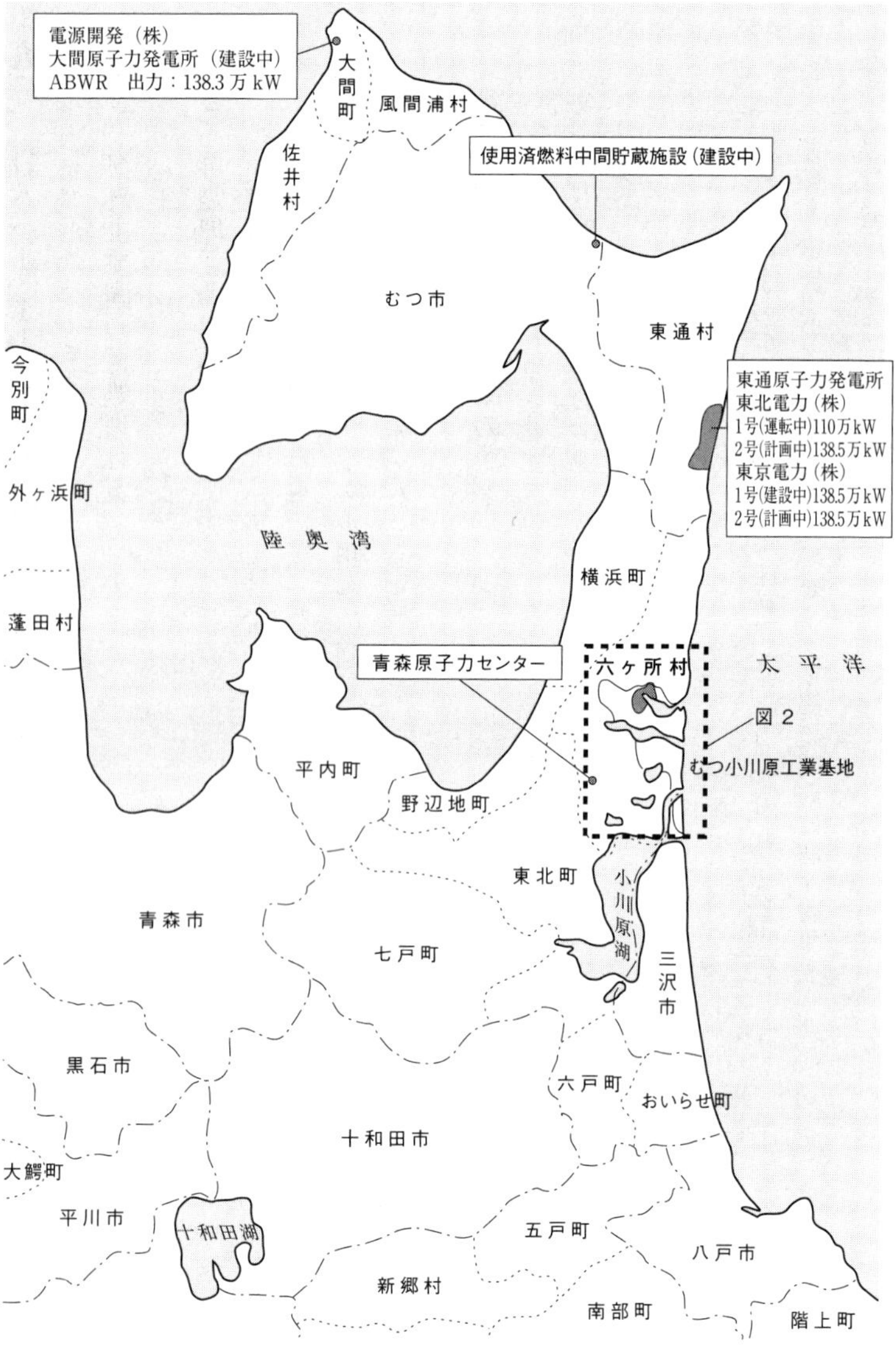

図1　青森県東部と原子力施設

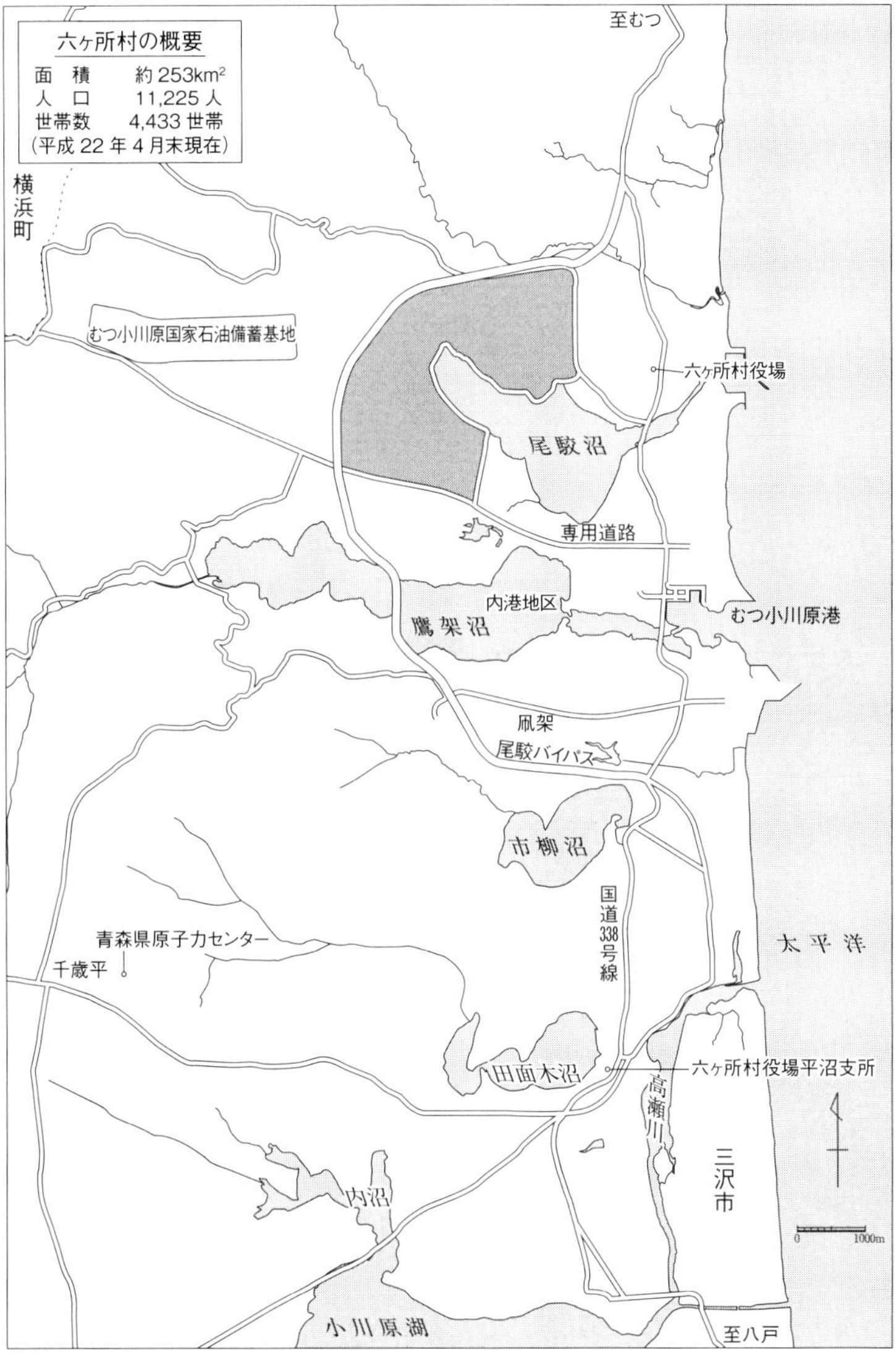

六ヶ所村の概要
面　積　　約 253km²
人　口　　11,225 人
世帯数　　4,433 世帯
(平成 22 年 4 月末現在)
至むつ
横浜町
むつ小川原国家石油備蓄基地
六ヶ所村役場
尾駮沼
専用道路
内港地区
鷹架沼
むつ小川原港
凧架
尾駮バイパス
市柳沼
国道338号線
青森県原子力センター
千歳平
太平洋
田面木沼
六ヶ所村役場平沼支所
高瀬川
三沢市
内沼
小川原湖
至八戸
0
1000m

図 2　六ヶ所村全体図

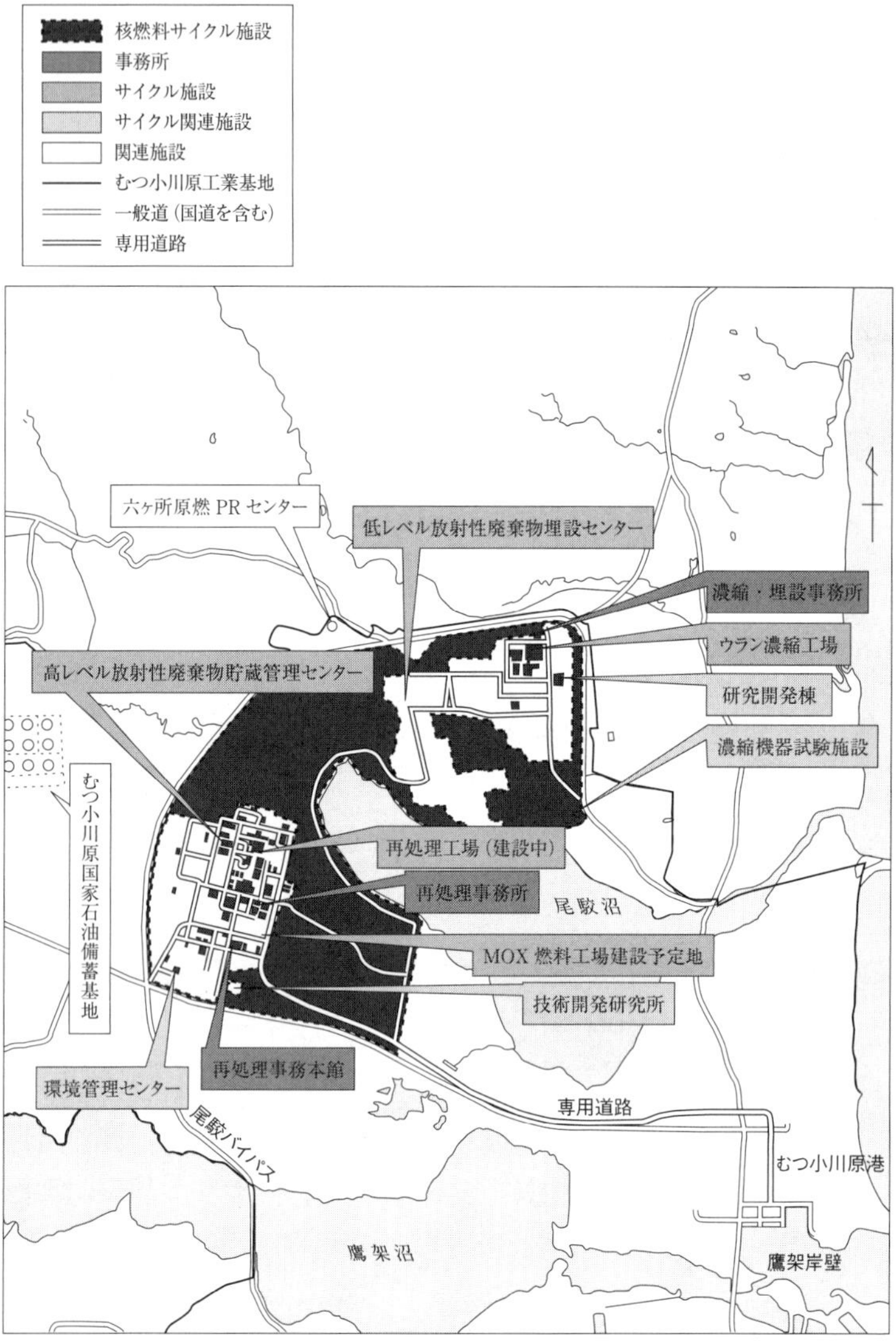

図 3　核燃料サイクル施設周辺地域図

序章　むつ小川原開発と核燃料サイクル施設の歴史を解明する視点

船橋　晴俊

本書の課題は、青森県下北半島地域において、一九六九年以来、企図された「むつ小川原開発計画」が、当初の石油コンビナート計画としては完全に空振りに終わり、そのかわりに、一九八〇年代以後、核燃料サイクル施設の立地として具体化するなかで、どのような社会的諸問題が生起してきたか、そこからどのような教訓をくみとるべきかを、地域開発政策とエネルギー政策を焦点にして、社会学の視点と方法により、探究することである。

この序章では、この問題についてアプローチするにあたって、どのような視点を採用するのかということを説明しておきたい。まず、長年の間むつ小川原開発に取り組み、現在は核燃料サイクル施設を抱えている青森県が、二〇一一年三月の福島原発震災の後に、どのような状況に置かれ、どのような難しい局面に立たされているのかについて検討してみよう（第一節）。次に、そのような難しい状況の基底にどのような格差構造があるかを検討してみよう。格差が問題になる文脈は二つある。さまざまな受益や受苦という財の分配構造の文脈と、地域開発やエネルギー政策をめぐる決定権の所在という文脈である（第二節）。さらに、そのような格差構造を生み出し、また是正できない背景がいかなるものであるのかを、公共圏の欠如あるいは貧弱性という視点から検討する（第三節）。最後に、以上の視点をふまえて、本書の各章がどのような問題群を扱うのかについての展望を示す（第四節）。

（1） 核燃料サイクル施設を抱えた青森県の置かれた状況

一九六九年、政府は、新全国総合開発計画を閣議決定し、その柱となる多数の大規模開発プロジェクトの構想を発表した。高速交通網の整備と巨大工業基地建設は、その中心であった。むつ小川原開発は、北海道苫小牧東部地域の開発と並んで、大規模工業基地計画の代表的なものであり、しかも、工業用地造成という形で当初構想が具体化した数少ないプロジェクトの一つである。

むつ小川原開発の当初の構想を、青森県政レベルで見るならば、そこには、工業化による県民所得の向上と、財政収入の増大という大きな期待がかけられており、県政の最優先課題という位置づけさえされていた。そして、むつ小川原開発の中心舞台となった青森県六ヶ所村では、一九七〇年代に、約三〇〇〇ヘクタールの土地が買収され、工業用地の造成が推進され、同時に、港湾、道路、工業用水道のための巨額の公共投資がなされてきた。この大規模開発という企図は、その後の四〇年の間に、いかなる結果を生んだのだろうか。

むつ小川原開発の失敗の意味

むつ小川原開発の構想発表以来、今日に至る経過の中では、当初の工業開発の企図が実現するどころか、次のような意味での多数の失敗が連鎖的に発生し、未解決の問題群が、山積してしまうという帰結が生じたのである。その主要なものは、次のようである。

①当初に計画された石油コンビナート計画は、第一次石油危機以後、前提としての需要予測が大幅にはずれ、完全な空振りに終わった。広大な用地買収にもかかわらず、その過半の土地は今日に至るまで有効利用されていない。

②開発の進行過程で、六ヶ所村の開発区域内の多くの住民が、土地を売却したものの、あてにした工場

立地による就労機会は生まれず、生活基盤の喪失等の形で打撃を被った。
③当初の開発計画が発表された一九七一年以来、開発の是非をめぐって、再三、六ヶ所村内部に、住民間の深刻な意見対立と分裂が引き起こされた（第三章参照）。
④核燃料サイクル施設計画が公表された一九八四年以来、施設受け入れの可否をめぐって、青森県世論は分裂し、受け入れに賛成の世論は少数であったにもかかわらず、核燃料サイクル施設が立地した。[1]
⑤核燃料サイクル施設の立地にあたっては、当初、工場のイメージが前面に出されたにもかかわらず、立地の進行とともに、その主要な性格は、放射性廃棄物の埋設と貯蔵のための施設へと変容した。結果として、青森県とりわけ六ヶ所村は、他の地域においても青森県民によっても歓迎されない放射性廃棄物の集中的な埋設地、貯蔵地になってしまった。今や、日本中の原子力発電所から排出される放射性廃棄物は、人口一三七万人（二〇一〇年）の一つの県、とりわけその中でも、人口一万人余の一つの村に集中されることになった。
⑥政府および青森県は巨額の公共投資をこの開発に集中してきたが、当初の第一次基本計画と第二次基本計画で構想された工場立地はまったく進まず、浪費的な投資となった。青森県は県行政の中でも優先的にこの開発に人材を投入してきたが、それに見合った成果が生まれたとはいえない。
⑦むつ小川原開発株式会社の経営は、行き詰まり状態が続き、巨額の負債（一九九九年末で二五一二億円）を解消することができず、融資した金融機関に多額の債権放棄を強いる形で二〇〇〇年八月に会社は清算され、その後継の組織として「新むつ小川原株式会社」が発足した。
⑧他方、むつ小川原開発に融資してきた政府系金融機関（北海道東北開発公庫）や民間金融機関の債権は

不良債権化してしまい、北海道東北開発公庫はそのことが一因となって経営的に行き詰まり、一九九九年一〇月に日本開発銀行と統合される形で、日本政策投資銀行へと再編された。

およそ、一つの地域開発計画の帰結として、これほど巨大な問題群を引き起こしてしまったプロジェクトがほかにあるだろうか。地域社会の被ってきた苦悩と、現在、抱え込んでいる問題の深刻さという点では、青森県とりわけ六ヶ所村は、現代日本社会の中でも、もっとも注目すべき地域の一つである。

福島原発震災の衝撃

さらにエネルギー政策の視点から見れば、二〇一一年三月一一日の東日本大震災、とりわけ福島第一原発の事故は、原子力政策の根本的再検討と転換を要請するものであり、いくつもの意味で、六ヶ所村の核燃料サイクル施設のあり方に影響を与え、その歴史と現状の問い直しを迫るものである。

①原子力施設の危険性の意識化。

福島第一原発のこれまでの歴史の中では、危険性についての警告は何回もなされていた。しかし、それらの警告が軽視され、真剣な対処を怠ってきたことが、福島原発震災の勃発と泥沼化を招いた。六ヶ所村の核燃施設も地震に襲われる危険性があり、また、貯蔵されている使用済み核燃料の量も膨大であるので、大事故が発生した場合の被害ははかりしれない。福島原発震災は、核燃施設の危険性についての不安感を高めざるをえない。

②原子力施設依存型の地域振興政策の破綻。

福島第一原発の立地地域においては、地域経済、地域財政、雇用確保のために原発頼みの政策が採り続けられてきた。そのような政策は果たして適切であったのかが、深刻に反省されるようになっている（清水二〇一一）。ところが、原子力依存型の地域振興策の見直し気運が高まると同時に、これまで核燃関連の金銭フローに大きく依存してきた青森県では、それが失われるのではないかという不安感も高まらざるをえない。

③再処理工場の「無用の長物化」による核燃施設の性格変容。

六ヶ所村再処理工場は、二〇〇四年のウラン試験開始後、相次ぐトラブルに見舞われ、巨額の資金投入にもかかわらず、操業開始の展望は立っていない。原子力政策の見直し、脱原発政策へ世論の支持が急速に高まる中で、核燃料サイクル政策の継続には深刻な疑問が突きつけられている。技術的不可能性と政策上の不要性が明確になる中で、再処理工場は「無用の長物」と化しつつあり、その存在意義は、各地原発からの使用済み核燃料の受け入れ施設に変容してしまっている。加えて、ウラン濃縮工場は二〇一〇年一二月以降、全ラインが操業停止に至っている。核燃料サイクル施設は、当初は工場が中心というイメージで進められてきたが、現在の主要な性格は放射性廃棄物処分場へと変容してしまっている。

④放射性廃棄物問題の深刻化と青森県への集中圧力の増大。

福島第一原発の事故は、いくつもの回路で放射性廃棄物問題を深刻化させている。福島では、膨大な放射能に汚染された瓦礫と、破損した使用済み核燃料が生み出され、その行く先探しが問題化している。また震災以前より、全国各地で膨大な廃炉廃棄物が生み出されることが予測されていたが、今後、脱原発の努力に伴い、廃炉廃棄物問題はより早いテンポで深刻化するであろう。他方で、むつ市では、使用済み核燃料の中間貯蔵施設の建設が着手されており、また、青森県六ヶ所村では、すでに、二〇〇二年から二〇〇六年にかけて、日本原燃の核燃サイクル施設用地の中で、廃炉廃棄物の処分場の建設を準備する形で地質や地下水や地盤について調査が行われている。全体として、各種の放射性廃棄物の青森県への集中圧力は増大する傾向にある。

⑤再生可能エネルギーを柱にした地域振興への転換の立ち遅れ。

福島原発震災を受けて、日本のみならず、世界的に見ても、再生可能エネルギーを柱にしたエネルギー政策と地域振興への転換が要請されている。その中で、核燃料サイクル施設の存在が履歴効果となって、青森県の柔軟な政策転換を妨げ、再生可能エネルギーの本流化という時代の転換に、青森県が取り残されることが懸念される。

（2） 日本社会の構造的問題点

以上にあげた、現象的な失敗群と山積する問題点は、実は、ことがらの表層にすぎない。これらの問題群を噴出させてきた基層に注目するならば、受益と受苦の分配に関する地域格差構造と、社会的意思決定権の分配の格差構造という、より根本的な問題点が見出されるのである。

環境負荷の外部転嫁と二重基準の連鎖構造

放射性廃棄物が青森県一県に、とりわけ、六ヶ所村という一つの自治体に、集中しつつあることは、地域格差に新たな次元がつけ加わっていることを意味している。地域格差の特徴として、通常まず、指摘されるのは、人口、経済力、政治的・行政的な決定権、文化的集積についての格差である。これらを、相対的に他よりも多く保持し、他よりも優位に立つ地域が「中心部」であり、相対的に少なく、劣位にある地域が「周辺部」である。青森県は日本全体の中では周辺部に位置しており、六ヶ所村は、青森県内部での周辺部に存在する。それゆえ、もともと六ヶ所村は「周辺部の周辺部」という位置にあった。そのような周辺部へ、放射性廃棄物がさらに集中することは、地域格差に、危険負担の格差という新たな次元を追加するものである。

この新たな格差は、第一に、「環境負荷の外部転嫁」という現代社会の一般的なメカニズムを、空間的文脈において、露呈させている。放射性廃棄物を生み出しているのは、電力需要をまかなうためになされる原子力発電所による発電である。そして、電力需要を大量に発生させているのは、全国的に見た中心部である大都市部である。大量の電気エネルギーを使用しながらなされる中心部の生産・消費活動は、放射性廃棄物という形で環境負荷を生み出すが、それを、自ら負担するのではなく、周辺部に転嫁させているのである。

第二に、放射性廃棄物は、①廃棄物の中でも、もっとも危険性が高く、②人為的に無毒化できず、③その危険性は、超長期にわたり、人間社会の存続期間と対比しても永遠ともいうべき長さに及ぶ、という特色を持つ。このような放射性廃棄物の持つ特徴は時間的文脈においても、環境負荷の外部転嫁というメカニズムが生み出す社会的不公平を、もっとも先鋭に顕在化させるのである。すなわち、現在世代の受益のために、将来世代に危険と負担を転嫁するという事態が生じているのである。

「環境負荷の外部転嫁」は環境問題一般に見られる環境悪化のメカニズムであるが（船橋 一九九八）、日本の原子力政策においては、そのメカニズムが、どのような受益と受苦の格差構造を生み出してきたのであろうか。日本の原子力政策は、アメリカやドイツなどの他の先進工業国が放棄した核燃料サイクル路線を選択し、高速増殖炉と再処理工場とに、巨大な資源を投入してきた。その結果、「二重基準の連鎖構造」ともいうべき特徴を生み出している。

二重基準の連鎖構造とは、受益圏と受苦圏の階層構造の中で、より上位の主体が、自分たちが拒否する危険の負担を、相対劣位の主体に対して押しつけつつ受益を追求するという二重基準を採用していること、しかも、そのような二重基準の採用が、階層構造に沿って連鎖的に次々となされていることである。すなわち、東京都などの電力の大消費地は、原発立地県である福島県や新潟県に対して、そして、原発立地県は、放射性廃棄物の受け入れ県である青森県に対して、それぞれ二重基準を採用しているのである。このような二重基準の連鎖構造の作り出されるメカニズムとその背景にある原子力技術の特徴を、社会学的に解明する必要がある（第五章参照）。

決定権の格差構造と地域に対する支配力

このように、受益と受苦についての地域間の格差構造に対応しているのは、意志決定権、政策決定権の分布における格差構造である。

むつ小川原開発の実施と、核燃料サイクル施設の立地、さらに、搬入される放射性廃棄物の種類の増大という過程で、繰り返しみられるのは、各水準の「中心部」の主体が決定の主導権を握り、当の開発がなされる「周辺部」地域の住民が、それに翻弄され、従属させられているという事態である。

放射性廃棄物の集中や欠陥を有する開発計画が地域社会に押しつけられて来る構造を見ると、そこには、現代日本社会における政府と経済界の有する、地域に対する支配力の特色が露呈している。むつ小川原開発計画の当初の段階においては、開発を推進する諸主体（青森県、政府、経団連、むつ小川原開発株式会社、各級の政権党議員等）の意向と働きかけが、当初は、村長も議会も強硬に開発に反対していた六ヶ所村の態度を転換させた。また、一九八四年以降の核燃料サイクル施設の立地の段階では、全国的レベルでの核燃料サイクル施設の推進諸主体（政府、政権党政治家、電力会社、電事連、原燃サービス、原燃産業等）[2]が、青森県内の推進主体と連携しながら、県内反対派の批判を押し切った。一九九一年二月の知事選挙において、推進派の北村正哉氏が四選されたことは、建設推進の岐路であった（第一章参照）。

むつ小川原開発の具体的な進行過程においては、総体としての行政組織が地域社会に対して支配力を持ち、多数世論の批判を押し切って、開発計画を強行してきた。また、行政組織内部では、政府が県に対して、県が村に対して、支配力を発揮してきた。そのような支配力の根源にあるのは、この開発の生み出すさまざまな金銭フローであり、その金銭フローを支えているのは、巨大な金融力と財政支出である。金銭フローを管理する主体は、自らの経済力を、政治的な支配力へと転換することができる（第二章参照）。

核燃料サイクル施設の立地過程においては、「原子力複合体」ともいうべき、産業界、政界、行政組織、学界、メディアの各領域における主体群の連合体が、このような金銭フローを操作しつつ、世論形成に活発な働きかけをしてきた（第五章参照）。このようにして作り出される金銭フローは一定の受益を地域社会にもたらすが、地域経済と住民生活には、さまざまな問題をもたらすものである（第四章参照）。

以上のような政治的・経済的支配力のあり方と世論に対する操作力は、福島県における福島原発の立地・操業の過程で見出される支配力と本質的に同一のものである（第九章参照）。

住民運動の意義と住民運動の排除

このような受益と受苦の格差、および、決定権の格差という構造の中で、住民運動の存在意義と特徴、ならびに、その直面した困難さを捉える必要がある（第七章、第八章参照）。

一九七一年のむつ小川原開発計画の具体案の公表以後、六ヶ所村では、強力な反対運動が組織され、村を二分する対立が長期にわたって続いた。また、一九八四年の核燃施設立地計画の公表以後、とりわけ、一九八六年のチェルノブイリ原発事故以後、青森県全域にわたって、農業者、市民、労働組合、革新政党らが担う反核燃運動が高揚した。これらの開発反対運動と核燃反対運動は、土地の喪失、公害や放射能汚染といった受苦の危険性に対する拒否を示すと同時に、住民の意志を尊重しない政策決定のあり方への抗議と自分たちの決定権の回復をめざすものであった。

だが、住民運動の提示した開発批判、核燃批判の声は、最終的な開発計画の修正や、核燃サイクル施設の見直しにつながることはなかった。開発推進の諸主体は、一方で大量の宣伝による世論への働きかけ努力、ならびに巨額の金銭フローによる操作力を発揮しつつ、他方で、全県レベルでも六ヶ所村レベルでも住民投票要求を拒絶し、さらに一九八六年の海域調査といった決定的場面での強制力行使によって、反対派の批判を排除した。

言い換えると、住民の批判は、受苦と格差を押しつける政策に対して批判の声をあげたという意義を有するものであるが、政策決定過程は閉鎖的なままであり、住民からの批判を受け止めて、計画を根本的に修正し改善する努力はなされなかった。その結果、反対派の抵抗を排除することによって、開発事業自体は、一見したところ進展したが、その内実は、むつ小川原開発についても、核燃料サイクル施設建設についても、計画内容の合理性や道理性を成熟させることができず、当初の企図とは大きくかけ離れたものになってしまった。

開発計画における合理性と道理性の不足

むつ小川原開発と核燃料サイクル施設建設計画の歴史を回顧するならば、さまざまな局面で、批判的吟味が不足しており、結果として、合理性と道理性を欠如した形で、現在の閉塞的状況が生み出されてしまった。当初の新全総以来の各段階での開発計画の内容が、どのような意味で合理性と道理性を欠如しており、その意味で「不適切」であったのか、その主な問題点を指摘しておこう。

第一に、当初の巨大なコンビナート開発計画の前提であった経済予測、需要予測に大きな誤りがあった。将来予測についての合理的認識の欠如は、その後の一連の問題群を引き起こす起点となった。

第二に、当初の開発計画は、開発地域の住民の意向を尊重したものではなく、地元住民の強硬な反対を、経済力や政治的・行政的力で切り崩すことによって、やっと地域に受け入れさせることができるというようなものであった（政策決定過程における公正の欠如としての道理性の欠如）。

第三に、一九七五年に青森県が策定し、一九七七年に閣議で口頭了解された第二次基本計画は、まったくリアリティのないものであり合理性を欠いていた。しかもそのことは、当時の県庁幹部にも自覚されていたものであったが、県庁は公式にはそのことを表明せず、タテマエを繰り返すという形での情報操作を続けた。これは道理性という点で疑問のある態度といわなければならない。

第四に、核燃料サイクル施設計画は、第一次基本計画にも、第二次基本計画にも盛り込まれていなかったものであり、それが、一九八四年春より、急速に浮上し具体化した。核燃料サイクル施設建設の是非をめぐって、青森県世論は分裂するが、世論調査においては、反対派が多数を占めることが繰り返し示されている。県民の多数世論の批判にもかかわらず、この建設計画は強行されてきた（政策決定過程における道理性の欠如）。

また、その内容をみるならば、経済性や必要性という点でも、技術的実現可能性という点でも、再処理工場を中心とした核燃料サイクル政策は合理性を欠いている（第五・九章参照）。さらに、際限のない放射性廃棄物の増大と、青森県への危険の集中という点で、道理性も欠如している。

（3）社会的意志決定のありかたの欠陥

以上のように、現象的にはさまざまな失敗や難問が出現し、より基底的な水準では、受益と受苦の分配と意志決定権の分配に、格差構造が存在することが見て取れる。

このような総体としての問題群の意味を、「公共圏の欠落（貧弱性）」という視点から検討してみよう。なぜなら、「公共圏」という視点は、社会的意志決定のあり方を批判的に把握する際、きわめて示唆深いものであるからである。

公共圏の欠落という視点からの検討

「市民的公共圏」とは、J・ハーバーマスが示したモデルによれば、相互に対等な諸個人が、社会的諸問題や文芸作品を主題として、批判的な討論を持続的に行うような開放的な場である（ハーバーマス 一九九四）。そこでは、社会的な問題の解決にせよ、文芸作品の評価にせよ、普遍性のある原理や評価基準が探究される。したがって、市民的公共圏における十分な討論は、社会的合意形成を導くための前提条件として、非常に重要なものである。市民的公共圏は市民社会の成立とともに形成され、市民社会の本質的特色を定義するものである。本稿では、以下、市民的公共圏を「公共圏」ということにする。そして、この公共圏の構成要素となるような、個別具体的な意見交換と意志表明の場を「公論形成の場」ということにしよう。

行政組織と社会との相互関係という文脈で考えると、公共圏、公論形成の場は、民衆の意志が行政組織を統御する回路として機能するのである。人びとが、公共圏における批判的討論を通して、普遍性のある問題解決原則と評価基準を発見し、それを行政組織に課すことによって、行政組織に対する統御が可能になる。したがって、公共圏の豊富さは、民主主義の実質化にとって致命的な意義を持つのである。

自治体の従属性と、総体としての行政の自存化

ところが、公共圏の貧弱性と、その裏面としての行政の自存化・独走化が、むつ小川原開発においても、原子力政策においても、意志決定過程の顕著な特徴となっている。

むつ小川原開発と核燃料サイクル施設建設の基層に見出される上述の諸問題は、意志決定のあり方から

みれば、二つの根本的な特徴と対応している。それは、第一に、下位の行政組織が上位の行政組織に従属的に同調してしまい、自立性と自律性を発揮できないことである。六ヶ所村行政は青森県庁に従属し、青森県庁は政府に従属してきた。第二に、下位自治体の従属的同調によって一体化した総体としての行政組織が、社会を操作する大きな力を持ち、さまざまな「公論形成の場」の成立を妨げ、公共圏の貧弱化を生み出していることである。

青森県への核燃料サイクル施設の立地は、青森県内の公共圏における自律的な、立地の是非をめぐる論議の結果として、それが受諾されたわけではない。(第二章で詳しくみるように)一九八四年四月に、核燃料サイクル施設の青森県立地という計画発表の時点で、青森県庁首脳部は、電事連と政府の意向に同調的姿勢を示していた。核燃料サイクル計画の発表は、青森県世論の分裂を引き起こしたが、これらの主体は、一体化しつつ、立地受諾に向かうように、県内世論に対して働きかけた。逆に、この問題についての住民の多数意見を、住民投票という方法によって、端的に尊重しようという方針は、県レベルでも村レベルでも回避されてきたのである。

とりわけ、放射性廃棄物問題については、日本社会全体の公共圏の貧弱性が、政策の欠点を生み出している。およそ、一つの政策選択をする場合、理想的な手順は、その政策の効果とコスト、とりわけ負の随伴帰結を、事前に取り集めて、それらの総合的な勘案のうえに、その採否を判断することである。そのような意志決定は、利害関係者に対して開放的な「公論形成の場」が存在してこそ、可能になるであろう。ところが、放射性廃棄物問題において露呈しているのは、日本の原子力開発が、メリットのみに注目する一面的観点から開始され、負の随伴帰結としての放射性廃棄物に対して、十分な考慮を払ってこなかったということである。この点、放射性廃棄物に対して熟議民主主義的な取り組みをしてきたカナダとは、大きく異なっている（ジョンソン 二〇一一）。

以上のようなこれまでの経過が露呈してきた問題点を捉え返すのであれば、むつ小川原開発問題は、現代の足尾鉱毒事件とでもいうような様相を呈している（第八章参照）。そこには、経済政策の柱となるような開発努力と地域住民との深刻な対立、政府と巨大企業の支配力、環境破壊あるいはその危険の巨大さ、先端的技術と古い政治体質との結合、といった共通の諸特徴がみられるからである。

だが、福島原発震災は、以上のような青森県の開発の歴史と原子力政策をあらためて問い直すこと、そのための公共圏と公論の活性化を要請している。

（4） 各章の主題

以上の視点の整理をふまえて、本書の各章の主題について簡単に概観しておこう。

第一章「巨大開発から核燃基地へ」では、一九七〇年代のむつ小川原開発から一九八〇年代半ば以降の核燃料サイクル施設の立地を経て、今日に至るこの地域の開発問題の歴史を概観する。

第二章「開発の性格変容と計画決定のありかたの問題点」では、開発の性格変容を、誘致型開発、従属型開発、危険施設受け入れ型開発、放射性廃棄物処分事業という四段階の移行として把握し、それぞれの段階での意志決定過程に、どういう問題点があるかを検討する。

第三章「大規模開発下の地域社会の変容」では、一九七〇年代から一九九〇年代までのむつ小川原開発において、地域社会がどのような変容を被ったのかを住民生活に内在する視点から明らかにする。とくに、土地売却の経緯や、開発の進展が与える人間関係への影響、伝統文化の喪失などの問題点を検討する。

第四章「開発による人口・経済・財政への影響と六ヶ所村民の意識」では、開発を通して、人口、地域経済、自治体財政が、どのように変化してきたのかをデータに基づいて、検証する。

第五章「原子力エネルギーの難点の社会学的検討」では、社会学的に見た場合の原子力エネルギーの難点を検討する。社会学の一つの基礎理論としての「経営システムと支配システムの両義性論」に立脚しつつ、日本の原子力政策が生み出した総体としての「二重基準の連鎖構造」を批判的に解明する。

第六章「地域社会と住民運動・市民運動」は、一九八〇年代中盤以後の青森県での核燃反対運動の経過と特徴を明らかにする。核燃反対運動の特質を、市民運動、農業者運動、選挙運動、国際的な反原子力運動という視点から解明するとともに、日本国内におけるもんじゅ事故や巻原発住民投票の影響について考察する。

第七章「女性の環境行動と青森県の反開発・反核燃運動」は、一九七〇年代から一九九〇年代にかけての青森県における女性たちの環境運動が、どのような感受性に支えられ、どのように展開されてきたのかを振り返る。

第八章「日本の地域開発史における六ヶ所村開発の位置づけ」は、六ヶ所村における開発の歴史を、日本の地域開発史と公害・環境問題史の中に位置づけ、それが、現代の足尾事件ともいうべき特徴を備えていることについて考察する。

第九章「日本の原子力政策と核燃料サイクル施設」は、福島原発震災の発生という世界史的事件をふまえて、日本の原子力政策を脱原発の方向に転換することの必要性を総合的に考察する。そのために、海外主要国の再処理政策の動向を点検するとともに、日本の再処理政策の問題点を多面的に分析する。

【注】

(1) 一九八九年七月の東奥日報の県民世論調査によれば、「積極的に推進すべきである」七・〇%、「安全性に不安があるから急ぐべきではない」四一・三%、「建設に反対である」四〇・六%、「わからない・無回答」一一・一%であった。

(2) 原燃サービスと原燃産業は、一九九二年七月に合併し、日本原燃となった。

【文献】

清水修二 二〇一一『原発になお地域の未来を託せるか――福島原発事故―利益誘導システムの破綻』自治体研究社。

ジョンソン、G・F 二〇一一『核廃棄物と熟議民主主義――倫理的政策分析の可能性』(船橋晴俊・西谷内博美監訳)新泉社。

ハーバーマス、J 一九九四『公共性の構造転換――市民社会の一カテゴリーについての探究〔第二版〕』(細谷貞雄・山田正行訳)未來社。

船橋晴俊 一九九八「環境問題の未来と社会変動――社会の自己破壊性と自己組織性」船橋晴俊・飯島伸子編『講座社会学一二 環境』東京大学出版会、一九一～二二四頁。

第一章　巨大開発から核燃基地へ

舩橋晴俊・長谷川公一

本章では、むつ小川原開発の立案から始まり、核燃料サイクル施設立地へと至るほぼ三〇年の開発の歴史を振り返り、どのような経過を経て、青森県六ヶ所村に、今日の核燃料サイクル施設の立地と放射性廃棄物の集中という事態が生じたのかを、概観したい。この経過はきわめて複雑であるが、開発の進展段階に注目すれば、大きくは、一九六八年から八三年にかけての大規模工業基地を構想した前半期と、一九八四年以後の核燃料サイクル施設の立地が進展した後半期に分けることができる。さらにより細かくは、次のような九つの時期に区分することができよう。

前半期（大規模工業基地の構想期）
開発準備期（一九六八年〜七一年七月）
開発進行期（一九七一年八月〜七三年一二月）
開発停滞期（一九七四〜七七年）
石油備蓄基地立地期（一九七八〜八三年）
後半期（核燃料サイクル施設の立地期）
核燃施設立地準備期（一九八四〜八五年三月）
核燃反対運動高揚期（一九八五年四月〜八九年七月）
核燃推進側の巻き返し期（一九八九年八月〜九一年二月）
核燃施設の操業開始期（一九九一年三月〜九五年一月）
開発計画見直し期（一九九五年二月〜）

それぞれの時期が、どういう時代背景と特徴を持ち、どういう争点が存在し、どのような形で、開発が進展して来たのかを振り返ってみよう(1)。

(1) 大規模工業基地構想と工業用地造成

開発準備期

むつ小川原開発計画の内容は、その準備の過程から正式決定に至るまでの間に、何回かの変容を経ている。それを総括的に示したものが、**表1-1**である。正式に決定されたのは、第一次基本計画(一九七二年)と第二次基本計画(一九七五年)であるが、どのような経過を経て、どのような内容の開発計画がつくられたのであろうか。

当初のむつ小川原開発計画は、地元の青森県や東北地方経済界の開発志向と、政府の側での全国的な開発志向とが、合流するような形で立案されている。一九六八年七月に、青森県の竹内俊吉知事は、日本工業立地センターに対し、むつ湾小川原湖地域の工業開発の可能性と適性についての調査を委託し、同センターは、一九六九年三月に調査報告書をまとめている(日本工業立地センター 一九六九)。また、一九六八年九月六日の東北開発審議会委員懇談会の席上、東北経済連合会は、陸奥湾、小川原湖、下北半島南部一帯に、臨海工業地帯、石油備蓄基地、原子力エネルギー基地を建設しようという提案をしている。このような動きと並行する形で、政府の側では、一九六六年一〇月の国土総合開発審議会において、第一次の全

表1-1　むつ小川原開発の計画規模の変化

	日本工業立地センター報告書 1969.3	青森県の基本構想 1970.1	第1次案 1971.8.14	第2次案 1971.10.23	第1次基本計画 1972.6.8	第2次基本計画 (1975.12.20) 第1期	第2期	全体
鉄鋼及び関連(万t/年)	2100	2000	2000					
アルミ(万t/年)	50	100	100					
非鉄金属(万t/年)		127	72					
CTS(万kl)	明示せず	2000	2000					
石油精製(万バーレル/日)	200	150	150	200	200	50	50	100
石油化学(エチレン換算万t/年)	200	260	200	400	400	80	80	160
火力発電(万kW)	200	800	1050	1000	1000	120	200	320
原子力発電(万kW)	400							
造船(万重量t)	50-100	100						
開発面積(ha)	約13000	15000	12000	7900	約5000			
従業員(万人)	63000				35000	6800	9200	16000
工業出荷額(億円)	27300					5500	6500	12000

（出所）　青森県むつ小川原開発室編（1972）；青森県むつ小川原開発室（1975）；工藤（1975）。

国総合開発計画（一九六二年策定）を見直す必要が提起され、一九六七年度から経済企画庁（当時）の主導で設けられた「大規模開発プロジェクト研究会」が、新全国総合開発計画の策定の準備に着手した。それに続いて、国土総合開発審議会は、一九六八年四月からの一年余の審議を経て、「新全総（案）」をとりまとめ、それを承認する形で、新全国総合開発計画（略称、新全総）は、一九六九年五月三〇日に閣議決定された。

　新全国総合開発計画の内容はいかなるものであったか。それは、第一に、高度経済成長の論理を極限にまで推し進めたという性格をもっており、巨大技術による大規模プロジェクトを中心としたものであった。新全総の構想の骨格は、全国に、新幹線網、高速道路網、フェリー網をはりめぐらし、これらの高速交通ネットワークによって、大都市からの遠隔地に配置した大規模工業基地、大規模畜産基地、大規模レクリエーション基地などを結ぶというものである。むつ小川原開発は、大規模工業基地の代表的プロジェクトとして位置づけられていた。むつ小川原開発第一次案（一九七一年八月発表）

の開発区域面積は、関連道路、鉄道まで含めると一万七五〇〇ヘクタールにも及ぶものであり、一九六〇年代につくられた最大規模の鹿島コンビナート（四四二四ヘクタール）のおよそ四倍という巨大さである。

第二に、この巨大な開発の前提には、基幹的諸資源とエネルギーについての巨大な社会的需要が、今後、生ずることが想定されている。「基幹産業の生産規模は、昭和六〇年には、昭和四〇年水準に比し、鉄鋼四倍、石油五倍、石油化学一三倍」となるとしている（下河辺編 一九七一、七七頁）。しかし、その予測は正確さを欠いており、数年後には、大きくはずれたことが明らかになる。

第三に、全国を国土開発という視点からいかに有効利用するか、という関心が中心であり、一つ一つの地域を、地域住民の意志と力に立脚していかに形成していくか、という開発思想が欠如していることである。

このような内容を持つ新全総に対しては、その発表当時より、次のような点について厳しい批判が寄せられた（近藤康男 一九七二・近藤完一 一九七二・星野 一九七二）。①エネルギーや資源の需要の急増を予測しているが、予測が過大でありかつずさんである。②スケールメリットをさらに追求しようとしているが、さらなる大規模化による効率上昇は疑問である。③巨大タンカーや原子力発電という巨大技術を柱としているが、事故の危険性を軽視している。④農業については現実性のある政策になっていない。⑤環境問題の重要性を無視している。⑥過疎・過密の解消には役立たない。⑦現地の実情を知らない中央官僚がデスクワークで立案していて、地域の人びとの生活を無視している。

むつ小川原開発には、新全総の抱えるこのような問題点が典型的な形で露呈していたが、政府と青森県は、このような大胆な開発計画の策定に突き進んだ。そこにはどのような社会的背景があったのだろうか。

まず、全国的にみると、一九六〇年代後半は、高度経済成長期のまっただなかにあり、政府および経済界には、さらなる成長の持続についての自己陶酔的な過信がみられた。他方、青森県政レベルでみると、戦後より一九六〇年代にかけて、一貫した経済開発への志向性が存在していた。下北半島においても、青森県は、戦後何回も、農業開発（ジャージー牛の導入、ビート栽培の奨励、一九六〇年代の開田の拡大など）と工業開発（一九五七年以後の「むつ製鉄」計画）を試みてきた。しかし、これらの企図は、経済情勢の変化などにより、いずれも失敗に終わった。新全総の登場に際し、青森県は、今度こそは、政府や経団連と直結する形での工業開発を成功させようという希望と期待とを抱いたのである。

では、むつ小川原開発は、どのような主体群の布置連関のもとに推進されたのであろうか。図1-1は、この開発の当初の段階における主要な主体の連関を示したものである。当初、この開発を推進した中心的主体は、青森県庁、経団連、経企庁である。これらの主体は、連携しながら、開発事業を直接的に担う三つの組織、すなわち、むつ小川原開発株式会社、青森県むつ小川原開発公社、株式会社むつ小川原総合開発センターを設立した。(2)

この三組織の中心は、むつ小川原開発株式会社である。同社は、マネータンクともいうべき性格を持つ主体であり、開発に必要な資金を集め、その資金によって開発地域の土地を買い集め、それを工業用地として造成して、進出企業等に売却することを課題としている。同社は第三セクターとして、一九七一年三月に設立されており、その出資者は、青森県、北海道東北開発公庫、民間企業一五〇社である。歴代の役員の中心は経団連関係者である。同社のまわりには、北海道東北開発公庫を中心として、同社に対して融資を行う金融機関のネットワークが形成された。

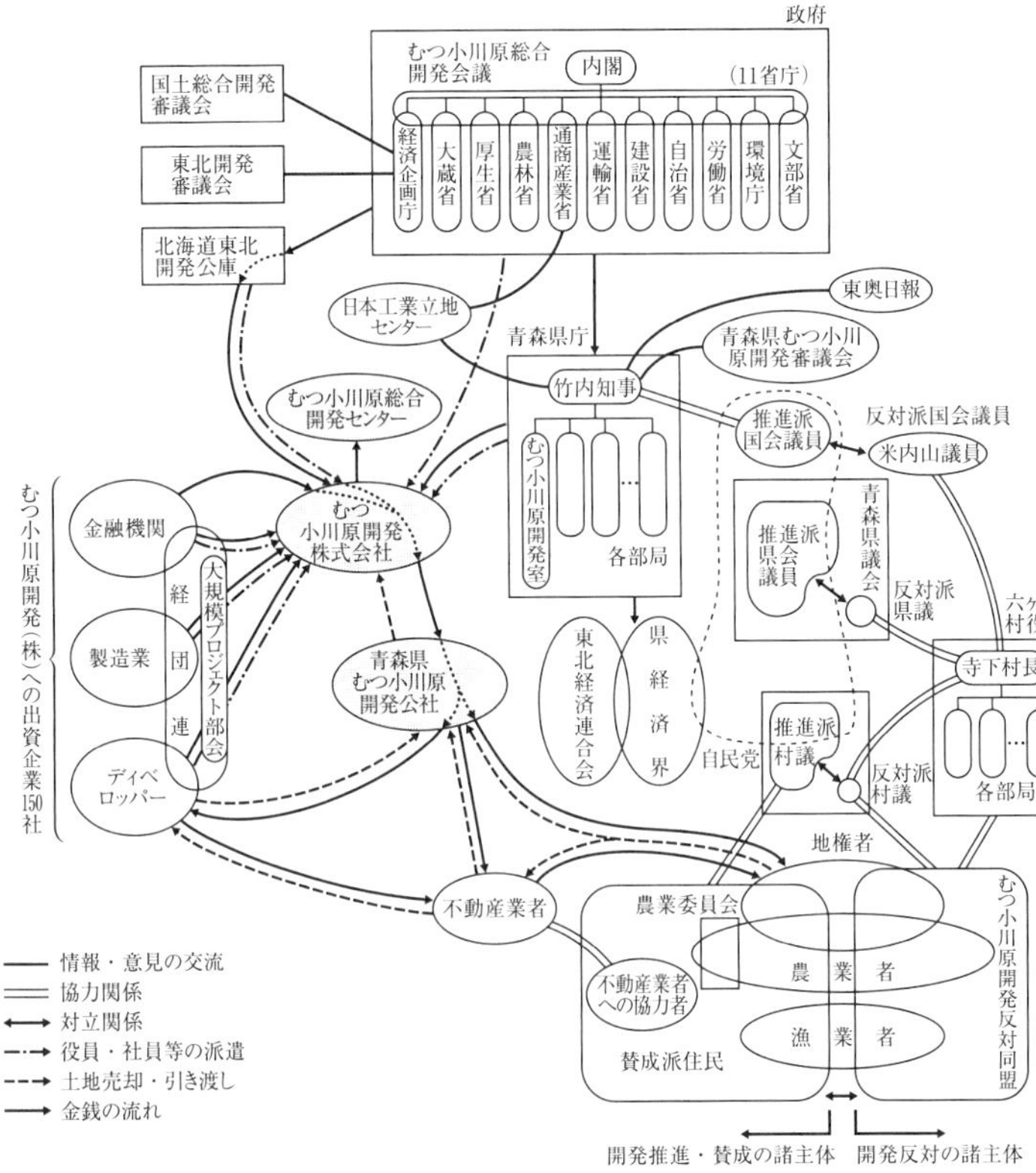

図 1-1　むつ小川原開発をめぐる主体連関（1973 年頃）

　青森県むつ小川原開発公社は、青森県が一九七一年三月に設立した公社であり、その職員の大半は青森県庁からの出向者である。その任務は、用地買収の実務を担当することであり、開発地域の土地を取得して、それをむつ小川原開発株式会社に引き渡すことである。むつ小川原総合開発センターは、一九七一年一〇月に発足している。同社の任務は、巨大開発を前提にしての技術的側面での調査を行うことである。

　これら三組織は、開発の準備過程において設立されたが、地元住民とは隔絶していた。一九七一年八月に至るまでの約二年間、開発の準備は、もっぱら政府、中央財界（経団連）、東北財界、青森県庁の手によって進められたのである。一九六九年一二月には、後に開発問題の渦中に置かれることになる六ヶ所村で村長選挙が行われ、寺下力三郎氏が当選するが、開発問題は具体化していないので、選挙の争点にもならなかった。

しかし、そのことは、開発予定地域、とりわけ六ヶ所村が、準備過程の影響を受けなかったことを意味しない。開発が一般に公表される一九七一年八月以前の段階で、開発の動向を察知した大小の不動産業者の投機的土地買いが始まった。一九六九年八月から正式な買収が始まっていない一九七二年九月までの間に、六ヶ所村では合計一五五三ヘクタールの土地所有権の移動が起こり、土地価格も急騰した。一九六八年以前は、一〇アールあたり五〇〇〇～六〇〇〇円だったものが、六九～七〇年にかけては、五万～六万円となり、三井不動産系の内外不動産は、一九六九～七一年に一〇アールあたり平均一〇万円で、九二〇ヘクタールを取得したといわれている（南 一九七三）。

開発進行期（一九七一年八月～七三年一二月）

一九七一年八月一四日、青森県は、「住民対策大綱案」とともに、「むつ小川原開発立地想定業種（第一次案）」を発表した。その内容と、この開発の当初のイメージを提示した日本工業立地センターの報告書との大きな相違点は、竹内青森県知事の意向もあって、原子力発電がはずされていることである。竹内知事は、被爆国としての日本社会においては、原子力関連施設は、住民合意という点で難点があると考えていたのである。(3) また、第一次案は、開発区域の総面積が一万七五〇〇ヘクタール、うち工業用地が九五〇〇〇ヘクタールという巨大な規模であることを示すとともに、はじめて、開発のなされる区域が六ヶ所村、三沢市、野辺地町であること、立ち退きが必要な住民は、二〇二六世帯、九六一四人にのぼることを明らかにした。

この第一次案の発表は、青森県内に大きな反響を呼び起こし、とりわけ開発問題の渦中に置かれることになった地元六ヶ所村では、全村的な反対運動が急速に繰り広げられた。八月二〇日には、寺下六ヶ所村長が、同二五日には六ヶ所村議会が反対の意志を表明し、村内各地区の住民集会でも続々と反対決議がなされた。反対の主な理由は、大量の立ち退きを強要されること、公害の危険があり農林漁業に打撃を与えること、住民対策に具体性が欠けていること、住民の声を聞かずに一方的に計画が決められたことである。八月二七日には、県議会全員協議会も手直しを要求するに至り、また八月三一日には、むつ湾沿岸漁民が、青森市で開発反対の集会を開催した。

このような県民世論の批判を受けて、青森県庁は、九月二九日に規模を縮小した第二次案を発表した。開発区域面積は七五〇〇ヘクタールへと減らされ、陸奥湾沿岸地域と三沢市、野辺地町が開発区域からはずされ、六ヶ所村のみが残ることになる。六ヶ所村内でも立ち退き対象の部落数は、二〇から一一に、人口は五三二三人から一八一二人に減らされた。立地業種も、第一次案にあった鉄鋼、非鉄金属、アルミ、CTSが一挙に削除され、石油精製、石油化学、火力発電のみが残された。

計画規模を縮小した第二次案の発表により、六ヶ所村外の反対運動は下火になるが、焦点となった六ヶ所村では、一〇月一五日に、「六ヶ所村むつ小川原開発反対同盟」（吉田又次郎会長）が組織され、寺下村長と連携しながら青森県庁に抵抗して、激しい反対運動を続けた。しかし、青森県庁は、七一年から七二年にかけて、開発の推進努力を続け、七二年五月二五日に、第二次案にもとづいて、「第一次基本計画案」と「住民対策大綱案」を発表し、六月一二日にはこれらを内閣に提出した。政府は、一九七二年九月一三日に、第三回むつ小川原開発総合開発会議を開催し、一一省庁の申し合わせ（「むつ小川原開発について」）を定め、翌一四日に、第一次基本計画についての閣議口頭了解がなされた。

この閣議了解は、青森県内の推進派を鼓舞するものとなり、これを境目にして、開発は具体的に進展することとなった。開発関連の公共事業が大規模に開始されるとともに、開発地域における農地転用手続きが開始され、一九七二年一二月二五日から、青森県むつ小川原開発公社による土地買収も開始される。この時、公表された開発公社による正式の土地購入価格の基準は、一〇アールあたり、水田が七二万〜七六万円、畑が六〇万〜六七万円、山林・原野が五〇万〜五七万円であった。これに歩調をあわせる形で、当初、開発反対を表明していた六ヶ所村議会は、一九七二年一二月二一日に、寺下村長と決裂する形で、開発推進の意見書を決議し態度を転換する。

開発の具体的進展に伴い、翌一九七三年には、六ヶ所村内の開発推進派と反対派が、村を二分して激しく争うことになった。一月に開発反対同盟は、推進派の中心人物である橋本勝四郎村議に対してリコール手続きを行うが、これに対抗する形で開発推進派は、寺下村長のリコール手続きを行った。二つのリコール運動はともに法廷署名数を獲得したので投票に入ったが、両方のリコール投票はともに不成立に終わった。このような動きに並行しながら、一九七三年を通して、土地買収は本格化し、同年末には、累計で、開発区域内の民有地のほぼ七割にあたる二二六〇ヘクタールの用地が買収されることとなった。買収の進展は、次第に反対派の勢力を縮小させ、賛成派の勢力を伸張させることとなった。一九七三年一二月の六ヶ所村村長選挙は、開発の成否にとっても、村の進路にとっても、大きな岐路となった。開発反対を掲げ反対運動の先頭になってきた寺下村長に対抗して、開発の推進の立場で古川伊勢松氏が立候補し、激しい選挙戦の結果、古川氏（二五六六票）が僅差で、寺下氏（二四八七票）および積極推進派の沼尾氏（一八六三票）を破り、新村長に当選した。

六ヶ所村内において、開発の是非をめぐって村内を二分した対立が続いている頃、全国的・国際的な文脈では、むつ小川原開発や新全総の前提として想定されていた諸条件そのものを揺るがすような、経済情勢の大きな変化が生じていた。すでに、新全総が策定された頃から、高度経済成長に伴う公害問題の多発は大きな社会問題となり、成長を至上とする価値観や政策に対する厳しい批判が社会的にも広がりつつあった。さらに、一九七一年八月、アメリカのニクソン大統領によるドル防衛策（ドル・ショック）をきっかけに、固定為替相場制から変動為替相場制への移行が世界的に生じ、輸出主導型のそれまでの日本の高度成長を支えた前提条件が変化することとなった。一九七一年一二月には石油化学工業界と鉄鋼業界で深刻な過剰設備問題が生じ、石油化学工業界はエチレンの自主減産態勢に入り、鉄鋼業界は粗鋼についての不況カルテルを実施するに至った。さらに、一九七三年一〇月、第四次中東戦争をきっかけとして石油輸出国機構（ＯＰＥＣ）による石油価格引き上げと石油輸出の制限措置がとられ、石油危機がおこる。これらの諸条件の変化は、高度経済成長を支えていた枠組みの崩壊を意味しており、総需要の抑制のもとでのスタグフレーションの克服が、経済政策の課題となる。経済政策の理念は、「重厚長大」型の量的拡大志向ではなく、「省エネ・省資源・知識集約化」をめざすようになる（産業構造審議会　一九七四）。石油化学コンビナートを柱としたむつ小川原開発は、急速にリアリティを失うとともに、経済政策の方向の急旋回に、取り残されることとなるのである。

開発停滞期(一九七四~七七年)

一九七四年の段階では、世界的な経済情勢の変化と日本経済における高度経済成長の終了によって、むつ小川原開発をとりまく客観的状況は、この開発が当初に構想された段階とは、大きく異なるものとなっていた。しかし、一九七三年に土地買収は大幅に進展し、推進派の古川氏が村長に当選したことによって、それ以後、六ヶ所村当局は、青森県庁や開発推進の諸主体と連携する形で、開発に協力するようになる。また、青森県庁から、六ヶ所村への補助金も飛躍的に増大する。

一九七四年以後も、土地の買収は次第に進展し、一九七七年末までには、累計で三三〇四ヘクタールがむつ小川原開発株式会社によって取得された。しかし、工場立地の具体化は少しも進展せず、広大な工業用地が有効利用されないまま、放置されることとなった。工場の進出とそこへの就労をあてにして、土地売却に同意した村民は、生活上の困難に直面することになる。一九七四年には、開発区域内での新市街地(千歳平)建設が着手され、一九七六年からはその分譲も始まる。そこには、土地を売却し、移転を余儀なくされた住民が売却代金を注ぎ込んで、新しい住居を次々に建設した。その中には、地元の従来の基準からすれば「豪邸」といわれるような建物も多数あった。しかし、新市街地から工場への通勤を期待していた人びとも、工場が立地しない以上、出稼ぎに出ることが必要であり、一九七六年には、六ヶ所村からの出稼ぎ者は一六六二人にもなっていた。

一九七四年、国土庁の発足に伴い、むつ小川原開発の所管も経済企画庁から国土庁へと移管された。国土庁は、地価の高騰を抑制すること、新全総を見直し、第三次全国総合開発計画（三全総）の策定に取り組むことを課題としたが、その一環として、むつ小川原開発計画についても見直しが必要になった。国土庁からの要請を受けて、青森県庁は、第二次基本計画の策定に着手し、一九七五年一二月に、第二次基本計画を政府に提出した。その内容は、第一次基本計画と同様に、石油精製、石油化学、火力発電を柱とするものであるが、全体の規模を、生産量でも従業員数でも半分以下に縮小し、さらに、全体を二期に分け、第一期計画に位置づけるのは、全体のおよそ半分というものであった。一九七七年の二月から八月にかけて、第二次基本計画についての環境アセスメントの手続きがなされ、同年八月三〇日に、第二次基本計画は、閣議で口頭了解された。また、一九七七年には、むつ小川原港が重要港湾に政令指定されるとともに、その第一期港湾計画が、運輸大臣によって了承される。

第二次基本計画の内容は、第一次基本計画を大幅に縮小するものであったけれども、石油製品をめぐる需要の伸びがない以上、具体的に進展することはなかった。なぜ、そのような空振りに終わる計画を、当時の関係者は、再び策定したのであろうか。ある青森県幹部職員の述懐によれば、第二次基本計画が非現実的なものであること、それは、将来、本当に実施される開発計画が登場するまでの間の「つなぎ」であることを、当時の青森県幹部は承知していた(4)。すでに、青森県としては、政府から巨額の補助金をもらいながら社会資本投資を開始している以上、開発の旗を下ろすことは、政府との関係で政治的にできなかったのである。

工場誘致の停滞という状況は、この開発の失敗を示すものであったが、土地の買収と新住区の建設の進展の中で、六ヶ所村内の反対派の政治的勢力は次第に縮小するようになる。その過程には、古川村政の開発独裁的な体質や、開発反対派に対する切り崩し工作も影響を与えた。一九七七年春、六ヶ所村開発反対同盟は、「六ヶ所を守る会」に改称し、条件闘争的な姿勢を打ち出す。その背景には、同年一二月の村長選挙において村政を取り戻すために、保守系で開発賛成派の暁友会ともあえて連携しようという選択があった。だが一二月の村長選挙で、開発推進の古川村長（三九九九票）が、開発を批判する寺下前村長（三〇七四票）を破り、再選される。

石油備蓄基地立地期（一九七八〜八三年）

一九七八〜七九年にかけては、港湾工事着工の前提としての漁業補償額が、開発をめぐる動向の焦点となった。一九七九年二月に、竹内知事のもとで副知事を務め、この開発を推進してきた北村正哉氏が、新知事に当選する。再三の交渉と紛糾の後、一九七九年六月に六ヶ所村漁協と六ヶ所海水漁協が、それぞれ一五億円と、一一八億円で、青森県との漁業補償協定書に調印する。続いて、一九八〇年二月に、泊漁協も三三億円で、県との間で港湾建設に関する漁業補償に同意する。三漁協合計で一六六億円となり、これは、当初に県が提示した額の約二・二倍である。これら漁業補償は、漁獲高実績を大幅に超える額が、政治的配慮から加算されるという性格を持っていた。これに対して、全県的な反対運動のリーダーである米内山義一郎氏（元社会党衆議院議員）が、不当な公金支出にあたるとして、北村知事を被告とする損害賠償代位請求訴訟を提訴する[5]（一九七九年一〇月）。この米内山訴訟は、第一審（一九八四年九月判決）でも、控訴審（一九八七年九月判決）でも、最高裁（一九八九年七月判決）でも原告の敗訴に終わったが、訴訟の実質的目的は、むつ小川原開発の不当性を批判することにあり、後の一九八八〜八九年頃の核燃反対運動の高揚を見て、米内山氏自身は、その目的は達成されたと考えていた(6)。訴訟による批判にもかかわらず、港湾工事自体は一九八〇年七月二三日に起工式が行われ、以後、本格化していく。

漁業補償問題の決着がつき、港湾建設工事が具体化するのと前後して、はじめて、石油備蓄基地の立地という形で、開発事業が具体化することになる。通産省は、一九七八年六月に、エネルギー政策の一環として、全国五カ所に石油備蓄基地（CTS）を建設することとし、その一つを、むつ小川原開発地区に建設する方針を決め、一九七九年一〇月一日に立地を正式決定する。同年、一二月二〇日に、「むつ小川原石油備蓄株式会社」が設立され、一九八〇年一一月には、地鎮祭が行われ、本体工事（五一基、合計五六〇万キロリットル）が着工された。

石油備蓄基地は、第一次基本計画にも、また、第二次基本計画にも盛り込まれていないものであったが、その工事は一九八一年から本格化する。石油備蓄基地は、建設工事への就労、工事関係者の村内消費、石油貯蔵施設対策等の交付金の形で、新たな受益機会を村内に提供するものとなった。一九八〇〜八二年の三年間だけでも、三四億一三〇〇万円が青森県や六ヶ所村とその隣接町村に交付され、新たな公共施設が次々につくられた。開発工事に伴う受益の配分が現実化する過程で、開発反対派の政治勢力は、大幅に縮小することになる。一九八一年一二月の村長選挙では、開発推進の古川村長が三選される。一九八三年八月には、石油備蓄基地の一部が完成し、九月からはオイルインが始まった。石油備蓄基地の最終的完成は一九八五年九月であるが、工事がピークをすぎた一九八三年には、むつ小川原開発をめぐる新たな問題が浮上してくるようになった。それは、第一に、むつ小川原開発株式会社の経営問題であり、第二に、工事量の低下に伴う、地元六ヶ所村での雇用不安問題の再顕在化である。むつ小川原開発株式会社は一九七六年末に、開発地域内の民有地のほぼ九三%にあたる三〇五〇ヘクタールを買収した時点においては、負債の合計は五一七億円であった。しかし、その後、用地売却が進まない一方で、毎年利子分だけ、借入金は増大を続けたのである。石油備蓄基地の立地は、土地の売却（二六〇ヘクタールの用地を三三五億円で売却）によってむつ小川原開発株式会社の借入金を減らすという効果をもった。にもかかわらず借入金の総額は、毎年、増大を続け、石油備蓄基地の立地がほぼ完了した一九八三年末には、長期・短期をあわせて、一三〇三億円もの借入金が累積することとなった。この借入金を返済する唯一の手段は、土地の売却である。しかし、むつ小川原開発株式会社が用地取得を開始してから、一〇年を経過しても、当初に計画が期待したような工場立地の気運は生じなかった。その背景には、日本企業の立地戦略が、海外展開を志向するようになったという事情も作用している。

このような用地売却の行き詰まりと、借入金の年ごとの増大という二つの要因は、青森県首脳部や、むつ小川原開発株式会社が、どのような事業であれ、立地する事業所を歓迎し受け入れようという態度を取らざるをえない下地となっていくのである。同時に、地元、六ヶ所村でも、石油備蓄基地の建設工事終了に伴って、また浮上してきた雇用不安に対処するために、新しい開発工事が望まれる状況になっていたのである。

（2） むつ小川原開発問題の核燃問題への変容

核燃料サイクル問題の五段階

一九八四年一月一日付の日本経済新聞（青森版では一月三日付同紙）は「むつ小川原に建設、政府方針、核燃料サイクル基地」の見出しで、政府・電力業界が核燃料サイクル施設の建設を内定したとスクープした。続いて、四日付の地元紙・東奥日報が「『むつ小川原』立地浮かぶ」という大見出しで、同趣旨の記事を掲げた。こうして六ヶ所村への核燃料サイクル施設の立地が表面化した。

「夢膨らむ津軽・下北開発」（東奥日報一九八二年一月一日付）のように、例年新年初頭の東奥日報は、地域開発プロジェクトのアドバルーンを掲げることが多かった。下北半島が再処理工場の最有力の建設候補地であり、通産省（当時）の支援のもとで「半島全体が原子力基地化」するという構想がはじめて報じられたのも一九八二年一月六日付の同紙であった。八三年一二月、当時の中曾根首相が衆院選の遊説で、青森市で記者会見し、「下北半島は日本有数の原子力基地にしたらいい。原子力船母港、原発、電源開発ATR（新型転換炉）と、新しい型の原子炉をつくる有力な基地になる。下北を日本の原発のメッカにしたら、地元の開発にもなると思う」と発言した「中曾根発言」に先立つ二年前である。

以下では、核燃料サイクル施設がどのような経過で六ヶ所村に立地され、建設がすすめられることになったのかを中心に、福島第一原発事故の今日まで、各段階ごとの主要な課題に着目しながら、一九八四年以降の歴史を整理してみよう。

第一期は、一九八五年四月一八日に県および六ヶ所村が受け入れを正式決定し、電気事業連合会（以下、電事連）などとの立地基本協定に調印するまでの「立地準備期」である。八四年七月二七日に電事連が青森県と六ヶ所村に対して、核燃料サイクル施設の立地の正式要請を行うまでの「立地点選定段階」と、それ以降の「受け入れ準備段階」に大別できる。

前者は事業者側から見れば、六ヶ所村のむつ小川原開発用地に建設予定地を絞り込むまでの段階であり、立地点を含めて核燃料サイクル施設の建設計画の基本的な骨格が固まった段階である。青森県および地元自治体側の主要な関心は、建設予定地がどこなのか、全施設がむつ小川原開発用地に立地されるのか否かにあった。この受け入れ準備段階は、問題の重大性に比較して、調印までわずか約七カ月という短期間で県・村の意志決定がなされた点に大きな特徴がある。

第二期は、一九八五年四月の立地基本協定の調印から八九年七月の参院選で核燃反対を掲げた三上隆雄氏が当選するまでの、農業者を中心として反対運動が全県的に次第に浸透し、ピークを迎える「反対運動高揚期」である。八六年四月のチェルノブイリ原子力発電所の事故を契機に、八七年から八九年にかけて反原子力運動は「反原発ニューウェーブ」と評されたような全国的な高まりをみせた。青森県の場合にも核燃反対運動は大きく高揚した。

第三期は、一九八九年七月の三上氏の当選から、九一年二月三日の青森県知事選で北村氏が四選されるまでの時期である。参院選での予想を超える大量得票によって、知事選で反核燃候補が当選すれば、八五年の立地基本協定を破棄し、核燃料サイクル施設の建設を中止させることが期待できるという政治状況が生じた。けれども、危機感を高めた自民党および事業者側の巻き返しによって反核燃候補は敗れ、核燃施設の建設中止の可能性は事実上閉ざされることになった。「推進側の巻き返し期」である。

第四期は、一九九一年二月の北村知事の四選から、九五年二月五日の青森県知事選で木村守男新知事が誕生するまでの時期である。九二年ウラン濃縮工場、続いて低レベル放射性廃棄物埋設センターの操業がはじまり、九三年には再処理工場の着工も開始され、核燃料サイクル施設の既成事実化が進む「操業準備期」である。核燃料サイクル施設は建設段階から事業実施段階へと移行するかに思えた。

第五期は、一九九五年二月に木村知事が誕生して以降の段階である。むつ小川原開発の見直しを提起した木村知事は、九八年六月、国際科学技術都市の建設をめざす新基本計画の骨子案をまとめたが、MOX燃料工場の誘致以外は具体化していない。二〇〇三年五月、木村知事は自らのスキャンダルによって退陣を余儀なくされた。二〇〇二年五月には、汚職事件で検察の取り調べをうけていた六ヶ所村の橋本寿村長（当時）も自殺している。

一九九五年以降は、誰も予想しえなかった自民・社会・さきがけの連立政権（九四年六月から九八年六月まで）やめまぐるしい政権交代、「失われた一〇年」と批判されるような政治・経済改革の立ち遅れを背景に、五年八カ月の長期政権となった小泉政権の誕生（二〇〇一年四月）までは、国政が不安定化した。九五年一二月八日の高速増殖炉もんじゅのナトリウム漏れ事故、九九年九月三〇日の茨城県東海村のJCO事故、二〇〇一年一二月に表面化した六ヶ所村の使用済み核燃料貯蔵プールの水漏れ事故、二〇〇二年八月に表面化した東京電力の原発トラブル隠し問題、二〇〇七年七月一六日の新潟県中越沖地震によって損傷を受けた柏崎刈羽原発の全七基の長期全面停止をはじめとして、日本の原子力の安全管理体制を根幹から揺るがすようなショッキングな事故やトラブルが相次いだ。

大幅に遅延しつつも、六ヶ所村の再処理工場の建設工事はほぼ完成したが、二〇〇三年には電力業界に近い研究者など、原子力推進陣営の側から、経済性への疑問にもとづいて再処理事業の凍結論・核燃料サイクル計画の見直し論が提起されるようになった。その意味で九五年以降は「事業見直し論の提起期」と総括することができる。さまざまなスキャンダルやトラブルが続き、六ヶ所村・県・国、電力業界・原子力業界いずれのレベルでも予見不可能な不安定性が増大したのがこの時期の大きな特色である。「事業環境の不安定期」ともいえる。

しかし、経済産業省と原子力委員会は推進派内部からの事業見直し論を振り切り、二〇〇四年一二月からウラン試験を、二〇〇六年三月からは使用済み核燃料を用いるアクティブ試験を開始し、再処理工場は稼働をはじめた。けれども大小のトラブルが相次ぎ、営業運転開始予定はその後もたびたび延期され、試運転完了の目途は立っていない。

二〇一一年三月一一日に起きた東日本大震災により福島第一原発事故が起こり、政府は、エネルギー基本計画を白紙から見直すことになり、核燃料サイクル計画の是非も、あらためて検討し直されることになった。本格的な「事業の見直し期」に入ったのである。

核燃料サイクル施設とは何か

核燃料サイクル施設とは、そもそもどのような施設なのだろうか(7)。

原子力発電は核分裂性のウランを原子炉のなかで燃やし、発生した熱エネルギーを電気エネルギーに変換するプロセスだが、燃料のウランをいわば使い捨てにする「直接処分（ワンス・スルー）方式」と、使用済み燃料を再処理し、プルトニウムと燃え残りのウランを回収し、高速増殖炉などで核燃料として再利用する「核燃料サイクル方式」がある。国際的には、一九八〇年代半ば頃までは、核燃料サイクル計画はまだ将来性があり現実性があるものと見られていたが、八〇年代末以降、ドイツが再処理工場の建設を断念したことに代表されるように、日英仏ロシア以外の国は、経済性や技術的な困難性などから再処理事業から撤退した。現時点で、高速増殖炉でのプルトニウム利用を含む核燃料サイクル路線をもっとも積極的に推進しようとしているのは日本である。多くの国民はほとんど意識していないものの、日本は、世界でプルトニウムの商業利用にもっとも積極的な国であり、そのため、潜在的に核武装できるだけの技術的能力と経済力をもち、プルトニウムを保有する国として、国際原子力機関（IAEA）からマークされている。

日本がエネルギー資源に乏しく、エネルギーの海外依存率が八四％と高いこと、ウラン資源は一〇〇％海外に依存していること、核燃料サイクルが仮に完成すればエネルギー自給率が高まることが、電事連および政府が核燃料サイクル計画を推進する表向きの基本的な論拠となっている。

図1－2のような核燃料サイクルの概念図のなかで、六ヶ所村に立地されたのは**表1－2**のような五施設である。MOX燃料加工工場の建設は二〇〇五年に付け加えられた。

核燃料サイクル施設の主要五施設のなかで、もっとも必要度が高いのは、低レベル放射性廃棄物の埋設センターと英仏からの返還高レベル放射性廃棄物の貯蔵施設である。

一九八三年度末には二〇〇リットルドラム缶換算で五二万個分の低レベル放射性廃棄物が原子力施設内に保管されており、九〇年には一〇〇万本を超えると予測されていた。また日本は英仏両国に使用済み燃料の再処理を委託しているが、再処理の過程で生じる高レベル廃棄物を、ガラス固化体で三千数百本分、

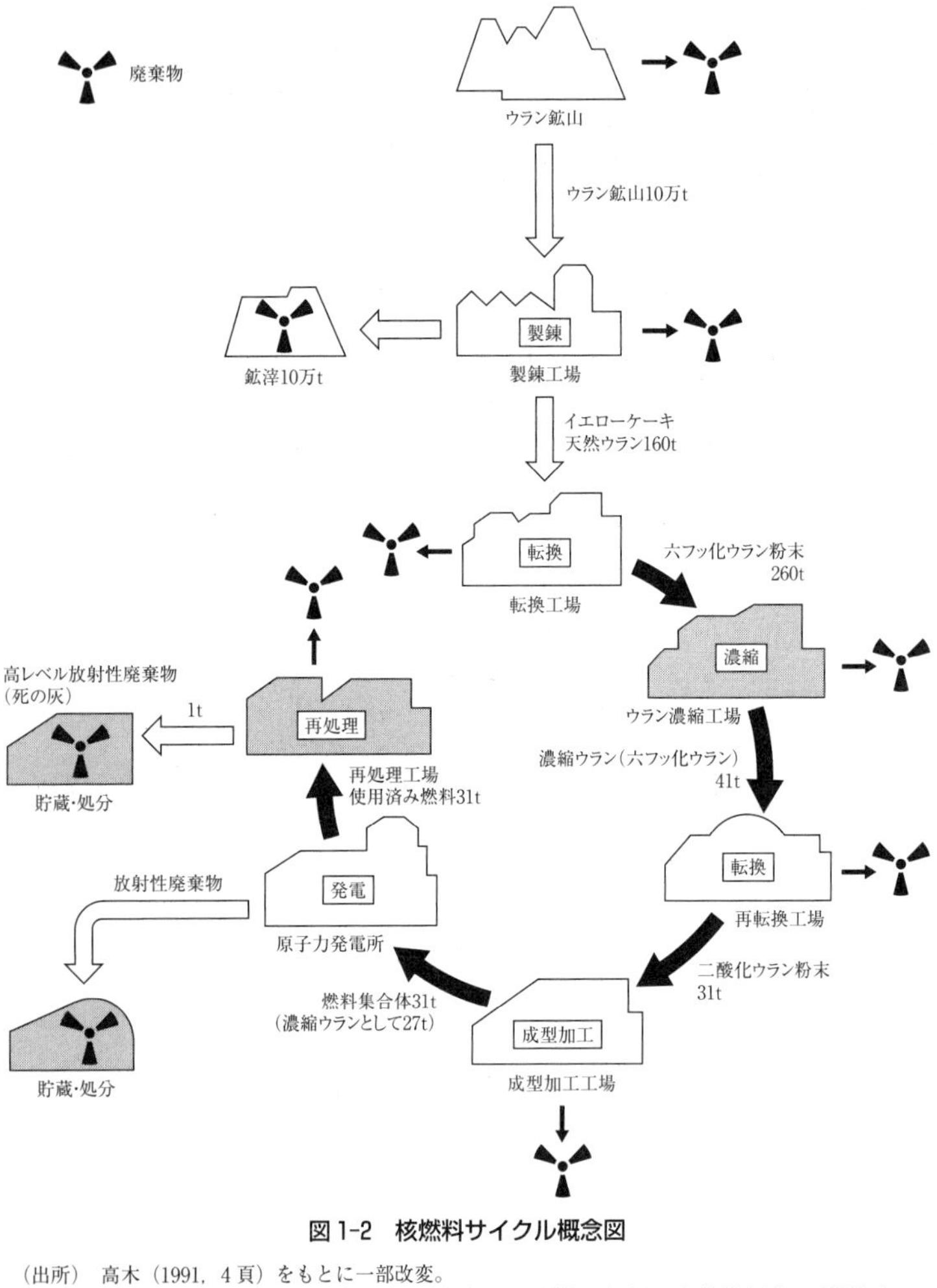

図 1-2　核燃料サイクル概念図

（出所）　高木（1991，4頁）をもとに一部改変。
（注）　数字は100万kWの原発を1年間動かす場合。六ヶ所村に立地された施設を灰色で明示した。

表 1-2　核燃料サイクル施設概要

施設		規模	操業開始〔予定〕	建設費	所要人員
再処理工場	本体	年間 800t・ウラン	〔2012 年(平成 24 年)竣工予定〕	約 2 兆 1930 億円	操業時 約 2000 人
	使用済燃料貯蔵プール	3000t・ウラン	2000 年(平成 12 年)		
高レベル放射性廃棄物貯蔵管理センター		ガラス固化体　1440 本(将来的には 3 千数百本)	1995 年(平成 7 年)	約 800 億円(1440 本分)	
ウラン濃縮工場		年間 150tSWU で操業開始(最終規模年間 1500tSWU)	1992 年(平成 4 年)3 月	約 2500 億円(年間 1500t SWU 規模)	工事最盛期　約 1000 人 操業時　約 300 人
低レベル放射性廃棄物埋設センター		埋設規模　約 20 万㎥(200 ℓ ドラム缶約 100 万本相当)最終規模約 60 万㎥(同約 300 万本相当)	1992 年(平成 4 年)12 月	約 1600 億円(ドラム缶 100 万本規模)	工事最盛期　約 700 人 操業時　約 200 人
MOX 燃料加工工場		年間 130t	〔2016 年(平成 28 年)竣工予定〕	約 1900 億円	操業時　約 300 人

(出所)　日本原燃株式会社広報資料。

九〇年頃から引き取ることになっていた。八〇年には、民間の再処理工場の経営主体である「日本原燃サービス株式会社」が発足した。八〇年代はじめ、電気事業連合会にとっては核燃料サイクル施設の適地をみつけることが喫緊の課題となっていた。

そもそも毒性が強く、半減期の長い放射性廃棄物の処理は安全な解決法がなく、原子力発電を行っている各国が頭を悩ましている難題であり、原子力発電の最大の隘路である。この約三〇年間、世界的にみて大きな技術的進展はないといえる。カリフォルニア州のように、七六年以来州法によって放射性廃棄物の処分問題が解決しない限り、新規の原子力発電所の建設を禁じている所もある。

再処理工場は一九七六年にまず鹿児島県徳之島が立地要請されたのを手始めに、八〇年に沖縄県西表島、八二年に長崎県平戸島、八三年に北海道奥尻島が要請を受けたが、いずれもこれを拒否した。放射性物質が集中し、再処理工場の危険性がきわめて高いからである。

では、青森県はなぜ核燃料サイクル施設を積極的に誘致したのだろうか。

前史としての原子力船むつ問題

そこには二つの契機がある。第一は前節に述べたようなむつ小川原開発の蹉跌であり、第二は原子力船むつの母港問題である。

核燃料サイクル施設に求められる立地条件は、近くに核燃料荷揚げ用の港があり、広大な用地を確保することができ、地盤が堅牢で、地震などの災害が起こりにくいことである。重大事故の際の危機管理という点からは、周辺の人口密度が低いことが望ましい。六ヶ所村が満たしているのは、むつ小川原開発計画のもとで建設が進んでいた港とすでに確保されていた広大な用地である。ただし二〇〇八年五月にも、核燃料サイクル施設付近に日本原燃が見落としてきた約一五キロの活断層が存在し、しかもこれが東通原発の約一〇キロ沖合いにあり、六ヶ所村沖では四・三キロまで接近する長さ八四キロに及ぶ大陸棚外縁断層〔『新編日本の活断層』（活断層研究会編　一九九一）にも記載されているが、日本原燃は、古い断層であり、国の原発耐震指針の評価対象外だとしている〕につながっている可能性があり、その場合には活断層の長さは約一〇〇キロに達し、マグニチュード八クラスの大地震が起きるおそれがある（図1-3参照）。日本原燃はこの両者を含めて耐震審査をやり直すべきだという研究報告が学会でなされた。地質学的な立地適性には当初から批判が強かった[8]。

実は、六ヶ所村以外に下北半島には核燃料サイクル施設の有力候補地が二つあった。原子力船むつの新母港となったむつ市関根浜と、六ヶ所村の北隣の東通村である。

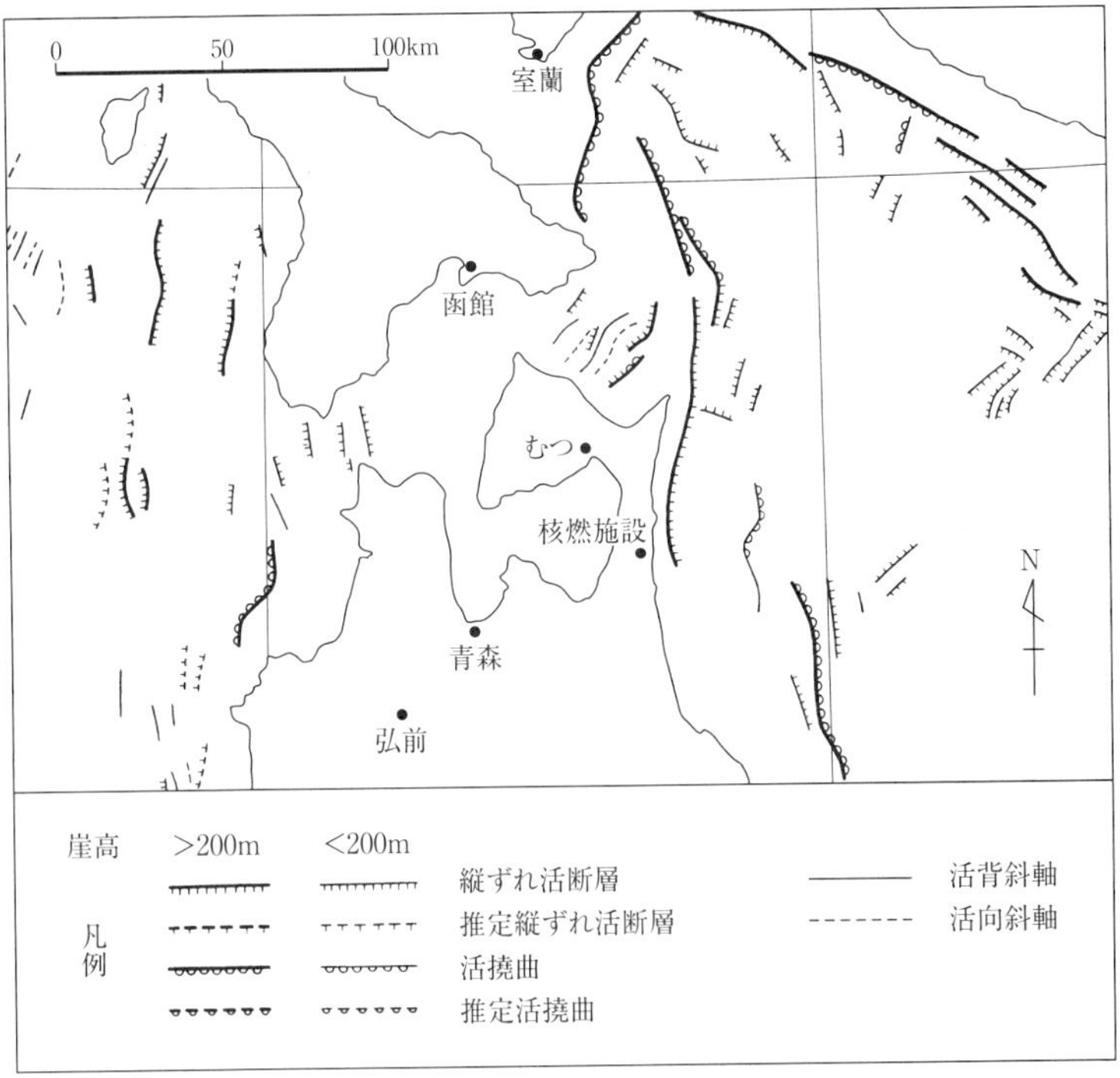

図 1-3　青森県周辺における活断層分布図

（資料）　高木（1991，345 頁）。原資料は，活断層研究会編『日本の活断層——分布図と資料』（東京大学出版会，1980 年）の「日本と周辺海底の活断層図」（別図）による。
（注）　ただし，核燃施設の位置を書き加えた。

青森県と原子力施設との直接的な関わりは、むつ市大湊が一九六七年八月に原子力船むつの母港（定係港）に内定し協力要請があったことをうけて、同年一一月に竹内俊吉青森県知事、河野幸蔵むつ市長が受け入れを表明したことにはじまる。これ以後、青森県には、原子力施設を下北半島に積極的に受け入れ、開発の起爆剤にしよう、「金ヅル」にしようという発想が強まる。すでにこの当時、県の委託を受けてつくられた日本工業立地センターの「むつ湾小川原湖大規模工業開発調査報告書」(一九六九年)には、「わが国で初めての原子力船母港の建設を契機とし原子力産業のメッカとなり得るべき条件をもっている」として「将来、大規模発電施設、核燃料の濃縮、成型加工、再処理等の一連の原子力産業地帯として十分な敷地の余力がある」と明記されていた。

一九七四年八・九月の「むつ」の出力試験をめぐる強行出港とその際の放射線漏れ事故、この事故処理をめぐっての大湊港(むつ湾側)の定係港撤去を含む政府、青森県、むつ市、県漁連との四者協定、八一年に表面化し合意したむつ市関根浜(外洋側)への新定係建設問題など、原子力船むつをめぐってはトラブルや難題が続いた。注目すべきことは、これらの問題処理の過程も、結局は、科学技術庁(当時、以下略)と青森県との接点をひろげるはたらきをしたことである。政府・事業者側は、青森県が政治的にも社会的にも原子力施設に「理解が深い」ことを学習した。平岩外四電事連会長(当時)は、八四年四月二〇日の県への正式の立地要請後の記者会見で、下北半島を選定した理由について「特に原子力施設に理解が深くお願いするのに最適の地」と強調している(東奥日報一九八四年四月二一日付)。関根浜新母港の建設は、核燃施設受け入れの第三の、そしてより直接的な契機となった。

核燃料サイクル施設の立地点の選定に関与した主要な主体は、地元の青森県、第三セクターのむつ小川原開発株式会社、事業者の母体である電事連、主管官庁であり、施設の許認可にあたる科学技術庁の三者である。

関係者への聴き取りや各種の報道を総合してみると、科学技術庁がまず推したのは原子力船むつの新母港関根浜だった。八一年五月、当時の中川一郎科技庁長官(八二年一一月まで在任、八三年一月自殺)との間で、むつ市関根浜への新母港建設の合意ができあがった。すでにどの国も原子力船開発から撤退し、「むつ」もまた七四年の事故以来原子炉を動かしてはいなかった。当時すでに原船むつはその主要な使命を終えていたのであり、近い将来廃船になることは避けがたかった。新定係港建設のための六〇〇億円の投資は過大であるとする批判は自民党内部にも強かった。[9]

再処理工場の関根浜立地論は、関根浜新港を原船母港以外の用途にも利用したいという動機から生まれた科技庁サイドの案であり、青森県側は地元の合意が得がたいなどとして消極的だった。関根浜立地論は、一九八二年二月科技庁が、八三年八月には原船事業団が、それぞれ県側に関根浜を再処理工場の候補地にはしないとの文書を出して立ち消えになった。あわせて関根浜港の建設規模も当初案の三分の二に縮小され、建設費も三八〇億円に減額された。

一九八四年一月一日付の日本経済新聞のスクープ記事は、八三年はじめに、むつ小川原開発株式会社が核燃料サイクル基地を誘致することを決め、稲山嘉寛経団連会長、平岩外四電事連会長、監督官庁の国土庁や通産省、科学技術庁に協力を求めていたと述べている。[10] 八五年一月二三日付東奥日報社説も、「もともとむつ小川原開発区域内に核燃サイクル施設を立地する構想は、電事連より一足先にむつ小川原開発株式会社が持ちかけたものだった」と述べ、八四年四月二二日付デーリー東北は、八二年暮れには第三セクター・むつ小川原開発株式会社が動燃事業団に対して再処理工場の事業照会をしていたことを報じている。北村知事も、電力業界とむつ小川原開発株式会社との間で接触の事実があったことを耳にしていると、八四年三月の青森県議会で認めている。離島への立地要請が暗礁にのりあげつつあった八三年時点で、電力業界とむつ小川原開発株式会社との間で折衝が進んでいったとみられる。

しかし一九八四年はじめの時点では、再処理工場については地盤などから東通村の方が本命視されていた（東奥日報一九八四年一月八日付）。再処理工場は東通村に、ウラン濃縮工場と放射性廃棄物の貯蔵施設は六ヶ所村に立地するというのが当初の電力業界の構想だった。むつ小川原開発用地への集中立地に積極的だったのは青森県サイドだった。

一九八四年七月一三日、核燃料サイクル施設を六ヶ所村に集中立地してほしいと、北村知事は電事連会長に県側の意向を伝え、これをうけた形で七月一八日電事連社長会は六ヶ所村立地を決定し、七月二七日、県および六ヶ所村当局に対して正式な協力要請を行った。

核燃料サイクル施設は、青森県当局にとっては、また六ヶ所村当局にとっては、政府や電力業界から押しつけられたものではない。自らの意思で、「むつ小川原開発の救済」のために積極的に誘致したものである。このことが、短期間での立地受け入れなど、正式な立地要請以後の県当局および六ヶ所村当局の対応を規定している。

なぜむつ小川原開発用地か

では青森県当局および六ヶ所村当局は、むつ小川原開発用地に核燃料サイクル施設を誘致したのだろうか。

第一に、青森県および六ヶ所村当局にとっては何よりも、企業誘致が進まず、当初計画が暗礁に乗り上げ、五二〇〇ヘクタールの遊休地と一九八三年末段階で約一四〇〇億円の膨大な累積赤字を抱えていたむつ小川原開発計画の打開策として、また石油化学コンビナート計画の代替プロジェクトとして、核燃料サイクル施設を位置づけえたからである。むつ小川原開発の第一次基本計画、第二次基本計画で具体化はしなかったものの、前述の日本工業立地センターの報告書に明示されているように、ウラン濃縮工場や再処理工場の建設は、そもそも六九年の開発の青写真に含まれていた。一般県民や村民にとって唐突な感は否めないが、青森県当局にとって、むつ小川原開発用地への核燃施設の誘致は、県当局内部においても、対政府との関係においても、こうした下敷きとなる青写真があり、代替プロジェクトとして意味づけが可能であるがゆえに、合意が得やすかった。関根浜や東通村はこうした県当局にとっての積極的な理由づけを欠いていた。

第二に、関根浜では用地買収手続きが新たに必要であり、東通村では漁業補償が難航していたのに対して、むつ小川原開発用地の場合には、用地買収はほぼ完了し、漁業補償も終了していた。地権者や漁業権者との合意形成は、むつ小川原開発計画の部分的な修正として核燃料サイクル施設を立地する限り、形式的には成立していた。他の二地域に比べて、むつ小川原開発用地は事業遂行にとっての地元レベルでの社会的な障害が少なかったのである。

第三に、六ヶ所村にとっては、一九八四年は前年までに石油備蓄基地の三分の二が完成し、残り二一基分についても本体の建設工事がほぼ終わろうとする時期だった。企業立地の目途が立たないままで、雇用不安は現実化していた。むつ小川原開発計画を前提とする限り、県と六ヶ所村当局にとっては核燃施設を受け入れることが、現状打開の現実的な選択肢だった。

一九八四年段階での青森県側の主要な関心は、何よりも国の政策上の位置づけ、国の関与の程度を確認することにあった。①むつ小川原開発第二次基本計画との整合性を確保することと、②この事業がどの程度「国策」的な性格をもつのかが、県側の第一義的な関心だった。施設の安全性や農漁業へのマイナスの影響は、二義的なものだった。

早くも八四年四月二五日時点で、むつ小川原開発第二次基本計画の全面変更にはならないことを北村知事は県内市町村会議で明言している。実際、八五年四月一八日の基本協定への調印直後の四月二六日に、閣議は「核燃料サイクル施設のむつ小川原地区への立地は、工業開発を通じてこの地域の開発を図るというむつ小川原開発の基本的考え方に沿うものであ」るなどとして、この計画を口頭了解している。県の期待どおり、むつ小川原開発第二次基本計画に「付」をつけるという一部修正にとどまった。県も政府も、むつ小川原開発計画の破綻を公的に認めざるをえなくなるような全面的な見直しを避け、むつ小川原開発計画の枠組みはそのままにして、引き続き港湾、道路整備などの公共投資を続けようとした。

拙速な受け入れ過程

一九八五年四月一八日、青森県、六ヶ所村、事業主の日本原燃サービス株式会社、日本原燃産業株式会社は、電事連の立ち会いのもとで立地基本協定に調印した。問題の重大性にもかかわらず、正式要請からわずか七カ月という短期間での調印だった。

青森県が施設の安全性は確立しうると判断した根拠は、一九八四年八月に発足したメンバー一一人からなる「核燃料サイクル事業の安全性に関する専門家会議」の報告書である。けれども、そもそもメンバーの人選自体が有沢広巳日本原子力産業会議会長、科学技術庁の協力を得てなされたものであり(東奥日報一九八四年八月一二日付)、一一人のうちの六人は、科技庁の外郭団体である日本原子力研究所、動燃事業団所属の委員であり、核燃料サイクル施設を推進しようとする立場の専門家からのみ構成されていた。典型的なお手盛りの専門家会議だった。専門家会議はわずか三カ月間に三回足らずの全体会議を開いたのみで、「三つの事業に係る安全性は基本的に確立しうる」と結論づけた。二回目の会合で検討項目を確定し、三回目の会合で報告書を了承したことは、会議の進行自体がきわめて儀式的なものだったことを示している。

とくに重要なことは、この報告書が、現地視察を一度行ったのみで、独自に六ヶ所村の立地調査を行ったわけではなく、今日に至るまで大きな争点となっている立地点の地盤や活断層の存在の有無、天ヶ森射爆場や三沢の米軍基地との関係など、むつ小川原開発地域に固有の立地上の問題点に関してはまったく言及していないことである。立地適性について個別的な検討を同会議はまったく行うことなく、核燃料サイクル施設の安全性は一般的に確立しうると結論づけている。事業者側によって立地調査と環境への影響調査が行われるのは立地協定調印後である。

専門家会議のあり方に代表されるように、正式受け入れまでの青森県の対応はきわめて拙速であり、環境アセスメントはむろん、六ヶ所村に核燃料サイクル施設を立地することが自然科学的に、また社会科学的にみてどの程度妥当であるのか、というような調査研究を一切行っていない。「地域振興」や「産業構造の高度化」が核燃料サイクル施設立地の大義名分とされるが、核燃料サイクル施設を契機にどのような地域振興が可能かどうか、青森県の将来の産業構造がどのように高度化するのかという点についての詳細な個別的検討が、受け入れの正式決定以前になされたわけでもなかった。

冷静にみれば、現実的に期待しうる主要な経済効果が、建設工事中の建設投資効果の県内受注分と雇用効果、操業後の雇用効果、電源三法交付金、施設にかかわる固定資産税等にすぎないことは明らかである。

しかも、八五年時点で正式に三法交付金の交付対象だったのは再処理工場のみだった。ウラン濃縮工場・低レベル放射性廃棄物埋設センターが交付対象として認められるのは八七年である。地下に埋設される低レベル放射性廃棄物および高レベル放射性廃棄物の課税のしくみについても、それぞれ埋設と一時貯蔵がはじまる直前まで青森県財政課は詳細な検討を怠っていたほどである。

既存の国内の原子力発電所の立地点や外国の再処理工場立地点の現状を見れば、核燃施設の立地を契機として、数多くの企業がむつ小川原開発用地に進出するとは考えがたい。核燃料サイクル基地のモデルであり、ともに再処理の長い歴史をもつイギリスのセラフィールドでも、フランスのラ・アーグでも、その周辺に企業立地がすすんでいるわけでは決してない。原子力施設の誘致を契機に産業構造の高度化に成功した都市は、これまで世界中に一つもないといって過言ではない。一〇〇〇億円以上の巨費が投じられ、一九九五年に廃船となった原子力船むつは、長年にわたる混乱とひきかえにむつ市周辺にも巨額の補償金やつかみ金をもたらしはしたものの、六〇年代末に喧伝されたような地域振興の起爆剤にはならなかった。

事業者側にとっては核燃料サイクル施設の立地は前述の理由で急がねばならなかったが、誘致に積極的なのは青森県以外になかった以上、青森県側が拙速になるべき客観的な理由はなかった。青森県は、むつ小川原開発株式会社の累積債務処理のために、開発用地の売却を急いではいたが、核燃施設は関連企業誘致効果に乏しいがゆえに、冷静に考えれば核燃施設の立地は累積債務問題解決の切り札とはなりえようもなかったのである。

青森県当局や市町村当局は受け入れ条件を厳しく吟味し、事業者側と慎重に交渉するというような周到さを欠いていた。原子力問題に関する国と青森県との長い歴史の中で、住民側の利益の擁護と筋をとおした慎重な交渉姿勢で評価しうるのは、関根浜新母港受け入れ当時（一九八一〜八五年）のむつ市長菊池渙治氏ぐらいであろう。

批判的な見解を封じたまま、国と事業主を同一視し、「国策」に協力すれば何かいいことがあるだろうと漠然とした淡い期待を抱き、最悪の場合にも国が何とかしてくれるはずだ、国は悪いようにはしないはずだと、国を全面信頼するという、パターナリスティックで他力本願的な思考様式は、原子力船むつ問題・むつ小川原開発問題・核燃問題・東北新幹線の青森延伸問題などにおいて何度も繰り返されてきた。北村知事を中心とする青森県当局は、原子力船むつ問題以来、国の原子力行政の文字どおり「尻ぬぐい」役的な当事者であることを強いられながら、その教訓のなかからワーストのシナリオを想定して対応策を用意するという「リスク・マネジメント」的な思考様式を学ぶことを怠ってきた。

県当局のこのような姿勢は、木村守男知事時代（九五年二月〜二〇〇三年五月）はやや異なったものの、三村申吾知事時代（二〇〇三年五月〜）の今日まで基本的に変わっていない。

（3）核燃反対運動

初期の核燃反対運動

大量の放射性物質が集中し、安全性への不安の大きい核燃料サイクル施設の立地に対する反対の動きは、総評系の青森県労働組合会議（「県労」）、社会党・共産党を中心に、電事連の正式な立地要請前後から顕在化した。それまで原子力船むつ問題、むつ小川原開発問題、東通村の原発建設問題に批判的に取り組んできた市民団体も、建設阻止をめざしてそれぞれ反対運動を開始した。原船むつ問題・むつ小川原開発問題以来の反対運動の前史があるだけに、核燃問題に対する反対運動のたちあがりは比較的早かった。

けれども立地点では用地買収も漁業補償も完了していたがゆえに、また県議会での核燃反対派は一九八四年当時、五一議席中の九議席、六ヶ所村議会でも明確な反対者は二二議席中一議席と、核燃推進の保守派が圧倒的に優勢であるがゆえに、反対運動の対抗力はきわめて限られたものだった。しかも事業規模の大きさゆえに、再処理工場の方が立地のメリットは大きいと考えられていた。当初東通村と六ヶ所村とは誘致競争を行っており、両村の執行部や議会では、隣村に「遅れをとるな」という見方が支配的であり、慎重論や批判的意見は抑制されたのである。

立地準備期における反対運動の主な活動は、県労が中心になって行った、核燃施設の是非に関する県民投票のための条例制定運動だった。一九八五年一月、約九万四〇〇〇人の署名を得て県議会に直接請求を行ったが、五月自民党系が多数を占める県議会はこれを拒否した。

海域調査反対運動

立地点の住民にとって、批判的な意思を表示する機会は、制度的にも非制度的にもきわめて限られていた。しかも、一九七一〜七三年当時むつ小川原開発反対運動の中心だった「むつ小川原開発反対同盟」を継承した「六ヶ所を守る会」も、七〇年代末以降は事実上活動休止状態といってよかった。

六ヶ所村において、核燃施設の立地が表面化してから、反対運動がもっとも高まりを見せるのは、八五・八六年の海域調査問題をめぐってであった。

海域調査は核燃施設の建設手続きに必要な立地環境調査の一環である。海域調査が実施できない間は建設手続きは進捗できないから、事業者側は海域調査に対する漁協の合意を必要としていた。六ヶ所村の三漁協中、最大の泊漁協では、「むつ小川原開発にともなう漁業補償は、石油シリーズを前提にしたもので核燃サイクルについて約束したものではない」として、再補償や協力金をもとめる意見が根強かった。核燃反対派で村議でもある滝口作兵ヱ漁協組合長（当時）らと推進派の漁協理事との対立のなかで長期にわたって組合長の解任騒ぎ、組合員の逮捕など混乱が続いた。

八五年一二月の村長選で、現職の古川伊勢松に対抗して核燃施設立地受諾の「白紙撤回」を掲げて立候補した滝口氏は落選したものの、投票総数の三五％、二四六九票を獲得した。事前の予想は一〇〇〇票台にすぎなかったから、大善戦だった。核燃立地が表面化して以降今日まで、同村の各種選挙で核燃反対派が獲得した最大の得票である。古川村長の「強圧的」な政治姿勢への反発、核燃に対する村民の不安感のあらわれと受けとめられていた（東奥日報一九八五年一二月二日付）。

泊の「核燃から漁場を守る会」、女性がつくる「核燃から子供を守る母親の会」は、八九年一二月の村長選まで、寺下力三郎元村長らの「六ヶ所を守る会」とともに、六ヶ所村における反対運動の中心となった。

チェルノブイリ原発事故と核燃反対運動

一九八六年四月二六日、世界史的大事件が勃発した。チェルノブイリ原子力発電所四号炉の爆発事故である。広島型原爆約五〇〇発分に相当する放射能を環境に放出した史上最悪の原発事故が起こった。旧ソ連および全ヨーロッパ規模でのガン死の増加、土壌汚染と食品汚染の恐怖、原発の「安全神話」の崩壊、とくにドイツなどヨーロッパ諸国で顕著な「非原子力化」へのエネルギー政策の転換、地球環境問題への世界的な関心の高まり、八九年の東欧の「民主化」革命、九一年のソ連邦の崩壊など、チェルノブイリ事故が直接間接にもたらした影響は深く大きい。

この事故を契機に、これまで原発立地点と立地県に限られがちであり、男性や労働組合・政党中心だった反原発運動は、一九八七年から八九年にかけて大都市圏の女性に支持をひろげ、「反原発ニューウェーブ」と呼ばれたような全国的な高まりをみせた（長谷川［一九九二］二〇〇三）。チェルノブイリ事故による輸入食品の放射能汚染問題をとおして、原発事故のリアリティは、抽象的な不安感から、現実的な問題となった。国内の原子力発電所への不安感とともに、着工を目前にした核燃料サイクル施設に対する不安感が大都市圏で、また青森県内で急速に高まった。

チェルノブイリ事故を直接間接の契機とする青森県内の新たな核燃批判の動きは、農業者と女性を中心とするものだった。

弘前市の主婦グループ「放射能から子どもを守る母親の会」は、一九八六年七月から、チェルノブイリ事故が四月二六日に起こったこと、一〇月二六日が国際的に「反原子力の日」であることから、毎月一回原則として二六日に市内で「核燃と原発に反対する女たちのデモ」を長期にわたって今日まで続けてきた。このグループは八七年四月に全国にカンパを呼びかけ、地元紙に「核燃まいね」（「まいね」は、子どもをしかるときなどにも使われる津軽独特の表現で、「だめだ、いけない、いらない、いやだ」などの否定的感情をあらわす）の一面意見広告を掲載した。また別の弘前市の主婦は、八八年四月二二日付のワシントン・ポスト紙に、三沢空港への返還プルトニウム空輸反対を訴える意見広告を出すとともに、不定期で「エネルギッシュおばさん通信」を出し、抗議集会への参加などを呼びかけた。

これら「草の根」的な女性市民グループの持続的な取り組みとともに、チェルノブイリ事故以前からだが、弁護士や大学教員ら専門職者を中心とする息の長い活動も特筆される。「核燃サイクル阻止一万人訴訟原告団」と同弁護団は、一九八四年九月に結成された八戸市の市民グループ「死の灰を拒否する会」のメンバーが中心となって組織化されたもので、八八年八月結団式を行って以来、核燃施設に対する行政訴訟を次々と提起し、今日まで青森県内における核燃反対運動の牽引車となってきた。

一九八七年二月に設立された「核燃料サイクル施設問題青森県民情報センター」は、弘前大学の教員らを中心に八四年一〇月に結成された「『核燃料サイクル施設』問題を考える文化人・科学者の会」を事実上の母体としている。同センターは、隔月刊で（当初は季刊）「核燃問題情報」を継続して刊行し、県内外に核燃問題の経過を伝えてきた。

農業者の反対運動

一九八五年一月青森県は正式決定受け入れ表明を前に、八四年九月に続いて県内各層からの意見聴取を行ったが、市町村長・商工団体・経済関係者の間で推進論が多かったのに対し、農漁業関係者からは反対・慎重論が目立った（東奥日報一九八五年一月二三日付）。放射能汚染への不安とともに、激化する産地間競争での青森県産品の不利益、風評被害による農作物・魚価の低下などを恐れたからである。ただし原船むつ問題のときとは異なって、六ヶ所村の泊漁協をのぞいて、漁業者の間では全県的な反対運動のひろがりはなかった。

農業者による反対運動の中心になってきたのは、県農協青年部・婦人部、農民政治連盟県本部（農政連）である。一九八五年二月、青森県農業を守る連絡共闘会議は、全県的なレベルではじめて核燃問題についての農業者の学習会を開いた。同年四月五日には、農協青年部と婦人部は立地反対決起大会を開き、反対を決議した。

農業者による反対運動が本格化するのは、一九八七年九月農業者総決起大会が開かれ、このときの決議をもとに一二月に県農協青年部、同婦人部、農政連、全農協労連県支部の四団体が「核燃料サイクル施設建設阻止農業者実行委員会」を発足させてからである。八八年一月ストップ・ザ・核燃一〇〇万人署名運動がはじまると、農業者実行委員会も、三カ月間で一四万六〇〇〇人の署名を集め、四月二七日県知事に核燃の白紙撤回を申し入れた。知事の支持基盤の一つである農業者からの反対署名簿の提出に対して、同じ日北村知事は「農家のためを考えてやっているのに、農協青年部が先頭を切って反対運動をしているのは、いかにも情けない」「農家のための開発を拒否すれば救われない。かたくなに先祖伝来の土地だけを守る哀れな道をたどるだろう。開発とセットの道をたどるしか本当の農民対策は出てこない」などと発言した（東奥日報一九八八年四月二八日付）。

この発言は北村知事の核燃誘致の真情を述べたものとみるべきであり、核燃施設の地域振興効果に対するきわめて素朴でオプティミスティックな信仰と、県当局が国を信頼しているように、農業者は県知事を信頼して安心せよ、という同知事のパターナリスティックな発想がよくあらわれている。けれどもこの発言は、農業後継者らを中心に全県的な反発を呼び、かえって反対運動をあおる結果になった。

一九八八年七月、六ヶ所村と隣接する東北町農協は「核燃白紙撤回」を決議、続いて相馬村など津軽地方の六農協が建設反対を決議した。八八年夏以降、核燃反対の声はむしろ津軽地方の農業者の間に高まった。県南が畑作中心で兼業農家の割合が高いのに対して、津軽地方はコメ・りんごという商品性の高い作物を生産し、相対的に専業比率も高く、産地間競争と農業の将来性に対する不安と危機感、国および県の農政に対する不満感が強かったからである。六ヶ所村の隣接市町村では電源三法交付金や建設工事中の雇用効果などが期待できるのに対して、津軽地方の農家の場合には、核燃施設による受益はないにもかかわらず、同じ青森県産品として商品イメージが低下するだけだという不利益感が強かった。実際、日本消費者連盟や東京南部生協は、施設稼働後の不買運動の可能性を表明するとともに、一一月には県農協中央会長に対して、核燃阻止の運動を要請していた。

一〇月にはウラン濃縮工場の着工を目前にひかえて、再処理施設の建設予定地の直下に二つの断層があるとする日本原燃サービスの内部資料が漏洩し、県および事業者の「地盤は安定している」としてきた説明に対する不信感が高まった。一二月二九日、「核燃白紙撤回」の動議をめぐって紛糾し、流会となった青森県農協大会のかわりに開催された「青森県農協・農業者代表大会」で、白紙撤回動議は事前の予想をはるかに超えて、賛成八五、反対四八、白紙六で可決された。青森県農協中央会は、組織として核燃白紙撤回を決議したのである。

こうして核燃反対運動は一九八八年に全県的なひろがりを見せ、翌八九年にピークを迎えた。四月九日の六ヶ所村での集会には、労働組合員を中心に県内外から約一万人が参加、青森県内で開かれた抗議行動としてはこれまで最大の動員数を記録した。

八九年参院選——核燃反対運動の頂点

七月二三日の参院選では、自身弘前近郊の相馬村のりんご農家で農政連幹事長だった三上隆雄氏が、全県的には無名ながら農業者の代表として核燃阻止を訴え、三五万票を獲得した。今日まで、青森県における各種選挙を通じて革新系候補として得た過去最大の得票である。投票日の約二週間前の時点では保守系候補の当選が有力視されていたが、終盤戦に入って地滑り的な勝利となった。

この選挙戦では、四月から導入された消費税、リクルート疑惑に対する有権者の反発から全国的に自民党が大敗した。とくに保守地盤とされてきた東北五県の一人区では、米価の引き下げ、農産物とくに米の輸入自由化に反対する農業者の農政不信があいまって、いずれも自民党公認候補が落選した。青森県の場合には、これら全国的な争点と農政批判に核燃反対が結びついて、革新系候補の過去に例を見ない大勝となったのである。市町村の幹部や農協幹部は、それまでは保守系候補の集票マシンとして機能してきたが、この選挙ではその機能を停止した。

一九八九年八月末までに県内九二農協中、過半数を超える五〇農協が「核燃反対」を決議するに至っていた。農業者の核燃反対運動はピークを迎えたのである。

これに対して青森県と事業者側の対応策はＰＡ（パブリック・アクセプタンス）活動を強めることと、風評被害対策を具体化すること、原子力機関の青森県移転などを科技庁が打ち出し、事業主の原燃側も本社機能を移転し青森市に原燃合同本社を開設した。危険施設のみを青森県に押しつけるというイメージを払拭しようというイメージ操作である。しかしながら事業者側の対応策でもっとも成功したのは、建設工事を進捗させ、事業の既成事実化をすすめたことである。なしくずし的な既成事実化は、日本の社会紛争において、事業者側によって常套手段としてとられる代表的な戦略である。筆者らは、東北新幹線建設問題に関して、既成事実化戦略について述べたことがある（長谷川・船橋・畠中 一九八八）。

（4） 核燃施設操業下の青森県と六ヶ所村

土田村長の誕生

全県的な核燃反対運動の盛り上がりにもかかわらず、立地点の六ヶ所村では一九八五〜八六年の海域調査反対闘争以後、反対運動は停滞した。古川村長は、核燃に批判的な団体や人びとには公的施設を貸さないなど反対派を抑圧、また反対派との対話を拒否するなど「開発独裁」的な政治を行った。地元住民は雇用面での不利益と就職差別、集落内での孤立化を恐れざるを得なかった。村内で反対の意思を表明するには多くの困難がともなった。

しかしながら古川村長の強圧的な政治手法と、県および事業者に追随的な政治姿勢への反発、利権の分配をめぐっての不満感などから、古川支持派は内部分裂を起こし、村長の「右腕」とされてきた、村議で庄内酪農協組合長の土田浩氏が反旗をひるがえし、「核燃凍結」と対話路線を掲げて八九年一二月の村長選に立候補、四選をめざした古川村長を退けた。この過程で泊の反対派の組織「核燃から漁場を守る会」

は、土田支持派と、白紙撤回派に分裂した。

土田氏は当選後、旧古川支持派の村議・役場幹部らの取り込みを図り議会の多数を制する一方、マスコミ対策に力を入れ、また「核燃凍結はゆるやかな推進である」として核燃施設の既成事実化をすすめ、やがて「凍結」を解除した。土田村長の誕生によって、六ヶ所村内の核燃反対派はさらに少数者化することになった。九一年四月の村議選以降、核燃反対を表立って表明する議員はゼロとなった。

九一年知事選——核燃反対運動の分水嶺

参院選の余勢を駆って、一九九〇年二月の衆院選でも一区二区で「核燃反対」を掲げた社会党公認候補が当選、あわせて二二万票余りを獲得した。参院選に続く核燃反対派の勝利によって、九一年二月の知事選が、核燃事業の帰趨を制するものとして注目を浴びることになった。核燃白紙撤回を掲げる知事が誕生すれば、県知事は八五年四月に締結した立地基本協定の当事者としてこれを破棄し、核燃施設の建設をストップさせることができるからである。

四選をめざした自民党公認の北村知事に対抗して、参院議員の山崎竜男氏が保守系無所属として立候補、保守派が分裂したのに対して、核燃反対派は、紆余曲折はあったものの社会党・共産党・労働組合・農業者・市民グループによる反核燃統一候補金沢茂氏の擁立に成功した。

しかしながら危機感を強めた自民党と事業者側は締め付けを強化、当時の小沢一郎自民党幹事長（その後民主党元代表）を中心に巨額の選挙資金を投じた金権選挙を展開し、北村知事が四選をはたした。これに対して核燃反対派は、統一候補の擁立過程で、社会党系と共産党系の主導権争いが強まり、また農業者と一万人訴訟団などの市民グループとの間で相互不信が高まり敗北した。

一九九一年の知事選は核燃反対運動の文字どおりの分水嶺となった。知事選の敗北を契機に反対運動は支持勢力を少しずつ失い、とくに農業者や労働組合の支援活動が徐々に停滞する時期を迎えた。その端的な表れが、二カ月後の統一地方選県議選での敗北である。とくに多くの候補者を擁立した社会党は共倒れによって七議席を失い、核燃反対派の県議は九議席から三議席（社会党一・無所属二）に激減した。

有権者の核燃反対や施設への不安感が、核燃反対を訴える候補者の得票につながらず、選挙戦で敗北する。選挙戦の敗北と核燃事業の既成事実化が、運動支持者の有効性感覚を低下させ、いっそう反対運動を尻すぼみにするという悪循環が、一九九一年の知事選以後続くことになった。核燃反対運動は、青森県レベルでも、六ヶ所村レベルでも、全国的な傾向でもあった社会党・共産党系の勢力の退潮・労働組合運動の低迷なども重なって、このような現状を打開する糸口を見いだせないまま、二〇一一年三月一一日の福島第一原発事故に至った。

一方事業者側にとっては知事選の勝利は、反対運動の高まりという障害をとりのぞき、ウラン濃縮工場の安全協定締結（一九九一年七月）・操業開始（九二年三月）を手始めとする操業開始段階を迎えるステップとなった。九二年一二月からは低レベル放射性廃棄物埋設センターも操業を開始し、「核のごみ」とともに生きるという村の歴史の新たな段階がはじまった。九三年四月には予定より遅れたものの再処理工場も着工を開始した。

(5) 迷走する原子力政策と核燃問題

開発の「負の遺産」処理――むつ小川原開発株式会社の倒産

一九九五年二月の県知事選に、新進党の衆院議員木村守男氏は、北村知事の多選と高齢を批判し立候補、三二万票を獲得し、北村候補を約二万六〇〇〇票差で破って当選した。核燃反対運動の陣営からは一万人訴訟原告団長でもある大下由宮子氏が立候補したが、六万票余りにとどまった。

木村知事は当選後の一九九五年三月一日、むつ小川原開発計画の見直しを明言した。同知事は九五年四月海外からの高レベル放射性廃棄物の荷揚げに際しては、一時的に輸送船の接岸を拒否し、科技庁長官に対して青森県が最終処分地にならないことの確約を求め、「知事の了解なくして青森県を最終処分場にしないことを確約します」という確約書を得た。同知事は、第三回の返還の九八年三月にも、最終処分地問題を背景に「原子力行政に対する県民の不安や不信を伝えたい」と橋本龍太郎首相との会談を要求して、突然接岸を拒否し、三日遅れで接岸を認めた。パフォーマンスという批判を浴びながら、「物を言う」知事として、北村前知事との対応の相違を示した。

バブル経済崩壊後、一九九〇年代半ば、全国的に不良債権問題が深刻化し、九七年一一月には北海道拓殖銀行が経営破綻、山一證券も自主廃業した。金融不安は、九八年一〇月の日本長期信用銀行の破綻と続き、巨額の不良債権に苦しむ大手都市銀行の再編へと至る。このようななかで、長年にわたって事実上放置されてきた、第三セクター・むつ小川原開発株式会社の債務処理も避けられない情勢となった。九七年六月、北海道東北開発公庫（北東公庫）などからの借入金二三〇〇億円を抱えるむつ小川原開発株式会社への融資打ち切り論が浮上した。土地が売れる見通しもないなかで、金利を支払うために追加融資を受けるという悪循環が二〇数年にわたって続いてきたからである。同年九月、政府は「特殊法人の整理合理化」の一環として、むつ小川原開発株式会社への最大の貸し主である北東公庫と、日本開発銀行を廃止し、新発足する日本政策投資銀行への統合を閣議決定した。結局、関係者間の調整により借入金二三〇〇億円のうち、一六八〇億円が債務超過と認定され、債権者が一律の割合で債権を放棄することにし、二〇〇〇年八月に新会社が発足した（むつ小川原開発株式会社は二〇〇一年三月に解散）。債権放棄された残りは、新会社の出資金七六六億円に振り替えられた（国〔政策投資銀行〕が二九四億円〔三八％〕、青森県が八九億円〔一二％〕、民間が三八三億円〔五〇％〕出資した）。新会社の運営資金は経団連が財政支援することになり、借入金によらない運営の枠組みがようやくできあがった（東奥日報一九九九年一二月二一日付）。経団連内部の意見としてあった、土地売却のために「産業廃棄物リサイクル施設」を誘致するなどの構想は回避された。もしもこの構想が実現に向かっていたら、六ヶ所村は放射性廃棄物だけでなく、産業廃棄物の処分場と化すことになっただろう。

一九九八年六月、青森県は、それまで形式上生き続けてきた石油化学関連施設の誘致構想に替えて、国際熱核融合実験炉（ＩＴＥＲ）やＭＯＸ燃料加工工場の誘致など、核燃料サイクル施設を中心とする国際科学技術都市の建設をめざす新基本計画の骨子案をまとめた。二〇〇四年九月には、クリスタルバレー構想など、世界に貢献する新たな「科学技術創造圏」の形成をめざすことを基本方針とする新むつ小川原開発基本計画の素案を発表している。しかし県が誘致をめざした国際熱核融合実験炉は、〇二年五月に六ヶ所村が国内候補地となったものの、〇五年六月、関係国の閣僚級会合で、フランスのカダラッシュが立地点に決まり、六ヶ所村には関連施設が誘致されるにとどまることになった。

土田村長らは、核燃料サイクル施設を契機に、茨城県東海村のように関連の研究施設や企業を六ヶ所村に誘致し、「第二の東海村」をめざしてきたが、一九九七年末までに新たに立地された企業はウラン濃縮機器株式会社など四社、研究施設は、日本原燃の付属施設以外では、科学技術庁関係の環境科学技術研究所にとどまった。青森県全体でも、核燃料サイクル施設の立地基本協定にしたがって立地した企業は二〇社二三事業所だった。

九七年から二〇〇〇年にかけて、むつ小川原開発株式会社の清算問題が浮上するなかで、むつ小川原開発の今後の方向性を明確にせよ、という声が青森県内でも出たが、日本経済全体が低迷するなかで、具体化には至らなかった。むつ小川原開発株式会社の清算問題は「負の遺産」処理という側面が大きかった。

再処理工場の建屋工事の完成が近づき、核燃料サイクル施設関連工事が一段落しつつあるなか、一九九七年一一月の村長選で、旧古川村長派の村議らが支持する橋本寿氏は、三期目をめざした土田村長を破り初当選した。しかし橋本村長は、二期目の二〇〇二年五月、汚職事件で検察の取り調べをうけ、捜査の途中で首つり自殺した。核燃関連工事の利権をめぐる抗争は、現職村長の自殺という悲劇的な事態をもたらした(12)。

二〇〇三年五月には、三選をはたしたばかりの木村知事が自らの女性スキャンダルによって退陣を余儀なくされ、自民党の推す三村知事が誕生した。

続出するトラブルと原子力行政・日本原燃への不信

一九九五年以降、日本では原子力施設をめぐる大事故やトラブルが続出している（長谷川 二〇一一a）。主なものだけをあげても以下のとおりである。

一九九五年一二月八日、日本の原子力政策の行方を左右する重大な事件が福井県敦賀市にある高速増殖炉「もんじゅ」で起こった。政府側が起こりえないとしてその可能性を否定していたナトリウム漏れ火災事故である。

一九九六年八月四日、新潟県巻町で、原子力発電所の建設の是非をめぐって、全国初の住民投票が実施され、反対が多数となった。この結果を受けて、同原発の建設は二〇〇三年一二月正式に断念された(13)。

一九九七年三月一一日には、東海村の再処理工場内のアスファルト固化施設で火災、爆発事故が起こり、作業員三七人が被曝する惨事となった。

一九九九年九月三〇日、茨城県東海村の核燃料加工会社ＪＣＯで、日本ではじめての臨界事故が起こり、作業員三人が重度の被曝をし（二人はその後死去）、臨界状態は一九時間も続き、周辺も放射線で汚染されるという大事故が生じた(14)。政府や、土田元村長らがモデルとしてきた東海村も、原子力防災体制の貧弱さを露呈させた。

二〇〇二年八月には東京電力が、福島第一、第二、柏崎刈羽発電所で、検査記録を改ざんし、炉心隔壁のひび割れなどを未修理のまま運転するなど、長年にわたって組織的なトラブル隠しを行ってきたことを認め、所有する一七基の原発すべてが停止した。とくに二〇一一年三月一二日、最初の水素爆発を起こした福島第一原発一号機は、擬装改ざんがとりわけ悪質であるとして、原子力安全・保安院から一年間の営業運転停止を命じられた。日本で、原子炉が営業運転停止を命じられた唯一の事例である。東電では、現職の社長・会長を含め、元経団連会長など計四人の社長経験者が引責辞任した。このほか同様に、長年にわたるトラブル隠しがあったことが、東北電力・中部電力・日本原電でも発覚し、おもに沸騰水型炉の停止が相次いだ。

二〇〇四年八月九日には、関西電力の美浜三号炉で配管から漏れ出た高温高圧蒸気を作業員四人が浴びて死亡するという事件が起きた。原因は、運転開始から二七年間、この配管を一度も点検してこなかったために、腐食を見逃したことにあった。

二〇〇七年七月一六日の新潟県中越沖地震によって柏崎刈羽原発が被害を受け、全七基が長期にわたって全面停止した。〇九年一二月以降、七号機、六号機、一号機、五号機が運転を再開したが、二・三・四号機は、今日まで停止したままである。

このように、日本の原子力の安全管理体制を根幹からゆるがすようなショッキングな事故やトラブルが近年相次いだ。こうしたトラブルや事故によって、電気事業連合会が一九九九年から導入を計画していたMOX燃料を軽水炉で燃やすプルサーマルが最初に実施されたのは二〇〇九年一二月である。

トラブルの続出は六ヶ所村の核燃施設においても例外ではなかった。

一九九二年三月の操業以来、ウラン濃縮工場の遠心分離機は、九九年一二月末までに通算六九九五台が停止、二〇〇〇年九月には停止台数は通算八四三七台となった。二〇〇〇年六月には、より能力の高い高度化機の開発を断念した。七系統ある生産ラインのうち、〇八年二月までに六系統が停止し、二〇一〇年一二月からは最後の一系統も運転を停止している。現在新型の遠心分離機に順次置き換えていく工事をしており、二〇一一年九月から運転開始予定だったが、東日本大震災の影響により一二月開始に延期された。六ヶ所村の濃縮工場は国際価格に比べてそもそもコスト高とされてきた。年間一〇五〇ＳＷＵ／トンの生産設備だが、操業率がきわめて低く、採算性は著しく低下している。福島第一原発事故前から、近い将来閉鎖される可能性があると指摘されてきた。

もっとも深刻な事件の一つは、二〇〇一年一二月に表面化した六ヶ所村の使用済み核燃料貯蔵プールの水漏れ事故が引き金になってあらわになった不正溶接事件である。〇一年七月一〇日検知装置が作動し出水が確認され、一時間に約一リットルもの水漏れが生じ、出水量は通算で五二〇〇リットルにも達していたが、日本原燃は一二月末までこの事実を公表していなかった。漏水箇所を特定化し、原因が下請けの不良溶接にあることを確認できたのは、水漏れが起きてから一年四カ月後の〇二年一一月である。使用済み核燃料貯蔵プールは、原発には必ず付帯する設備だが、世界中にある約五〇〇基の貯蔵プールでも水漏れ事故はほとんど起きていない。きわめて素朴な初歩的な事故である。

このミスを起こした下請け企業、大江工業の施工にはほかにもミスがあった。同社の下請け労働者の日本原燃宛の内部告発の手紙の指摘どおり、二〇〇三年六月までに一六カ所で、埋込金物の位置ずれ、不正取り付けが発見された。日本原燃は、使用済み核燃料の貯蔵施設で五万カ所、再処理工場本体で五〇万カ所、類似の埋込金物を点検し、必要な補修を行った。日本原燃の施工監理体制の甘さがきびしく問われた事件である。

二〇〇五年一月には再処理工場のガラス固化体関連建屋で設計ミスが発覚、六月には、使用済み核燃料貯蔵プールで再び水漏れが起こった。その後も、ガラス固化体の製造実験が長期にわたって停止するなど、大小のトラブルが相次いでいる。

六ヶ所村の再処理工場が抱える難題の中でも、最大の問題は、技術的に、いつ営業運転を開始することができるか、である。試運転終了後、県や六ヶ所村と安全協定を締結し、営業運転を開始する手順だが、当初四カ月ほどで終える予定だった高レベル放射性廃棄物のガラス固化体の製造実験は、再開・不具合・再開・不具合が繰り返され、約三年間進展しておらず、成功の技術的な目途が立っていない。当初から懸念されていた、高レベル放射性廃棄物の溶解工程で溶け残った白金族が堆積し、流れにくくなるという不具合が解決していない。二〇〇八年一一月二五日、日本原燃は、〇九年二月に試運転終了予定であることを発表したが、その直後の一二月一〇日には、堆積した白金族を流れやすくするために溶融炉内に入れたかくはん棒が約九〇度に折れ曲がっていること、一二月二二日には、折れ曲がったかくはん棒を取り出そうとした際に溶融炉が損傷し、天井内の耐火レンガ約六キロが落下していることが確認された。

ガラス固化技術の不安定性は、事故の原因となりうるだけでなく、日本原燃の技術力や管理運営能力および、再処理工場の経済性にも大きな疑問符を突きつけている。不溶解部分が残ることは、化学工程の制御を不安定なものにし、化学分離の効率を下げることになるからである（高木 一九九一、一六三頁）。仮に営業運転にこぎつけえたにしても、山地憲治氏ら原子力推進の立場に立つ研究者も「維持・補修技術に追われることになる可能性が高い」と想定している（原子力未来研究会 二〇〇三b、六頁）。

再処理工場の操業開始予定は、当初計画では一九九七年一二月だったが、もんじゅ事故後、九九年四月に日本原燃は、再処理工場の操業を先送りすることを決定、工事完了時期はすでに一八回延期され、一三年以上遅れている。本稿執筆の最新時点では、二〇一〇年九月に、二〇一二年一〇月に工事完成予定と発表された。再処理工場の建設費は、当初計画の七六〇〇億円の三倍近い二兆一九三〇億円に改訂されている。

再処理維持は青森県のため──再処理見直し論をめぐる攻防

私たちは、一九九八年一月刊行の前著で「今後、通産省や電力業界・産業界サイドから、コスト高で、対外的に孤立し、リスクの大きな国内での再処理事業を見直そうという再処理凍結論や再処理見直し論が出てくる可能性はきわめて高い」と述べた（長谷川 一九九八、六九頁）。実際、この予測どおり、このようなトラブルを背景に、何のための再処理事業なのか、再処理事業の合理性、経済性を疑問視する声が電力業界内部からも高まってきた。

第一の理由は、余剰プルトニウム問題である。日本は、使用済み核燃料の全量再処理と余剰プルトニウムを持たないことを方針としてきた。六ヶ所村の再処理工場がフル稼働すれば、ウラン換算で年間八〇〇トンの使用済み核燃料を再処理して、八トンのプルトニウムが回収されることになる。しかしもんじゅ事故とプルサーマルの導入の遅れによって、このプルトニウムは使用する目途が立っていない。電力会社側からすれば、もっとも確保したいのは使用済み核燃料の貯蔵場所である。全量再処理と余剰プルトニウムを持たないという二つの原則は両立が難しい。実際、政府は、一九九九年六月原子炉等規制法を改正し、発電所以外の場所にも中間貯蔵施設をつくることができるようにした。二〇〇〇年夏に、むつ市の杉山粛市長が、関根浜への中間貯蔵施設立地を打ち出したのは、この法改正を受けてのことである。電力会社にとっては中間貯蔵施設での受け入れが可能であれば、わざわざ再処理する経済的メリットは乏しくなる。

第二の理由は、電力自由化の動きに関連して、各電力会社はコストに敏感にならざるをえなくなってきたことである。

再処理事業の経済性を周到に議論したのが、第九章でも紹介する、山地憲治東京大学教授と電力中央研究所の研究者ら、原子力未来研究会によるレポート（原子力未来研究会 二〇〇三a・二〇〇三b）である。同レポートの第二回は、六ヶ所再処理プロジェクトについて、A．計画通り運転、B．一時延期、C．即時キャンセルの三つの選択肢について、経済面、社会・政治面、環境・安全面、技術開発面の四点から総合評価を行い、「一時延期、その間で議論を尽くして、運転回避せよ」という提言を行った。同レポートは、受理されたのちに、二〇〇三年一〇月号に掲載中止となった。原子力業界のタブーに触れたための政治的な圧力によるものという。この事実は、日本の原子力業界が開かれた公論に対していかに閉鎖的かを端的に示している。山地教授は、東奥日報のインタビューでも、「六ヶ所再処理工場は使用済み核燃料の引き取り先としての価値があるということで、中間貯蔵と機能は同じだ。同じ機能であれば、中間貯蔵の方がはるかに経済的だ」と明確に述べている（東奥日報二〇〇四年六月一三日付）。

二〇〇二年以降、とりわけ電気事業連合会が〇三年一一月に、使用済み核燃料の後処理費用は約一九兆円と試算を公表して以降、金のかかる再処理に踏み込みたくない、六ヶ所村の再処理事業は、放射性廃棄物を引き受けてくれることとの引き替えに青森県のためにやっているのではないか、という本音が、電力業界関係者から公然と発言されるようになってきた。青森県のためにやっているというのは、「事業凍結を言い出せば、青森県から使用済み核燃料などの搬入を拒否され、全国の原発が停止する事態に陥りかねない」という危機感からである。再処理事業の中止は、一九八四年以来の青森県と国との信頼関係を根底から覆すことになる。青森県に巨額の違約金を補助金という形で国が払ってでも、再処理事業を中止すべきだという意見が産業界寄りの経済学者からも出るようになった（東奥日報二〇〇四年五月二〇日付）。

佐藤栄佐久福島県知事（当時）のような原発の主要立地県の知事からも、河野太郎衆院議員のように自民党内部からも、再処理工場の操業凍結を求める声が出はじめた。

結局、原子力長期計画を改定する原子力委員会新計画策定会議（近藤駿介原子力委員会委員長）が政策決定の実質的な場となり、二〇〇四年六月から一一月にかけて同会議は、全量再処理、一部再処理、全量直接処分、当面貯蔵という四つのシナリオについて、総費用などを試算、①エネルギー安全保障、②資源の有効活用、③地元青森県との信頼関係の維持、④経済性、という四つの観点からは直接処分が優位だが、政策変更コストを加味すると、再処理の方が優位になるとして、再処理路線を維持することにした。

東奥日報は、「電力小売り自由化論議が大詰めを迎えた〇二年、経済産業省幹部が六ヶ所再処理工場の操業断念を電事連幹部に促したことがあった」「『青森では、再処理事業推進に不退転の決意で臨むと宣言しておきながら、東京に戻った途端、舌の根も乾かぬうちに再処理凍結論を言い出す』と県幹部は国や電力への不信感を隠さなかった」「広がりつつあった凍結論を抑えたのが藤洋作電事連会長（当時）だった。関西電力社長だった藤氏は〇二年九月に電事連会長に就任後、強いリーダーシップを発揮し、揺れ動いていた電力業界で『再処理事業推進』を再確認した」と内幕を報じている（東奥日報二〇〇六年三月二〇日付）。

再処理工場の稼働は、地元にとってプラスなのか、マイナスなのか。再処理工場見直し論議において最大の問題は、稼働は地元にとってプラスだという単純な前提で議論がすすんだことだろう。青森県民や六ヶ所村民が本当に、再処理工場の稼働を望んでいるのか、という点は、原子力委員会新計画策定会議の中では、原子力資料情報室共同代表の伴英幸委員から提起されたにすぎなかった。地元でも反対や不安の声が大きい、という認識が委員の間に強かったならば、結論は異なった可能性が高い。

二〇〇二年から〇四年一一月までの時期は、再処理工場の稼働凍結、再処理路線の見直しの最大のチャンスだったが[15]、再処理堅持派は巻き返しに成功した。日本社会と青森県・六ヶ所村周辺の地域社会は、後戻りできる大きなチャンスを逸した。

二〇〇六年三月からはじまった使用済み核燃料を用いるアクティブ試験によって、再処理工場内も、周辺環境も、放射性物質による汚染がはじまった。アクティブ試験が近づくにつれ、再処理工場から海洋に放出される放射性物質による海洋汚染を懸念し、再処理に反対する声は、岩手県の沿岸漁民にもひろがるようになってきた。〇五年九月岩手県議会は、市民団体「三陸の海を放射能から守る岩手の会」からの請願「三陸の海を放射能から守ることについて」を全会一致で採択した。

東日本大震災・福島第一原発事故と放射性廃棄物半島化する下北半島

二〇一一年三月一一日、三陸沖を震源として、マグニチュード九・〇という巨大地震が生じ、地震と大津波によって、福島第一原発では、一号機から四号機が全電源喪失状態となり、一号機と三号機、四号機では水素爆発が生じ、建屋が吹き飛んだ。一、二、三号機では炉心溶融（メルトダウン）が生じた。一二月一六日、野田首相は原子炉の「冷温停止状態」を確認したと宣言したが、再臨界の恐れがゼロになったわけではない。

大量の放射性物質が外部環境に放出されたことをふまえ、政府は、国際原子力・放射線事象評価尺度の暫定評価をチェルノブイリ原発事故に匹敵するレベル七とした。

三月一一日の地震によって、六ヶ所村の核燃料サイクル施設でも、高レベル放射性廃棄物貯蔵管理センターの外部電源が約三時間三〇分喪失状態になる、使用済み核燃料貯蔵プールの水約六〇〇リットルが溢れ出るなどの影響があった。四月七日深夜の余震では、再処理工場、高レベル放射性廃棄物貯蔵管理センター、ウラン濃縮工場が、一一時間から一五時間にわたって、外部電源が失われる状況になり、非常用電源で対応した。

福島第一原発事故は、津波に対する過小評価や全電源喪失状態を想定してこなかったこと、避難範囲を一〇キロメートルまでしか想定してこなかったことなど、日本の原子力規制体制の根本的な脆弱性を露呈した。原子力安全・保安院と原子力安全委員会の機能不全や電力会社依存的な体質、「原子力村」と呼ばれてきた、批判的な研究者や批判的なNGOなどを排除してきた原子力推進体制の閉鎖性もあらわになった（長谷川 二〇一一b）。

福島第一原発事故を契機に、菅内閣は、原発推進を前提としてきたエネルギー基本計画の白紙からの見直しを決め、原子力発電所を減らしていく方針に転じた。核燃料サイクルの前提にあるのは、原子力発電の拡大である。第九章で詳述するように、福島原発事故後、基本前提が大きく変わることで、核燃料サイクル見直し論は一気に拡大した。七月二九日に発表された「エネルギー・環境会議」の中間整理は、今後三年以内に、核燃料サイクル政策を含め、これまでの原子力政策を徹底検証することとした。全国紙の中でも、七月一三日付の朝日新聞社説、八月二日付の毎日新聞社説は核燃料サイクルの中止を訴えている。

再処理工場の営業運転が現在の予定どおり、二〇一二年一〇月に始まるのか。それが技術的に実現可能なのか、また政治的に認めうるのか。きわめて不透明である。

仮に営業運転が始まったとしても、その後の見通しもきわめて不確定性が高い。重大な初期トラブルが生じる可能性があり、トラブルの大きさ次第では、たちまち早期撤退となる可能性がある。

確実なのは、六ヶ所村の核燃料サイクル施設は、当初から批判されてきたように、低レベル放射性廃棄物の埋設センターと海外からの高レベル放射性廃棄物の貯蔵施設、使用済み放射性廃棄物の受け入れ施設を中心とした「原子力発電のごみ捨て場」であるという実態である。

北村知事らは、長年東北新幹線の青森延伸を悲願とし、一九八五年の核燃料サイクル受入れにあたっても、国鉄（当時）と直接関係のない電事連に対して、青森延伸実現への応援を依頼したほどである。新青森駅まで開通したのはようやく二〇一〇年一二月四日である。のちに計画されたミニ新幹線の山形新幹線は一九九二年に、秋田新幹線は九六年に開業した。フル規格では九七年に長野新幹線が開業している。八戸までの延伸が実現したのは二〇〇二年一二月である。九州新幹線は、二〇一一年三月一二日に全線開業した。

この新幹線新青森延伸が端的に例証しているように、国の原子力政策への長年の協力とひきかえに、青森県が特別に優遇された政策は、ほとんどないといっていい。多くの地域指標で青森県は依然として沖縄県と最下位を争っている。二〇〇五年の国勢調査では、〇〇年と比較したときの人口減少率は秋田県の三・七％、和歌山県の三・二％に次いで全国三位の二・六％だった。情報公開制度の制度化なども、青森県は導入がもっとも遅れている県であり、人口あたりの認証された特定非営利活動法人の割合も低い。

表 1-3　下北半島の原子力施設

施　設	所有企業	現　状	規　模	炉型など	操業開始（予定）
大間原子力発電所	電源開発（株）	建設中	138.3 万kW	改良型沸騰水型炉・フルモックス炉	（2014.11）
リサイクル燃料備蓄センター	リサイクル燃料貯蔵（株）	建設中	5000t（当初は 3000t）	乾式貯蔵方式	（2012.7）
東通原子力発電所					
1 号機	東北電力（株）	停止中(1)	110 万kW	沸騰水型炉	2005.12
2 号機	東北電力（株）	計画中	138.5 万kW	改良型沸騰水型炉	（2021 年度以降）
1 号機	東京電力（株）	建設中(2)	138.5 万kW	改良型沸騰水型炉	（2017.3）
2 号機	東京電力（株）	計画中(3)	138.5 万kW	改良型沸騰水型炉	（2022 年度以降）
核燃料サイクル施設	日本原燃（株）	（表 1-2 を参照）			

（注）(1) 東日本大震災により停止中。
(2)(3) 福島第一原発事故の影響で中止の見通し。

後進性からの脱却

青森県が原子力船むつの母港を二度にわたって受け入れ、「むつ小川原開発計画」を構想し、核燃施設を誘致し・推進してきた根拠は「後進性からの脱却」にある。しかしむつ小川原開発も、各種の原子力施設も、後進性からの脱却にはほとんど結びついていない。

皮肉にも、第二次世界大戦後青森県が取り組んだ各種の施策のなかでもっとも評価が高く成功したプロジェクトは、一九九二年からはじまった青森市の三内丸山の縄文遺跡の発掘・保存だろう。遺跡の規模などから約一五〇〇年前まで、現在の青森市付近は日本の縄文文化の中心地であったと推定されている。同様に評価が高いのは、一九八八年の林道建設工事の凍結を経て、一九九三年に世界遺産の登録を受けた白神山地の保全である。

後進性からの脱却に結びつかないにもかかわらず、トラブル続きのよろよろとした歩みではあるが、巻頭の**図1**と**表1-3**のように、下北半島の原子力半島化だけはなし崩し的に進行している。原子力半島は、原子力施設が集中する半島という意味だが、福井県や新潟県、福島県などの原発集中立地県と異なって下北半島に特徴的なのは、放射性廃棄物の集中という性格が強いことである。下北地域では原子力半島化は、放射性廃棄物半島化を意味している。

東通原発の敷地は原発二〇基分の大きさだが、稼働しているのは、二〇〇五年一二月八日に運転を開始した東北電力の東通原発一号機のみである。二号機は二〇一六年度以降着工予定だが、しばらく繰り延べられる可能性が高い。

東京電力の一号機は二〇一一年一月に着工した。二号機は二〇一四年度以降に着工の予定だったが、福島第一原発事故によって、東京電力は巨額の賠償金の負担を迫られることから、両基とも中止せざるをえないだろう。

大間原発は、電源開発株式会社にとって初めての原発で、世界初のMOX燃料を全炉心に装荷できる原発である。なぜMOX燃料を全炉心に装荷するのか、といえば、再処理工場が操業を開始すれば、余剰プルトニウムが生じるからであり、大間原発は、六ヶ所村の再処理工場と深く連関している。九九年八月に電源開発基本計画に組み入れられ、安全審査を開始したが、炉心予定地付近の土地を所有する地権者が同原発の建設に反対し、買収に応じなかったため、安全審査を中断した。重要な未買収地を残したまま、電源開発基本計画に組み入れるというきわめて異例のやり方をとった。二〇〇三年二月、電源開発は用地買収を断念し、炉心予定地を約二〇〇メートル移し、建設計画と原子炉設置許可申請を変更した。二〇〇八年五月に着工されたが、炉心の位置変更後も炉心予定地から約三〇〇メートルの場所に未買収の民家があるという異常事態が続いている。

原子力船むつの母港だった、むつ市関根浜に建設予定の使用済み核燃料中間貯蔵施設（リサイクル燃料備蓄センター）は二〇一〇年八月に着工、一二年七月から操業開始の予定である。

建設工事によって地元に落ちるお金や雇用、電源三法交付金などを期待して、原子力施設を積極的に誘致してきたのが青森県下北半島である。本章で見てきたように、原子力船むつの母港化を契機として六ヶ所村に核燃施設が誘致され、そのことが刺激剤となって周辺市町村での原子力施設立地が促されてきた。いわばドミノ倒しのように、ある市町村の原子力施設の誘致が隣接他市町村の原子力施設誘致の次々の引き金になってきた。

二〇〇六年一二月末、東奥日報の取材に対して、東通村の越善靖夫村長は、それまで歴代の青森県知事が県内への立地を否定してきた最終処分場誘致に積極的な発言を行い波紋を呼んだ。〇八年一月からは、東通村村議会有志が最終処分を含む、核燃料サイクルについての勉強会を開始した。東通村には、電力会社が所有する原発二〇基分の敷地がある。稼働中の一基のほか具体的な建設計画は前述のように三基のみである。処分場の正式な候補地になれば、文献調査の二年間に計約二〇億円、概要調査期間の四年間に計約七〇億円の交付金が、地元と隣接市町村・県に入る。東通村には、むつ市関根浜だけでは足りない中間貯蔵施設が立地される可能性もある。電力業界サイドからみれば、受け入れ先のない最終処分場の最終的な候補地は、「原子力に理解のある」青森県しかないだろう。しかも地震と地盤の問題への懸念は残るが、六ヶ所村と東通村は隣接し、移動距離も、移動コストも少なくてすむ(16)。

二〇〇八年四月二五日、三村知事は歴代知事宛の確約書を追認する形で、甘利明経済産業相から「青森県を高レベル放射性廃棄物の最終処分地にしないことを改めて確約します」とする確約書を受け取り、前日には日本原燃、電力各社からも同趣旨の確約書を受け取った(17)。ただし、それに先だって三月、知事与党の自民党などが、野党三会派による最終処分地を拒否する旨の条例案を審議入りすることなく否決している。知事サイドのイニシアティブで確約書を得たことには、最終処分場誘致に積極的な東通村の動きを政治的に牽制する意味もある。第一義的には、再処理工場の営業運転開始を前にして、安全協定調印のための条件整備を行ったとみるべきであろう。ガラス固化体を大量に生み出す再処理工場の本格稼働が始まれば、ほかに最終処分地の引き受け場所がない以上、六ヶ所村とその周辺が最終処分地化するのではないか、という懸念は強まらざるをえない。東通村のように隣接町からの「期待」も強まる。このような懸念と期待に対して、県当局としては防波堤的な文書が必要である。しかも青森県の北村・木村・三村の三人の知事は、放射性廃棄物の最終処分地にはならないことを前面に掲げることで、核燃料サイクル施設は放射性廃棄物のごみ捨て場であるという批判をかわそうとしてきた。

しかし、核燃料サイクル事業が実質的に「放射性廃棄物処分事業」としての性格をますます強めていることは否定できない。原子力施設をめぐる青森県の歴史は、国との間で、他県の嫌がる原子力施設の受け入れを「取引」してきた歴史でもある。

東日本大震災は、地震が多発する日本が、多くの原子力施設を抱えることの危険性をあらためて再認識させた。一九九七年から「原発震災」を警告してきた地震学者の石橋克彦氏は、地震列島の日本では、適地がないから地層処分をすべきではない、と、最終処分地の建設を批判している。このような根本的な批判が強まっている。

仮にどこかに最終処分場が立地されるにせよ、高レベル廃棄物が六ヶ所村から搬出を開始するのは三〇年から五〇年後である。

核燃料サイクル事業を中止すべきか否か、私たちは重大な岐路に立っている。

【注】

（1）本章の事実経過の把握は、むつ小川原開発株式会社（一九八一）、青森県むつ小川原開発室編（一九七二）、関西大学経済・政治研究所（一九七九）、東奥日報、デーリー東北、および関係者からの聞き取りに依拠しているが、細部の典拠は省略する。

（2）本図作成にあたり、小杉（一九七七、四〇頁）より示唆を得ている。

（3）（4）むつ小川原開発室元幹部からのヒアリング（一九九〇年八月）による。

（5）漁業補償問題および米内山訴訟については、清水（一九八五）を参照。

（6）米内山氏からの聞き取り（一九八九年九月二日）による。

（7）核燃料サイクル施設に対しては、日本弁護士連合会公害対策・環境保全委員会（一九八七）および高木（一九九一）が網羅的な批判を行っている初期の代表的な文献である。

（8）変動地形学の渡辺満久・東洋大学社会学部教授らが二〇〇八年五月、地球惑星科学連合二〇〇八大会で指摘した。同教授らの学会報告内容は、〇八年五月二五日付東奥日報・河北新報などで大きく報じられた。渡辺教授らの主張と日本原燃の見解の対立点については、〇八年六月二四日付東奥日報「『段丘面』の位置付け鍵／再処理工場・活断層問題」（http://www.toonippo.co.jp/kikaku/kakunen/3p/index.html〔二〇〇八年七月三一日閲覧〕）が詳しい。六ヶ所村付近の地形の問題点については、生越（一九九一）、松山（二〇〇八）、渡辺（二〇一〇）参照。

（9）一九八四年一月一七日、自民党科学技術部会が、「むつ」の事実上の廃船を決定した背景には、「むつ」の使命は終焉したのであり、新定係港の巨額の建設費は無用であるとの認識があった。

(10) 一九八四年一月一日付の日本経済新聞は、廃棄物貯蔵施設については八三年夏ごろまでにむつ小川原地区に建設することですでに関係者の合意が得られていたが、ウラン濃縮の原型プラントを認める条件として商業用ウラン濃縮工場の建設を要求していた岡山県側が八三年一一月に折れたために、ウラン濃縮工場を含めて合意が成立したと解説している。

(11) 科学技術庁と通産省資源エネルギー庁は、一九八五年度以来九四年度までの一〇年間に、「核燃料サイクル関連広報委託額」として青森県内に本拠を置くTV・ラジオ局四社、新聞三社に対して累積で一八億円以上を支出している。とくに年間支出額は反核燃運動が高揚した八九年度以降、前年度までの三～四倍に急増している（朝日新聞一九九五年五月二日付）。このほか日本原燃株式会社・電気事業連合会・東北電力も、莫大な費用を投下してさまざまのPA活動を行っている。

(12) 橋本村長の自殺事件に関しては、東奥日報（二〇〇二年六月二〇日付）が「六ヶ所村長選 何が問われるのか」という長谷川のコメントを、朝日新聞青森版（二〇〇二年六月二二日付）が長谷川へのインタビューを掲載している。

(13) 巻原発建設に関する住民投票については社会学的な研究が多い。田窪（一九九七）、山室（一九九八）、長谷川（［一九九九］二〇〇三）、伊藤ほか（二〇〇五）、中澤（二〇〇五）などがある。

(14) JCO事故については、JCO臨界事故総合評価会議編（二〇〇〇・二〇〇五）などを参照。両書は、長谷川らが、事故から半年後の二〇〇〇年二月と二〇〇二年二月に実施した、健康や生活への影響に関する質問紙調査の結果を含んでいる（長谷川・田窪・根本 二〇〇〇・長谷川 二〇〇五）。

(15) 長谷川は、二〇〇四年二月一六日、原子力委員会の開催した「長計についてご意見を聴く会」（第三回）に招かれ、「社会的合意が乏しい技術・プロジェクトほど、事業推進にあたって権力性・政治性が前面に出ざるをえない」「代替的なシナリオの検討なしに合理性は弁証できない」「経済産業省への原子力行政の実質的一元化の進展のもとで、原子力委員会の存在証明・自己維持のための核燃料サイクル路線への固執という構造があるのではないか」と、再処理路線を批判した。
(16) 東奥日報（二〇〇八年二月二日付）は「高レベル放射性廃棄物　県内の動き」の見出しで、長谷川へのインタビュー記事を掲載している。
(17) 北村知事宛、木村知事宛の確約書には「知事の了承なくして」という文言が入っていたが、今回はこの文言が消えている。

【文献】

青森県むつ小川原開発室編　一九七二『むつ小川原開発の概要』青森県。
青森県むつ小川原開発室　一九七五『むつ小川原開発第二次基本計画』。
伊藤守ほか　二〇〇五『デモクラシー・リフレクション――巻町住民投票の社会学』リベルタ出版。
生越忠　一九九一「地盤が悪く、地震にも弱い施設」高木仁三郎　一九九一（三一三～三五一頁）。
活断層研究会編　一九九一『新編日本の活断層――分布図と資料』東京大学出版会。
関西大学経済・政治研究所環境問題研究班　一九七九『むつ小川原開発計画の展開と諸問題』（「調査と資料」第二八号）関西大学経済・政治研究所。
工藤樹一　一九七五「誰のための巨大開発か――青森・むつ小川原の五年間」『住民活動』四号。
原子力未来研究会　二〇〇三a「どうする日本の原子力――混迷から再生へ〔No.1〕時代遅れの国策の下では原子力に未来はない」『原子力 eye』四九巻九号、四九～五五頁（http://park.itc.u-tokyo.ac.jp/yamaji/atom/docs/kokusaku.pdf〔二〇〇八年七月三一日閲覧〕）。
原子力未来研究会　二〇〇三b「どうする日本の原子力――混迷から再生へ〔No.2〕六ヶ所再処理プロジェクト決断

への選択肢――出口なき前進か、再生への撤退か」『原子力eye』四九巻一〇号（掲載中止）（http://park.itc.u-tokyo.ac.jp/yamaji/atom/docs/rokkasho.pdf〔二〇〇八年七月三一日閲覧〕）。
小杉毅　一九七七「むつ小川原の巨大開発」『関西大学経済論集』二六巻六号、二五～六七頁。
近藤完一　一九七二「新全総――開発ファシズム」『展望』一九七二年六月号、七四～九〇頁。
近藤康男　一九七二「新全国総合開発計画と農村」『月刊自治研究』一四巻六月号、六～二〇頁。
産業構造審議会　一九七四『産業構造の長期ビジョン』（財）通商産業調査会。
清水誠　一九八五「米内山訴訟の意義――『巨大開発の欺瞞』との戦い」『公害研究』一四巻四号、五三～五七頁。
下河辺淳編　一九七一『資料　新全国総合開発』至誠堂。
高木仁三郎　一九九一『下北半島六ヶ所村　核燃料サイクル施設批判』七つ森書館。
田窪祐子　一九九七「巻町『住民投票を実行する会』の誕生・発展と成功」『環境社会学研究』3、一三一～一四八頁。
中澤秀雄　二〇〇五『住民投票運動とローカルレジーム――新潟県巻町と根源的民主主義の細道、一九九四-二〇〇四』ハーベスト社。
日本工業立地センター　一九六九『むつ湾小川原湖大規模工業開発調査報告書』日本工業立地センター。
日本弁護士連合会公害対策・環境保全委員会　一九八七『核燃料サイクル施設問題に関する調査研究報告書』。
長谷川公一　一九九一「反原子力運動における女性の位置――ポスト・チェルノブイリの『新しい社会運動』」『レヴァイアサン』八、四一～五八頁（二〇〇三「新しい社会運動としての反原子力運動」『環境運動と新しい公共圏――環境社会学のパースペクティブ』有斐閣、一二三～一四二頁）。
長谷川公一　一九九八「核燃料サイクル問題の経過と概要」舩橋晴俊・長谷川公一・飯島伸子『巨大地域開発の構想と帰結――むつ小川原開発と核燃料サイクル施設』東京大学出版会、四三～七二頁。
長谷川公一　一九九九「『六ヶ所村』と『巻町』のあいだ――原子力施設をめぐる社会運動と地域社会」『社会学年報』

二八、五三～七五頁（二〇〇三「住民投票の成功の条件――原子力施設をめぐる社会運動と地域社会」『環境運動と新しい公共圏――環境社会学のパースペクティブ』有斐閣、一四三～一六三頁）。
長谷川公一 二〇〇五「東海村住民・那珂町住民の身体的影響・原子力問題への関心――JCO臨界事故・第二次住民生活影響調査の分析」JCO臨界事故総合評価会議編、一四一～六九頁。
長谷川公一 二〇一一a『脱原子力社会の選択 増補版――新エネルギー革命の時代』新曜社。
長谷川公一 二〇一一b『脱原子力社会へ――電力をグリーン化する』岩波書店。
長谷川公一・田窪祐子・根本がん 二〇〇〇「東海村住民と那珂町住民の被害・不満・不安」JCO臨界事故総合評価会議編、一六九～二三八頁。
長谷川公一・舩橋晴俊・畠中宗一 一九八八「東北・上越新幹線の建設と地域紛争」舩橋晴俊・長谷川公一ほか『高速文明の地域問題――東北新幹線の建設・紛争と社会的影響』有斐閣、四三～八〇頁。
星野芳郎 一九七二「新全総の思想に反対する」『展望』三月号、二〇～三七頁。
松山力 二〇〇八「下北半島東部原子力施設周辺の断層群について」原子力資料情報室『原発は地震に耐えられるか』原子力資料情報室、四～一四頁。
南一郎 一九七三「独占資本の土地収奪のからくり――『第三セクター』の欺まん性と本質」『経済』一二月号、一七〇～一八一頁。
むつ小川原開発株式会社 一九八一『十年の歩み』むつ小川原開発株式会社。
山室敦嗣 一九九八「原子力発電所建設問題における住民の意思表示――新潟県巻町を事例に」『環境社会学研究』四、一八八～二〇三頁。
渡辺満久 二〇一〇「原子力施設安全審査システムへの疑問」『環境と公害』三九巻三号、三五～四一頁。
JCO臨界事故総合評価会議編 二〇〇〇『JCO臨界事故と日本の原子力行政――安全政策への提言』七つ森書館。

ＪＣＯ臨界事故総合評価会議編　二〇〇五『青い光の警告――原子力は変わったか』七つ森書館。

〔付記〕本章は、公表された資料とともに、本研究グループが行ってきたさまざまな関係者からの直接の聴取にもとづいて執筆したが、事実関係は公表された資料で確認することを原則として、個々のデータにかかわる聴取対象者については言及を控えた。

第二章

開発の性格変容と計画決定のありかたの問題点

舩橋 晴俊

本章は、むつ小川原開発として始まり、核燃料サイクル施設の建設に帰結した六ヶ所村の開発の歴史を、以下の三つの理論的問題関心に基づいて検討する。この開発の性格は、四段階にわたってどのように変容したのか（第一節）。計画の決定のされ方にどういう欠陥があったのか（第二節）。青森県庁は、他の諸主体とどのような関係にあるのか（第三節）。

（1） 開発の性格変容の四段階

むつ小川原開発地域は、現在、序章と第一章で見てきたように、日本全国の「核のごみ」の集中的処分場となろうとしている。開発の出発点においては、工業開発による県民所得の向上というビジョンが提示されていたのに、なぜ、あまりにも異なるこのような帰結が生じてきたのであろうか。その過程の解明のためには、むつ小川原開発のこれまでの約四〇年間の歴史を通して、この開発の性格がどのように段階的に変容してきたのかということの検討が必要である。むつ小川原開発のこれまでの経過は、そのつどの開発の性格という点から見ると、「誘致型開発」「従属型開発」「危険施設受け入れ型開発」「放射性廃棄物処分事業」という四段階に分けることができる。それぞれ一つ前の段階が、次の段階が登場する条件となってきた。それぞれの段階の特色と、どういう過程を経て、次の段階に移行してきたのかを検討してみよう。

誘致型開発としての出発

当初のむつ小川原開発は、青森県にとっては、誘致型開発であった。

誘致型開発とは、ある地域の中に、その外部から、有力なあるいは優秀な事業主体を誘致し、その経済力や技術力を利用して地域開発のための拠点施設を建設し、拠点施設の経済的活動を起動力として、そこからの連鎖的波及効果によって、地域経済の活性化、自治体財政の強化、住民の受益増大をめざすというものである。一九七二年八月に決定された第一次基本計画においては、石油精製、石油化学、火力発電を内容とする石油化学コンビナートを、誘致によって立地することがめざされていた。鹿島コンビナートなどの他県でのコンビナート誘致の実績を見たうえで、それよりさらに、野心的な誘致計画が立てられたのである。一九七三年には、むつ小川原開発株式会社による土地取得が本格化し、同年一二月には、地元六ヶ所村の村長に開発推進派の古川伊勢松氏が当選する。

しかし、一九七三年一〇月の石油危機は、高度経済成長の前提的枠組みの崩壊を決定的なものにし、誘致型開発の前提としての巨大な需要の発生という予測は、大きくはずれることとなった。工業用地は取得したけれども、いかなる産業分野からも工場立地が具体化しないという状況が一九七三年から七七年にかけて続いた。もし、多数の企業が立地を希望した場合には、自治体が企業誘致について、一定の主体的選択をすることが可能だったかもしれない。だが、そのような状況は、ついに出現しなかった。

他方、政府によって第一次基本計画は承認され、補助金を得ての公共投資も行われるようになった以上、青森県としては、撤退や縮小という選択はできなくなってしまった。むつ小川原開発株式会社の借入金は年々の利子によって増大を続ける以上、なんらかの事業を立地させて、土地を売却しなければならない。いかなる業種からも立地希望の企業が現れないという状況が続くにつれて、どのような分野の事業を立地させるかということについて、次第に、青森県の選択肢は狭まっていく。

従属型開発への変容

誘致型開発は、元来、外部主体への依存を含意していたが、事業所立地の内容について、外部の政府や財界から提案されるものは、地元主体がなんでも受け入れざるをえないという状況になるにしたがって、誘致型開発は、従属型開発へと変容することになった。従属型開発とは、ある地域での地域開発の遂行に際して、経済的・政治的・行政的・文化的主導権が、その地域の外部の主体に握られてしまい、地域内の諸主体の自己決定性が失われてしまうようなあり方の開発である。

むつ小川原開発の直接的な対象地域である六ヶ所村にとっては、この開発は当初から、従属型開発であった。住民は、開発の主人公というよりも、「住民対策の対象」として位置づけられており、開発の目的も内容も、そのための資金も、すべて外部の主体によって用意された。住民の世論に支えられた村長、村議会、住民組織による当初の反対の意向も、外部からの働きかけによって、変化させられ、反対の声は押しつぶされてしまった。一九七八年に、第一次基本計画には盛り込まれていなかった石油備蓄基地の立地計画が通産省によって提案され、一九八三年にそれが部分的に完成し、オイルインが始まるに至る過程で、当初は、誘致型開発として熱心に取り組んでいた青森県にとっても、むつ小川原開発の性格は、次第に、従属型開発へと変容するようになった。当初の開発計画が巨大な空振りに終わることによって、二重の従属関係が成立した。第一に、六ヶ所村住民の進路は、開発を志向する古川村政と青森県当局に従属するようになった。第二に、県内の開発推進諸主体も、開発の具体的内容について選択の自由度を失い、政府や財界という外部の主体の意向に従属する傾向を強めた。

この従属型開発という性格は、一九八四年以後の核燃料サイクル施設の立地の進展に伴って、さらに、危険施設受け入れ型開発へと、変容していく。

危険施設受け入れ型開発への変容

危険施設受け入れ型開発とは、従属型開発の基盤のうえに、大きな危険性を持つ施設の受け入れという形で、開発が具体化したものである。原子力関連施設の立地を柱にした開発は、危険施設受け入れ型開発の典型である。

危険施設受け入れ型開発は、固有の巨大な危険を伴うゆえに、単なる従属型開発とは区別される。青森県と六ヶ所村が核燃施設の立地を受け入れた一年後の一九八六年に生じたチェルノブイリ原発事故は、史上最悪の事故として、原子力関連施設の固有の危険性を、明白な形で全世界に示した。核燃料サイクル施設は、定常操業による汚染と事故による汚染可能性を伴う危険施設であるが、当初の一九八四～八五年段階における計画の提示は、「三点セット」といわれ、そのうちの二点は、再処理工場とウラン濃縮工場であり、全体として工業開発のイメージを前面に掲げるものであった。地元の開発推進派はそのイメージを前面に出すことにより、この段階に至っても「誘致型開発」という意味づけをすることができた。

だが、受益の性質を見るならば、当初企図された誘致型開発と、危険施設受け入れ型開発とでは、著しい差異がある。危険施設受け入れ型開発においては、施設立地に伴う受益の重点が、「補償的受益」へと移行する。誘致型開発においては、元来、外部から誘致した事業所を起動力にしながら、地域の商工業や農林漁業の連鎖的活性化がめざされる。しかし、危険施設の立地に際しては、そういう効果は後景に退き、地元の合意をとりつけるためのさまざまな名目での補償的受益が拡大する。核燃料サイクル施設の場合、電源三法交付金、電力会社（電事連）からの寄付と利子補給を基金とする「むつ小川原地域振興財団」、漁業団体への海域調査協力費の提供などは、そのような補償的受益という性格を帯びている。

放射性廃棄物処分事業への変容

さらに、核燃料サイクル施設を中心とする青森県における総体としての原子力関連施設の性格は、一九九〇年代から二〇〇〇年代にかけての経過の中で次第に、工場立地という性格が相対的に軽くなり、「放射性廃棄物処分事業」の重みが増しつつある。放射性廃棄物処分事業とは、各種類の放射性廃棄物の最終的処分を目的としながら暫定的貯蔵あるいは恒久的埋設という形で、それらを特定の場所に集中的に取り集めるような事業であり、直接的には、新たな付加価値を生み出さないものである。

六ヶ所村においては、一九九二年三月のウラン濃縮工場の操業開始に続いて、一九九二年一二月以来、低レベル放射性廃棄物埋設センターが操業を開始した。そして、当初の三点セットにおいては、再処理工場の付帯施設とされていた高レベル放射性廃棄物貯蔵管理センターが、独自の施設という位置づけを与えられて、一九九五年四月から海外返還高レベル放射性廃棄物を受け入れるようになった。このことを画期として、むつ小川原開発は、放射性廃棄物処分事業の比重が増すことになった。

さらに、二〇〇〇年になると、廃炉廃棄物の処分場立地の動きが顕在化する。二〇〇〇年の原子炉等規制法の政令の改正で廃炉廃棄物の処分が可能になったことをふまえて、電力業界は、高ベータ・ガンマ廃棄物を含む廃炉廃棄物の処分場を六ヶ所村内に建設する方針を固め、日本原燃はそのための敷地内の調査を二〇〇六年三月末には完了させた。

他方、六ヶ所村の再処理工場は二〇〇四年一二月に劣化ウランを使用した試験を開始し、二〇〇六年三月三一日からは実際の使用済み核燃料を使用したアクティブ試験を開始した。しかし、ガラス固化体を製造する工程のガラス溶解炉にトラブルが続発し、本格操業の延期が繰り返され、二〇一〇年九月一〇日には、完工時期をさらに二年間延期し、二〇一二年一〇月にすることが発表された。二〇一一年三月の福島原発震災のインパクトは、再処理工場の操業の実現可能性をますます低下させるものとなっている。また、ウラン濃縮工場は、二〇一〇年一二月一五日の時点で、七本の生産ラインがすべて停止するに至った。二〇一一年秋以降に生産ラインの更新が予定されていたが、福島原発震災により状況の不透明さが増している。

また、むつ市では、使用済み核燃料の中間貯蔵施設の立地計画が、二〇〇〇年八月に表面化した。市民の中から反対運動が組織化されたが、二〇〇三年六月二六日に、杉山粛市長は市議会多数派の支持のもとに、立地を正式表明した。立地の是非を住民投票で問おうという運動が起こったが、同年九月市議会は、住民投票条例案を否決した。東京電力と日本原子力発電の共同出資により「リサイクル燃料貯蔵株式会社」が設立され、五〇〇〇トンの貯蔵能力を有する中間貯蔵施設の建設が予定され、準備工事は二〇〇八年三月から、貯蔵建屋の建設工事は二〇一〇年八月末から開始されている。

加えて、東通村においては、越善靖夫村長が、高レベル放射性廃棄物の最終処分場の立地に意欲を示すことが報じられ（東奥日報二〇〇七年一月一日付）、二〇〇八年一月二一日には、高レベル放射性廃棄物最終処分事業について、最初の村議会「議員有志勉強会」が開催されるに至る。

さらに、鰺ヶ沢町《あじがさわまち》においては、病院や研究機関から出る低レベル放射性廃棄物の最終処分地の誘致が、町政の焦点として浮上し、六ヶ所村でも、そのようなタイプの低レベル放射性廃棄物の処分場誘致を求める声があがるようになった（東奥日報二〇〇八年五月一三日付）。また、二〇〇四年に東通村の原子力発電所が試運転を始め、二〇〇八年には、大間原発も着工した。

このように、青森県では、続々と原子力施設の立地・操業が進行しているが、それらの諸施設の中でも、放射性廃棄物の処分施設のウェイトが高まっているのである。

とくに、核燃料サイクル施設の主要な性格は、低レベル廃棄物、高レベル廃棄物（ガラス固化体）、使用済み核燃料、廃炉廃棄物という四種の「核のごみ」の受け入れ施設となりつつあり、工業開発というよりも、放射性廃棄物処分事業というべきものとなってきている。核燃料サイクル施設の立地が問題化した当初より、核燃反対派は、「青森県を核のごみ捨て場とするな」という警告を発していたが、その危惧はまさに現実化しつつある。

それでは、一つ前の段階である「危険施設受け入れ型開発」と、「放射性廃棄物処分事業」の段階との間には、どのような差異があるであろうか。

第一に、前者は、工場を中心に据えた地域開発の一つの類型という性格を持っているのに対して、後者は、受益の性格が、単に財政収入を確保するだけのものになっており、「開発」という大義名分を掲げることもできなくなっている。ウラン濃縮工場や再処理工場は、操業によって付加価値を生み出し、関連工業への波及と雇用増大が期待された。それに対して、放射性廃棄物処分事業は付加価値を生むものではないし、関連工業への波及は期待されず、雇用吸収力もずっと小さいものである。

第二に、ストックの生み出す、正負のフローの時間的な永続性と一過性の特徴が変質している。危険施設受け入れ型開発の段階での工場は、経済的付加価値を生むという意味では「正のストック」であり、それが「正のフロー」と同時に、事故のリスクと汚染物質と放射性廃棄物という三種類の「負のフロー」を生み出すものであった。これに対して、放射性廃棄物処分事業は、「負のストック」の蓄積を行うものであり、事故による汚染のリスクという「負のフロー」を永続化するが、それを埋め合わせようとする財政収入は、毎年の搬入量に課税するという仕組みである限り、「正のフロー」といっても、一過的なものとなっている。一過的な正のフローと引き替えに、永続的な負のストックを抱え込むことになっている（ただし、この点は二〇〇六年から核燃料税を、負のストックに対して、毎年課税するという仕組みを導入することによって、部分的に正のフローを生み出すように修正されてはいる）。

以上のような四段階の性格が、次々と入れ替わっていく過程には、履歴効果ともいうべきものが作用している。履歴効果とは、過去の選択・決定がさまざまな既成事実を生み出し、それが、現在および将来の選択肢を拘束することである。だが、履歴効果の重荷があったとしても、そのつどの投階で、主体的要因が作用しつつ選択が行われてきたのである。なぜ、結果として、誘致型開発が放射性廃棄物処分事業へと変質してしまったのか、そこには、どのような諸主体の主体的要因が作用していたのかを、次に検討してみよう。

（2）計画思想、計画手法、計画決定手続きの欠陥

開発の性格変容という事態は、それぞれの段階での構想を支える現状分析と将来予測が不正確あるいは

不的確であり、それゆえ、構想の内容が、時間の経過とともに、現実とのずれを繰り返し露呈してきたことを意味している。そのようなずれが何回も生じた理由を、計画主体の側の主体的要因に即して検討してみよう。計画内容にどのような問題があったのかを反省するためには、そのつどの計画作成を担った主体のあり方、その抱いた計画思想、計画作成手続き、計画手法を批判的に分析することが必要である。むつ小川原開発の当初計画、第二次基本計画、一九八四～八五年の核燃料サイクル施設の立地受け入れ、一九九五～九七年のフォローアップ作業、再処理工場の操業問題という五つの段階に即して、このことを検討してみよう。

当初計画の策定のしかたの欠陥

むつ小川原開発が今日のような帰結を招いた、そもそもの出発点は、新全総の大規模工業基地構想が、非現実的であったことである。当初計画が、なぜ、大きな空振りに終わったのかを、計画準備のあり方から検討してみよう。

第一に、計画づくりの態勢において、中心になる主体が、地元の主体ではなくて、経企庁や経団連や国土審議会といった外部の主体であることである。青森県庁の首脳部は、県内の人々の知恵を集めるというよりも、中央政府や財界に接近し、もっぱら外部の主体と協力しつつ、この開発計画を推進しようとした。戦後、わが国の地域開発は、アメリカのＴＶＡなどをモデルとしてきた。しかしＴＶＡに比べると、開発主体の構成のしかたという点で、すでに、大きな相違を見せているのである。ＴＶＡにおいては、地方分権と民衆の参加が常に中心主題となっていた（リリエンソール 一九四四＝一九七九）。これに対して、むつ小川原開発の場合、そのような計画思想は欠落していた。開発の中心組織である、むつ小川原開発株式会社の本社も、その後継組織として二〇〇〇年八月に設置された新むつ小川原株式会社も、その本社が一貫して東京に存在してきたのは、このような事態の象徴である。

第二に、計画主体の中心が県外の主体とそれに一体化した青森県庁首脳部であったことは、計画目標の設定のしかた、戦略的な開発手法の選択、主要な制約条件の配慮といった諸点において、地元住民の利害と意見の無視という帰結を生んだ。一九七一年八月には、第一次案とともに、「住民対策大綱」が発表された。それ以来、使用されている「住民対策」という言葉は、地域住民が開発の主人公ではなく、操作される客体であることを、象徴的に表現している。巨大な工業基地をつくろうという計画目標、用地の一括買収方式、農業代替地の提供の欠落、すべてを決めてから立地点住民に公表するという手法等は、いずれも、計画立案と推進態勢から地元住民が排除されていることと、一体となっている。

第三に、計画作成に動員されている専門知識の質という点から見ると、工学的観点と経済学的観点が中心であり、地域の人々への関心が稀薄であり、地域の生活を総合的に把握しようという姿勢も方法もない。開発可能性を最初に論じた、日本工業立地センターの報告書の本文は、わずか一九頁の短いものであるが、もっぱら工学的観点で論じられている。すなわち、この地域の地理的特性と自然条件が、工業開発に適した港湾、用地、用水を提供しうるという理由によって、工業開発が技術的に可能だという側面のみが論じられている。また、新全国総合開発計画を審議した国土審議会と、その内部の特別部会や総合調整部会の中心的メンバーは財界・官界・政界からの委員で占められているが、これらの委員と並んでメンバーとなっている研究者は、主として工学系および経済学系の出身である（下河辺編 一九七一）。

第四に、計画思想と計画手法において、複数の将来予測の比較検討という発想がなく、開発規模とアンバランスに、将来予測手法が単純である。当初のむつ小川原開発が空振りに終わったことの直接的要因は、各種の原料・素材の需要についての経済予測が大きくはずれたことにある。

そもそも、第一次基本計画には、石油化学、石油精製関連の将来需要がどの程度、存在するのかという需要予測について、数値も根拠もまったく記されていない。これは驚くべきことであるが、計画書としてのオリジナルな予測が欠如しているのみならず、将来需要についての、他の研究や予測の引用もない。日量二〇〇万バーレルの石油精製、エチレン換算で年間四〇〇万トンの石油化学、一〇〇〇万キロワットの火力発電の建設計画が、いきなり提示されており、そのような工業に対する社会的需要があるかどうかということについては、なんらの吟味もされていないのである。

そのような事態の理由は、計画策定者にとっては、新全国総合開発計画（新全総）の需要予測が自明の前提とされていたからであろう。では、新全総の将来予測は的確なものであったか。ところが、新全総における将来の経済規模の予測は幅をもったものであるが、不確実性についての批判的吟味は欠如している。新全総は、経済情勢が期待とは異なった方向に進んだ場合、どうするのかということを考えていない。新全総の計画書本文においては、どのような根拠で将来需要を想定するかということについての根拠や手法が明示されているわけではない。

新全総で採用された予測手法は、複数の可能性を考慮に入れるとか、将来の質的変化を推定しようという志向を持たず、その意味では、方法的に洗練されたものではなかった。むしろ新全総の将来予測は、高度経済成長後期の社会的雰囲気を反映しており、そのような雰囲気を共有する計画担当者が抱く期待を、将来に投映したという性格を持っている。では、新全総のような予測のしかたを乗り越えるためには、どのような予測手法が必要であろうか。予測の方法の洗練のためには、複数の主体（さまざまな研究機関や専門研究者グループ）に、相互に独立に将来予測を試みさせ、それらを比較検討することを通して、もっとも確実な予測を採用するという計画思想が必要である。もし、複数の主体の予測がくい違ったならば、各グループのデータやモデルや方法を突き合わせ、それぞれの根拠についての相互批判と吟味を行うことが必要である。そのような予測の相互比較を計画方法として採用したならば、それぞれの予測の前提条件を明らかにすることにより、予測の確実性／不確実性についても、認識を深めることができたであろう。

第二次基本計画の策定のしかたの問題点

では、第一次基本計画の大幅なはずれが明確になったあとで、それを改訂した第二次基本計画については、その策定のしかたにいかなる問題があったろうか。

第一の問題は、第二次基本計画は、そもそもリアリティのない空想的なものであることを、計画策定に関与した青森県首脳部が、当時から自覚していたことである。石油危機後、石油コンビナートを柱とした大規模開発計画が実現性のないものであることは、もはや関係者には明らかであった。しかし、青森県庁としては、みずからが熱心に推進する形で、第一次基本計画に対して、閣議了解をとりつけた以上、むつ小川原開発の過大性を認め、計画の全面的見直しや撤退をすることは、政府に対する政治的配慮ゆえに、不可能であったのである。そこで、絵空事であることを承知のうえで、当面の「つなぎ」として、第二次基本計画が策定されたのである。(1)

それゆえ、第二に、内容的には、第二次基本計画は、きちんとした現状認識と将来予測に基づいて、実現性のある計画を策定したものではないという性格を有する。もし、計画の論理が自律的であるのであれば当然取り上げられるべき重要な検討課題が、まったく取り上げられないことになった。それは、たとえば、第一次基本計画がなぜ見込み違いに終わったのか、将来の素材・原料の需要をあらためてどのように予測するか、長期にわたって土地が売れない場合に生ずるむつ小川原開発株式会社の借入金の増大にどう対処するのか、というような課題である。

核燃料サイクル立地受け入れ過程の問題点

一九八四年四月から青森県への核燃料サイクル施設受け入れの是非が問題化し、一九八五年四月一八日には、青森県、六ヶ所村、原燃産業、原燃サービス、電事連の五者間で、「原子燃料サイクル施設の立地への協力に関する基本協定書」が結ばれる。これに至る過程には、意志決定のあり方という点で、どのような問題があったろうか。

核燃料サイクル立地の受け入れに至る過程は、表向きは次のような経過をたどった。一九八四年四月二〇日に、電事連が青森県に、核燃料サイクル基地の立地を、下北半島太平洋岸に要請し、ついで七月一八日には、核燃サイクル三施設を、六ヶ所村のむつ小川原開発地域に立地する案を決定する。このような要請を受けて、青森県は、八四年八月に、一一人よりなる「専門家会議」を設け、安全性についての検討を委嘱する。この専門家会議は、一一月二六日に「原子燃料サイクル事業の安全性に関する報告書」を提出し、「安全性は基本的に確立しうる」という判断を示す。並行して、青森県は、県論集約のため県民各界各層からの意見聴取を、同年九月と八五年一月の二次にわたって行い、県が選んだ県内諸団体の役職者を中心に、約三三〇名から意見をきく。その結果は農漁業者には反対の声があったが、受け入れ賛成が多数意見を占める。六ヶ所村では、古川村長が村議会全員協議会の了承を得たとして、一月一七日に知事に立地受け入れの意を伝える。さらに、四月九日の県議会全員協議会で多数意見が受け入れ賛成であることを確認したうえで、北村知事は、安全性の確認と、県論集約がなったとして、四月一〇日に電事連に受諾回答をした。

だが、このような立地受諾に至る意志決定には、次のような問題点が存在する。第一に、この過程を詳細に分析してみれば、一九八四年四月の段階で、青森県首脳部は立地受諾という態度決定を実質的にしていたと推定されるのであり、以後、一年間にわたる「安全性の確認」と「県論集約」は、それを正当化するための儀式的な性格のものであったことである。その経過は、一九八四年四月二四日から八五年四月一七日にかけて毎日新聞が連載した特集記事「動き出した核燃料サイクル」（第一部から第六部まで、のべ四二回）に詳しい。核燃料サイクル立地についての打診は、八三年春頃より、電事連によって、むつ小川原開発株式会社と青森県首脳部に対してなされており、八四年四月に公然と立地要請が行われた。このことは、その時点までに、電事連側が、「県は拒否しないだろう」という判断をしていたことを意味する。ただし、具体的な立地点については、電事連は青森県の意向を尊重するという態度であった。当初、核燃三施設のうち、再処理工場のみは、東通村への立地が有力であったが、漁業補償の難航を見て、八四年六月二三日に、北村知事が電事連に対して、三施設の六ヶ所村集中立地を提案した(2)。この知事提案は、知事が立地受諾を内心で決めていたことを前提としている。それゆえ、その後の県論集約や専門家会議の報告は、立地受諾を正式表明するための舞台づくりにすぎなかったのである。

第二に、それゆえ、安全性という点で厳密な検証を行い、その結果によって立地の諾否を判断しようという態度が、県には欠けていた。安全性をめぐっての判断が、専門家会議の報告書と、「核燃料サイクル施設問題を考える文化人・科学者の会」の見解書の間で、大きく対立し、県労働組合会議などが、推進派、批判派の専門家を同席させての討論会の開催を申し入れても、県はそれを回避し続けた。「文化人・科学者の会」が、一九八五年二月二〇日に提出した公開質問状においては、安全性にかかわる多数の質問が細部にわたって提示されたが、県は、公的な団体でないという理由で、答えようとしなかった。

第三に、県論集約が本当に県民の多数意見を反映しているかは疑問が多い。県の採用した県論集約のしかたは、行政と利害関係の強い各種団体代表を行政側が選ぶという形で、発言者が選択されており、立地受諾が多数派になりやすい仕組みといわねばならない。これに対して、一九八四年九月の朝日新聞の世論調査では、賛成三一％、反対三五％、その他・答えない三四％で世論が三分の形になっていたし、より後の一九九〇年一〇月の朝日新聞の調査では、賛成一六％、反対六二％、その他・答えない一一％と反対者が多数となっていた。一九八五年の前半に、県労などの核燃批判派は、立地の諾否を県民投票で決めるための住民投票条例の制定を求めたが、知事と議会は拒否し続けた。最終的には、有効署名八万七〇〇〇人をもって条例制定が請求された（八五年五月一〇日）が、五月二八日に県議会はそれを否決した。

フォローアップ作業の問題点

一九九五年の木村守男知事の当選後、木村県政の方針として、むつ小川原開発のフォローアップ作業が着手された。これにより、青森県政においてはじめて、むつ小川原開発が見直されることになったのである。そして、二年間の作業のあと、一九九七年三月付で『むつ小川原開発第二次基本計画フォローアップ調査報告書』（日本立地センター 一九九七）が、その付属資料とともに、公表された。では、このフォローアップ作業は、今までの開発計画の抱えていた問題点を克服するような手がかりを提供するものであっただろうか。詳細に検討するならば、このフォローアップ作業は、取り組み態勢、作業手続き、報告書の内容の三点のいずれにおいても、貧弱なものといわざるをえない。

調査報告書の作成は、財団法人日本立地センターに外注されたが、そもそも、同センターの前身の日本工業立地センターは、当初のむつ小川原開発計画の準備をした組織であり、同センターに調査を外注することによって、これまでの計画の問題点を掘り下げて分析することは、期待できるものではなくなった。次に作業手続きとして見れば、既存資料の再分析が中心であり、青森県内において、オリジナルな現状調査をほとんどしていない。また報告書の内容は、一方で、この開発における実質的に重要な問題点がまったく取り上げられていない。たとえば、①なぜ当初計画が空振りに終わったのか、②計画思想・計画手法のどこに欠陥があったのか、③開発のため移転した住民はその後どうなったのか、④これまでの財政支出はどれだけに達したのか、それは効果的な支出だったのか、⑤むつ小川原開発株式会社の借入金の累積をどうするのか、⑥核燃料サイクルは本当に技術的に実現可能なのか、⑦全国の放射性廃棄物の青森県への集中という事態にどう対処するのか、というような重要な問題は、まったく分析されていない。

他方で、将来ビジョンは、現実性を欠き、「ソシオ・サイエンス・フロンティアへの挑戦」という目標を掲げているが、言葉が一人歩きしているような非常に抽象的な作文という印象のものになっている。

再処理工場の操業

使用済み燃料の再処理工場は一九九三年四月に着工され、当初の完成予定は二〇〇〇年一月であった。工事は、使用済み核燃料プールの溶接不良問題などのトラブルにより延期を重ね、二〇〇六年三月末に開始されたアクティブ試験においてもトラブルが続き、二〇〇七年八月に予定された本格操業の目途は、二〇一一年一二月になっても立っていない。このような状態に対するさまざまな批判と疑問にもかかわらず、全量再処理という政策が選択されてきたが、その決定過程にはどのような問題点があるであろうか。

二〇〇三年から二〇〇四年にかけては、再処理を柱とする核燃料サイクル政策を引き続き推進するべきかどうかが政策選択上の焦点になった。二〇〇三年一〇月、総合資源エネルギー調査会は、原子力利用を織り込んだ「エネルギー基本計画」を発表し（総合資源エネルギー調査会 二〇〇三）、また、二〇〇四年一一月一二日には、原子力委員会新計画策定会議（通称、長期計画策定会議）が、核燃料サイクル政策を維持するという内容の「中間報告」をとりまとめる（原子力委員会新計画策定会議 二〇〇四a）。

だが、この「中間報告」とりまとめに至る経過においては、従来にない形で、再処理路線の継続に対する疑問・批判が噴出した。二〇〇三年一一月の総合資源エネルギー調査会では、原子燃料サイクルバックエンド事業費が一八兆九一〇〇億円にのぼることが明らかにされた。また、二〇〇四年の長期計画策定会議では、使用済み核燃料を全量再処理した場合の費用は四二兆九〇〇〇億円と算定され（原子力委員会新計画策定会議 二〇〇四b）、全量再処理の経費的な難点が浮き彫りにされる形になった。また、一九九五年の「もんじゅ」の事故以後、高速増殖炉の実用化が遠のいたことも再処理の必要性に疑問を投げかける要因になった。にもかかわらず、二〇〇四年秋には「核燃料サイクルの維持」と「全量再処理」の方針が選択されたが、そこには「社会的共依存」ともいうべき政策決定過程の新しい特質が現れている。

核燃料サイクル施設の立地受け入れの過程で、青森県は、政府や外部の有力な事業者の意向に対して、ますます受動的・従属的となってきた。このような青森県の受動性は一面の真実であるが、他方で、二〇〇四年秋の全量再処理という政策選択においては、政府と青森県の関係に次のような主体連関の特質が見られる。それは、青森県が核燃料サイクル路線の堅持、すなわち、再処理路線の選択を政府に求め、それが長期計画策定会議の審議と結論のあり方を規定する大きな要因になったことである。

二〇〇四年秋の政策選択においては、六ヶ所村の再処理工場におけるウラン試験の開始について地元の青森県と六ヶ所村が安全協定を締結して同意するかどうかという問題と、長期計画策定会議の中間報告がいかなる選択をするのかという問題とは、絡み合っていた。事実経過をみてみよう。一一月一二日に長期計画策定会議が、「中間報告」をとりまとめた後、同一五日には、第八回「核燃料サイクル協議会」(政府・電力業界代表と青森県知事の協議の場)が開催され、地元が政府の方針を確認したうえで、ただちに、一一月二二日には、青森県・六ヶ所村と日本原燃の間で、再処理工場のウラン試験実施についての安全協定が締結されたのである。長期計画策定会議が、再処理路線を提示することが、再処理工場ウラン試験の安全協定の締結の前提条件であったというべきである。

この経過の中で、青森県と六ヶ所村は、従来の計画通りの再処理工場の操業を求め、核燃料サイクル政策を変更しないことを強く政府に要求している。固有の危険を有する再処理工場の操業を青森県や六ヶ所村はなぜ、強く求めるのであろうか。

第一に、経済的・財政的メリットの追求がある。その含意は多元的であるが、まず雇用上のメリットが存在する。再処理工場の操業は約二〇〇〇人の雇用を伴い、そのうち、約一〇〇〇人は地元の青森県出身者が占めている。青森県を代表する三村知事は、「ものづくり産業」を青森県に育てたいということを、再処理工場受け入れの理由としている（三村 二〇〇五）。約一〇〇〇人の再処理工場就業者が、将来、青森県の工業の担い手となることを期待しているのである。また、県にとっても村にとっても、財政的なメリットは操業するかしないかで大きく異なってくる。実際、当研究室の住民意識調査においても、再処理工場の操業に賛意を表する村民の主たる理由としては雇用上のメリット、財政的メリットが多かった（法政大学社会学部船橋研究室 二〇〇四。巻末資料2も参照）。

第二に、政府による政策変更は、地元をさまざまな意味で「ふりまわす」ことになるのであり、青森県にしても六ヶ所村にしても政策の一貫性を必要としている。その含意は次のようなものである。これまで、県レベルでも、村レベルでも、核燃反対運動は「郷土を核のごみ捨て場にするな」という主張を繰り返してきたが、これに対して、核燃料サイクル施設を推進する諸主体は、「工場の立地」という側面を強調して反論してきた。だが、もし、再処理工場が操業をしないということになれば、六ヶ所村の核燃諸施設の主要な性格は「核のごみ捨て場」ということになり、推進側諸主体の正当性が大きく傷つけられることになる。また、県レベルでも、村レベルでも、核燃諸施設の立地を想定して、さまざまな投資を行い、地域づくりの計画を考え、行政計画を作成してきた。さらには、六ヶ所村では、多くの村民が、一人一人の生活設計において、核燃立地を想定したうえでの選択をしてきた。それには、さまざまな犠牲や別の可能性の放棄が伴っている。もし、ここまで進展してきた事業を中止するのであれば、それはそのような地元の人びとを裏切ることとなり、地元のまちづくりに不整合を生むことにならざるを得ない。

再処理工場の立地点である青森県と六ヶ所村のそれぞれの当局は、上記のような理由を背景にして、再処理工場の操業という従来の政策路線の継続を求めた。そのことは、政府・電力業界の態度を規定し、長期計画策定会議の中間報告において経済的にはより少ない費用にとどまる使用済み核燃料の直接処分ではなく、全量再処理という方針が選ばれるにあたって（二〇〇四年一一月一二日）、決定的な要因として作用したように見える。

社会的共依存

直接処分を採用しない理由の説明においては、「政策変更コスト」が高い点に難点があるということが強調された。では、「政策変更コスト」の含意は何か。再処理継続を主張する論者たちによれば、「再処理工場の操業をしない」という選択をした場合、青森県と六ヶ所村に使用済み核燃料を搬入する理由がなくなる。そのことは、各地の原子力発電所にたまりつつある使用済み核燃料の貯蔵の場所が、近い将来に無くなることを含意し、中間貯蔵施設という形での別途の保管場所を作るか、原子力発電所の停止という別の選択肢に追い込まれることを含意する。さらに、青森県と六ヶ所村が、政府と電力業界に対して、再処理工場を操業させないのは約束違反であるとして、原子力政策の変更を批判し、高レベル放射性廃棄物の搬入についても、拒否の姿勢を提出するかもしれない。これらのことは、日本の原子力政策全体に障害と混乱を生み出し、原子力による電力供給を危機に陥れるだろう。

このような懸念が、全量再処理路線の継続という選択の背後に働いていたと考えられる。このような状況は、青森県および六ヶ所村と、政府・電力業界の関係が、「社会的共依存」関係ともいうべきものとなっていることを示すものである。ここで「社会的共依存」とは、社会関係の中で、一方の主体（青森県と六ヶ所村）が、他方の主体（政府・電力業界）に対して従属的に協力しつつ依存しており、その依存関係を断ち切られれば、自立が困難である状況にありながら、後者は逆に前者の協力を不可欠としているため前者の要求に拘束されており、前者の意向に縛られた選択しかできなくなっている状態である。

社会的共依存関係においては、利害関係に起因する制約と拘束が厳しく、一方の主体がこの関係を解消して別の選択をしようとすることを、他方が許さない構造になっており、しかも、双方にとってそのような状況が同時に成立しているのである。

言い換えると、これまで、政府と電力業界は青森県を従属させながら、青森県（とりわけ六ヶ所村）の犠牲のうえに、核燃料サイクルを推進してきた。しかし今や、その過程の帰結として、逆に、青森県の要求に制約され、その要求に拘束されるようになっている。現状は「政府の方針に青森県が従属している」という把握が妥当すると同時に、「政府全体の方針決定が、青森県のミクロ的利害関心に制約されている」という把握も妥当するのである。

(3) 青森県庁と諸主体の関係――政府・財界との一体化と県民との距離

むつ小川原開発の計画策定と意志決定は、それぞれの段階で、以上のような問題点を抱えており、多くの批判が寄せられてきた。

なぜこのように、不十分な計画手法にもとづいて、内容的にも疑問の多い計画が、繰り返し作成され、選択されてきたのだろうか。その理由の解明を、計画の策定・決定に関与する主体群の布置連関を分析することによって試みてみたい。主要な論点は、次の諸点である。

①青森県庁と政府、経団連などの諸主体が融合しつつ、独占的に計画決定を担った。

②その反面、青森県庁と青森県民の距離は大きく、批判的見解を持つ青森県民は計画形成と選択の過程から排除されてきた。

③このことは、地域の公共圏と「公論形成の場」が貧弱であるという事態と対応するものであり、計画に反映される利害関心が偏ったまま、また事実認識についての突き詰めを欠いたまま、重大な計画決定が繰り返されるということを帰結した。

計画策定における青森県首脳部と政府・経団連との融合

本来、国土開発を志向する国土庁・通産省・経団連などと、地域開発を志向する青森県首脳部の立場は、異なるはずのものである。というのは、国土開発の視点は、日本全国を視野に入れて各地域の利用を考えるゆえに、各地域を開発の手段と位置づける傾向を持つのに対し、地域開発とは、自分の地域住民の福祉向上を究極の目的として地域経済の発展をめざすものであり、自分の地域は、手段ではなくて目的であるからである。国土開発志向と地域開発志向とは、時代の状況によって、予定調和的に見える場合もあるが、両者の基本性格の相違ゆえに、両者がずれたり、対立する可能性は常に存在するのである。

ところが、むつ小川原開発以後の青森県庁首脳部の態度を見ると、この開発の実施を熱心に志向するがゆえに、あまりにも、中央政府と中央財界の視点や発想に、一体化してしまったのではないだろうか。このような巨大な誘致型開発の実現のためには、中央政府と中央財界の協力がなければ不可能である。協力を得るための熱心な働きかけを通して、青森県庁首脳部は、政府、および、経団連に対する距離を喪失し、それらの主体の行為原理に対する冷静な分析や、これらの主体が持つ限界に対する批判的見方を欠いてしまったのではないだろうか。

それは、一方で、政府や経団連の「計画能力」「予測能力」に対する過大評価であり、他方で、これらの主体の「善意」に対する過剰期待である。主体としての政府組織の権限や予算規模は巨大であるから、政府が関与していれば、開発計画やその前提としての将来予測も信頼でき、開発事業も成功するだろうということを自治体側は期待し、信じ込みがちである。しかし、社会情勢や経済情勢についての知的洞察力は、究極的には、政府組織を構成する諸個人の能力と予測手法の適切さに規定される。政府組織として権限や予算規模が大きいことと、その中の個人の知的洞察力の有無とは別次元の問題であり、両者を混同すべきではない。実際には、政府と経団連の予測能力が、現実の複雑さに対比すればきわめて限られたものであることは、早くも一九七三年の石油危機において露呈していたのである。

青森県庁首脳部と県民との距離

青森県庁は、開発の開始と核燃料サイクル施設の受け入れについて、中央の諸主体と同一化する傾向を示したが、同時に、開発を推進する主体群の外部に対して、とりわけ批判的意見を持つ青森県民に対して、閉鎖性を示した。このことは、青森県首脳部と県民との間に大きな距離が生じていることを意味する。青森県庁首脳部は、中央の諸主体とは頻繁に相互作用し、開発についての認識と期待を共有しているのに対し、六ヶ所村民とは隔絶した社会的位置にあり、また、県内の批判派に対しても、疎遠な関係を続けてきた。

むつ小川原開発の当初の動機を見るならば、そこには、誘致型開発という手法によって、県勢の発展をめざすという理想があり、県庁の意気込みには悲願ともいうべき真剣さがあった。しかし、むつ小川原開発の意志決定は、先にみた四段階のいずれにおいても、県庁と県民の対話がまず存在しその結果としての合意に立脚して計画を決定する、という方式が採られてきていない。逆に、外部の主体と県庁首脳部によって、そのつどの大局的方針は決定されており、それを事後的に関係地域住民や、青森県民に受容させるための説明と働きかけがなされてきたのである。

一九七一年の第一次案は、開発地域の住民も村長も、まったく議論の圏外に置かれたまま、決定されたのであり、多数の住民の移転と公害に対する懸念から批判がなされても、青森県首脳部と村民の間で、生産的な話し合いを行うことはできなかった。そこには、言語不通ともいうべき状態が出現した。ある六ヶ所村の住民（女性）は、開発当初の対話の欠如と、それに由来する住民間の分裂について、次のように指摘している。

この開発は、上部がかきまわして下部の地元民は何も知らなかった。反対なら反対なりに、賛成なら賛成なりにどんどん話をする人や地元の指導者を送り込んで、皆で話し合いをすれば良かったと思う。そうすると皆区別できるだろう。一堂に、皆、会して、論争でとことん議論しあえば、必ず結論が出たと思う。こんな骨肉相食むような状態にならなかったであろうに、その場が一つもなかった。(3)

またたとえば、むつ小川原開発に対する反対運動のリーダーであった米内山義一郎議員や寺下力三郎村長や一九八〇年代後半に高揚する核燃料サイクル反対運動の参加者たちは、いずれも、全県の未来を真剣に憂慮していた。青森県にとっての不幸は、「県勢の発展のために」と信じこんで、開発を推進する県庁首脳部の熱意と、県民の未来を憂慮してこれに反対する人々の真剣さとが、具体的な開発問題を焦点にして、真っ向から対立し、分裂し、そこに生産的な対話が成立してこなかったことである。

地域公共圏の貧弱性

開発をめぐる以上のような諸主体の布置連関は、「地域公共圏の貧弱性」とも表現できる（序章参照）。ここで、「公共圏」とは、①公共の問題を扱いつつ持続的な討論がなされ、②誰でも討論への参入可能性があり、③討論の過程と内容が公開されているような社会圏のことである。端的にいえば、公共圏とは意見交換がなされる空間である。その構成要素である個別的な討論の場を「公論形成の場」ということにしよう。地域公共圏が貧弱であるということは、全県的レベルでも、六ヶ所村内でも、徹底した話し合いが不足しており、政策論争を自律的に積み重ねることができなかったことを意味する。

公共圏の貧弱性とは、別の角度からいえば、行政組織が社会に対する操作能力を持ちすぎており、社会の側の行政組織に対する民主的な統御能力が低いということである。地域経済における行政諸部門の果たす役割は、青森県レベルでも、六ヶ所村でも大きい。行政組織からの財政支出に、地域内の諸団体と諸個人は、大きく依存している。

とくに、むつ小川原開発と核燃料サイクル施設建設をめぐる金銭フローは、行政組織が、社会に対して持つ支配力を強化したのである。開発の進行は、行政組織ならびに開発推進諸主体から、地域社会に対して流れるさまざまな名目の金銭フローを作り出した。**図2-1**は核燃建設段階の金銭フローを示したものである。この金銭フローは、それを操作する主体が交換力を持つことを意味しており、それは、政治システムにおける支配力へと転化するのである。

このような状況のもとで、社会的意志決定は、政策討論を通して社会を組織化する普遍性のある原則を探り社会的合意を形成するというよりも、個々の主体が、そのつどの直接的・短期的利益の追求を優先しながら個別的に行為し、その累積の中から、社会的な既成事実が作られていくというパターンをとる。開発の初期、大小の不動産業者による土地の投機的買占めに際し、村内の役職者が、買占めの協力者として立ち働いたのは、その典型である。このことは、開発の是非を落ち着いて論じ、村としての大局的選択を優先するよりも、われ先にと目先の利益を求め、土地の売却に走る風潮を加速するものであった。行政からの金銭フローが支配力へと転化することと、首長選挙への外部からの介入があることという二つの要因は、絡まり合いつつ、県内世論形成や投票行動に対して、大きな影響力を発揮してきた。そのような事態は、公共圏の貧弱性とうらはらの関係にある。これらの二つの要因が作用するゆえに、地域公共圏が分断されるともいえるし、他面で、地域公共圏が貧弱であることが、これらの要因が有効に作用することの根拠にもなっているのである。

巨大開発の及ぼす波及効果は、正負とも巨大である。随伴帰結の取り集めをして、開発の是非を総合的に判断しなければならない。しかし、公共圏が貧弱であるということは、意志決定の場に、さまざまな効

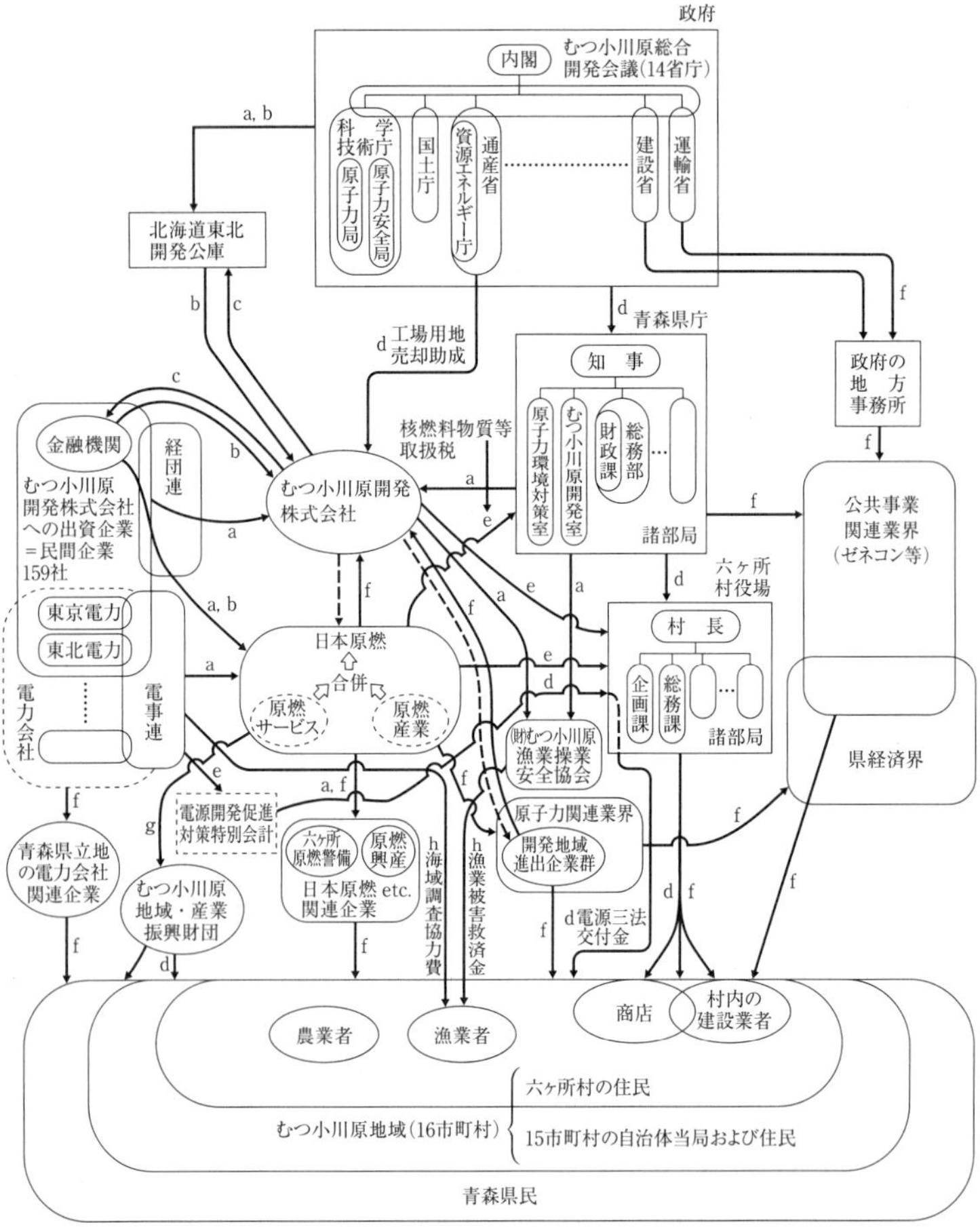

- - -→ 土地所有権の移動

——→ 金銭フロー

金銭フローのタイプ

a：出資または出損	e：納税
b：融資	f：労働，物品，サービス，土地に対する支払い
c：利払い，借入金返済	g：寄付
d：補助金，交付金，助成金	h：その他

図 2-1　核燃料サイクル施設建設期の主体連関と顕在的金銭フロー

果と随伴帰結のうち、一部しか取り集められていないという結果を招いた。むつ小川原開発の完成、政府との友好関係の維持、国策への協力、施設立地の経済的波及効果というような利害関心は、この受け入れ決定の場に、有効に表出された。他方、安全性への懸念、農業・漁業への悪影響といった利害関心は、決定の場に効果的に表出されず、また、高速増殖炉の実現困難性、青森県が放射性廃棄物の集中地になる可能性、地質的悪条件などについての認識は、過小にしか考慮されなかった。

廃炉廃棄物の受け入れ問題

二〇〇〇年以後においても、地域公共圏の貧弱性が露呈したが、それを顕著に示すのは、二〇〇〇年夏以後の廃炉廃棄物受け入れ問題と、二〇〇八年の県議会における「青森県を高レベル放射性廃棄物最終処分地としないことを宣言する条例」の否決である。

二〇〇〇年七月より、電力業界は、原子炉が廃炉になったときに生じる廃棄物の処分場立地を求めて、青森県と六ヶ所村に働きかけるようになる。廃炉廃棄物には、高ベータ・ガンマ廃棄物が含まれ、原発の操業に伴う低レベル廃棄物よりも高いレベルの放射性廃棄物が含まれている。その受け入れは、新たな種類の放射性廃棄物処分場の立地と見るべきである。

しかし、一九八五年の核燃施設の立地協定書においては廃炉廃棄物への言及はない。また、一九八四～八五年にかけての青森県議会の議事録を検討してみても、誰一人として、「廃炉廃棄物」問題について、質問をしていないし、県当局もそれについての答弁をしていない。ところが、二〇〇〇年八月一八日の県議会において、県側は、「原子炉廃止措置により発生する炉内構造物など」についても、一九八四年の立地協力要請に含まれているという答弁を行っている。その後、県と村は、廃炉廃棄物処分場の立地調査に協力する姿勢を示し、日本原燃は二〇〇二年一一月に「低レベル放射性廃棄物の次期埋設施設」立地のための本格調査に着手し二〇〇六年三月にはそれを終了し、処分場立地に問題はないという見解を示している(4)。

廃炉廃棄物は、原子力発電所の操業に伴う低レベル放射性廃棄物とは異なる種類の廃棄物であり、一九八五年の立地協定書に書かれていない。それが立地協定書に含意されているという県の見解は、当時の県議会議事録から見る限り、議会や県民に共有されていたとはいえない。にもかかわらず、二〇〇〇年以後、青森県議会も青森県世論も、十分な吟味なしに、それを受け入れる方向に進んでいる。

最終処分地拒否条例の否決

二〇〇八年三月六日、県民クラブ、共産党、社民党の野党三会派は、高レベル放射性廃棄物の最終処分地を拒否するための条例案を、県民総意の反映であるとして、県議会に提出した。これは、北海道などでの同様の主旨の条例制定にならうものである。三村知事は、そのような条例の制定の必要性を認めず、三月一一日に知事与党の自民党が多数を占める県議会は、この条例案についていっさいの質疑・討論をすることなく否決した。かわりに、三村知事は四月一〇日に、電事連と日本原燃に対して、高レベルガラス固化体を貯蔵期間終了後に県外に運び出すという主旨の確約書の提出を求め、両者はそれに応じた(二四日)。

この経過には、次のような問題点がある。第一に、最終処分地にしないという政策を採りつつ、拒否条例を否決するという県議会と三村知事の態度は、政策論的には一貫しておらず不可解である。そのような不可解な態度の背後には、最終処分地受け入れという選択を、政府や電事連に対して、取引材料として、留保しておこうという思惑があるのではないだろうか。拒否条例の否決は、最終処分地を受け入れるということがありうるというメッセージを発しているようにも見える。第二に、このような重要な問題を質疑も討論もなしに否決してしまうという議会運営が通用してしまっている。これは、有権者への説明責任を果たすという点で、議会としての任務放棄ではないだろうか。第三に、このような県議会の討論の軽視に対して、県民からの抗議の声が力強くわき起こっているわけでもない。

以上のような廃炉廃棄物処分場の新設問題や、高レベル放射性廃棄物最終処分地の拒否条例の否決をめぐる経過は、地域の重要問題であるにもかかわらず、それについての政策論議があまりにも低調であり、そこには地域公共圏の貧弱性が露呈しているといわねばならない。

結び——「放射性廃棄物処分事業」と地域の選択

この数年、高レベル放射性廃棄物処分場の立地をめぐり、それを誘致しようとする姿勢の首長に対して、議会や住民の多数派がそれに反対して阻止するという事態が、高知県東洋町など全国各地で繰り返されている。そのような中で、青森県の姿勢は特異である。全国の自治体の中でも、放射性廃棄物処分場の立地による財政収入の確保に、もっとも傾斜した政策を採っており、高レベル放射性廃棄物の処分場の立地問題については、処分地にしないという「確約書」にもかかわらず、高レベル放射性廃棄物最終処分地の拒否条例を否決したことや、中間貯蔵施設のむつ市立地を契機として、事実上、受容する可能性が見え隠れしている。

再処理工場が工場として、うまく機能するというシナリオに対しては、楽観的な展望は持てない。不良溶接などの問題を起こし、施工が大幅に遅延したばかりではなく、肝心のガラス固化体の製造が技術的な困難にぶつかり、そもそも工場としての機能を果たせるのかが、危ぶまれる状態にある（二〇一一年一二月現在）。仮に工場として機能しても、プルトニウムの使用の目途は立っていない。また、排出されるガラス固化体としての高レベル放射性廃棄物の最終処分の方策も決まっていない。さらに、活断層が近辺を走っているという指摘が二〇〇八年になってから新たになされており、核燃料サイクル施設の耐震性という点での不安は解消していない。仮に、技術的に操業が可能になっても、莫大な経費がかかることが明らかになっており、経済的な合理性は実現できない。もう一つの工場であるウラン濃縮工場では、七本の生産設備が二〇一〇年一二月には停止している。事業の中での工場の比重は低下を続けている。

今後を展望するならば、経済的、技術的な難点、さらに、安全性の上での難点から、これまで、核燃料サイクル施設事業の推進を担ってきた組織でさえ、再処理工場の操業を断念せざるをえないという事態はありうるのであり、そのような場合は、この開発が、放射性廃棄物処分事業へと変質することが、決定的になるといえよう。

今、青森県は、大きな岐路に立っている。というのは、核燃料サイクル施設の全体的性格が、工場の立地というよりも、ますます放射性廃棄物処分事業という性格を強めてきたからである。このような状況の中で、本章で見てきたような、政府に従属的に一体化するという意志決定のあり方を今後も続けていくのか、それとも、自治体として必要な自己決定性と精神的自立性の回復を、重視する方向へと転換していくのかが問われている。

【注】

（1）元青森県むつ小川原開発室幹部職員への聞き取り（一九九〇年八月）による。

（2）毎日新聞一九八四年七月三一日付、「動き出した核燃料サイクル」第二部〈二〉。

（3）橋本ソヨ氏からの聞き取り（一九七五年九月二日）より（法政大学社会学部金山ゼミ地域開発サブゼミ 一九七五、五八頁）。

（4）日本原燃ウェブサイト（http://www.jnfl.co.jp〔二〇〇八年七月二七日閲覧〕）。

【文献】

原子力委員会新計画策定会議 二〇〇四a「核燃料政策についての中間取りまとめ」原子力委員会ウェブサイト（http://www.aec.jst.go.jp〔二〇〇八年七月二八日閲覧〕）。

原子力委員会新計画策定会議 二〇〇四b「新計画策定会議（第一〇回）資料第七号」原子力委員会ウェブサイト（http://www.aec.jst.go.jp〔二〇〇八年七月二八日閲覧〕）。

下河辺淳編 一九七一『資料 新全国総合開発計画』至誠堂。

総合資源エネルギー調査会 二〇〇三、「エネルギー基本計画」経済産業省ウェブサイト（http://www.meti.go.jp〔二〇〇八年七月二八日閲覧〕）。

日本立地センター 一九九七『むつ小川原開発第二次基本計画フォローアップ調査報告書』日本立地センター。

法政大学社会学部金山ゼミ地域開発サブゼミ 一九七五『むつ小川原開発一九七五年度調査報告書』法政大学社会学部金山ゼミナール。

法政大学社会学部船橋研究室 二〇〇四『むつ小川原開発・核燃料サイクル施設と住民意識』法政大学社会学部船橋研究室。

三村申吾 二〇〇五「なぜ、われわれは核燃料サイクルを受け入れるのか」『エネルギーフォーラム』二号、一〇五～一〇七頁。

リリエンソール、D・E（和田小六・和田昭充訳）一九四四＝一九七九『TVA――総合開発の歴史的実験』岩波書店。

第三章　大規模開発下の地域社会の変容

飯島　伸子

六ヶ所村で遂行されてきた地域開発は、日本国内で実施された多くの地域開発の中でも、地域に与えた影響の大きさにおいて代表的である。この地では、日本でも有数の大石油化学コンビナート建設計画が頓挫して核燃料施設建設へと計画が変更されたのちに、事柄は、六ヶ所村の村民だけでなく青森県の県民全体の生活への影響が深刻に懸念される事態に拡大する。この経緯の特殊性において、六ヶ所村のケースは日本の地域開発例の中でも独自な事例である。本章では、六ヶ所村の巨大開発が六ヶ所村住民、とりわけ開発用地として買収された地域に住んでいて、農地を手放して移転していった住民たちの生活に及んだ影響について検討することにしたい。

(1) 六ヶ所村における地域開発の特徴

巨大開発が開始される前の六ヶ所村の産業は、半年近くを雪に閉ざされることも稀でない厳しい気象条件や、日本の農業の中心的作物である米の生産に不適な地形上の条件などにもかかわらず、高い漁獲高を誇る泊集落の漁業や、野菜を中心とした農業基盤の確立をめざした個々の農家の懸命な努力、なだらかな丘陵地に恵まれた地形を利用した酪農振興などで特徴づけられる農業地帯であった。国の農政さえ、数回にわたって短期間に変更されることがなかったならば、六ヶ所村は、きわめて豊かとはいえないまでも、第一次産業によって成り立つ態勢は十分に整えられていたはずの農村であった。現実には、農水省の次々と変わる農政が、指導にもとづいて計画を実現しようと努力している農業者を直撃して損失を増大させてはいたものの、それでも、開発計画が来なければ、農業振興の可能性はあったのだった。

六ヶ所村村内で長年農業に従事し、開発計画にも反対の意思を表明しつづけた高齢の農業者は、われわれの聞き取り調査時に、工場を誘致しなくとも六ヶ所村は農業でやっていけたことを次のように述べている。「開発計画が来なければ、頭のいること（工夫が必要という意味。筆者注）ですが農業は伸びたでしょう。長芋や菜種などの畑作が伸びたはずです。酪農は青森県では一番でした。農業でやっていこうとしていたところに開発が来ました」(1)。しかし、開発予定地で農業や酪農に従事していた村民の生活設計や希望とは無関係に、戦後まもなくの時期に国土開発法を成立させ、国土全域に工業開発を拡大する道を邁進していた国家の方針は、農業振興地域は工業振興地域よりも貧しいことを前提としていたのであり、この前提があることで、一九七〇年時点の青森県は、日本の中で最も貧しい地域の一つとみなされるに至っていた。

貧しい村ならば、地域開発によって豊かになるから良いではないかとの考え方が、貧しいとされる地域への巨大開発遂行にあたって開発企画側が示す典型的な理屈であるが、六ヶ所村に対しても同じような論理で開発が進められた。こうした議論は、まず、〈豊かさ〉を経済的物質的な尺度だけではかることを前提としている点で問題である。また、〈豊かさ〉を経済的物質的な側面に限った場合でも、現金収入が少なく自給自足が可能な生活と、すべての消費物品を購入する都市的な消費生活のどちらを豊かとみるかは、人によって異なるはずであるが、一律の考え方を押しつけている点において問題である。現に、われわれの現地調査においても、一般的な見方への反論ともいえるような「青森は貧しいとか言われていますがそんなことはありませんよ。魚も野菜も新鮮で安くておいしい所です」(2)という地元の人の素直な感想を聞き取っている。

六ヶ所村の開発地域から新住区に移転してきた六〇歳代の男性も「昔は半農半漁だった。今のように贅沢はできなかったけれど楽しかった。自分たちの本当の生活があった(3)」と一般には貧しいとみなされていた開発以前の農業地帯での生活の真の豊かさを懐かしんでいる。青森県出身のルポルタージュ作家の鎌田慧氏も、貧しさと開発推進の関係に関する議論について、「たしかに、低生産性と低所得は、そのまま離農・離村の条件を形成しやすいのも事実だが、その一方では、現在の土地と住居があるからこそ、ようやく生活が成立しえているという関係にもある」と、筆者とはやや異なる視点からではあるが反論している（鎌田 一九九一、一六一頁）。

六ヶ所村における石油化学コンビナート建設計画の遂行と挫折およびその後の核燃料施設の建設にいたる二〇年余にわたる地域開発が六ヶ所村社会と六ヶ所村住民に与えた影響や被害は、次節で取り上げるように、さまざまな要因がからみあって複雑である。影響を最も直接的に受けたのは、開発計画の実現のために移転させられた「開発地域内住民」である。これらの人びとは、工業用地のために自らが耕してきた農地や自らが住み慣れてきた宅地を手放して、初めての土地へ移り住まなければならなかったのであり、そのこと自体が、とくに高齢層の人びとには精神的な傷痕となっている。また、農地や宅地を手放すまでに、土地ブローカーや青森県の職員たちによって土地を手放すように強要された例では（その数は決して少なくないと聞き取っている）、その経緯が精神的な傷痕を住民たちに与えている。つまり、開発計画が着手される前に、開発予定地内住民は、開発計画による精神的負担を受けはじめていたのである。

開発予定地内の居住者は、数軒を除いて最終的には移転していくが、移住の後も、さまざまな問題に悩まされている。農地を手放して収入の道をなくしたことに伴う生計をめぐる問題点をはじめとして夫婦関係や親子関係の悪化など家族関係の悪化、開発計画をはさんで賛成する側と反対する側に分かれて激しく対立したことによる村内や集落内での人間関係の修復不可能なほどの悪化とそれに伴う精神的負担、子どもたちも親たちの対立に巻き込まれたことによる子どもの生活環境や教育環境の荒廃、故郷の地が工業用地化し、故郷を失ったことによる精神的負担、集落が保持してきた伝統や文化の中断や喪失など生活の多方面に及ぶ影響が発生したのである。

また、地域社会への開発の影響と一口に言っても、石油化学コンビナート建設計画時は主として六ヶ所村住民が影響や被害を受けたのに対し、核燃料施設建設では青森県民への影響や被害が懸念される事態となるという、影響や被害の及ぶ範囲の空間的世代的拡大の事実にも注目しなければならない。すなわち、石油化学コンビナート建設計画をめぐっては、その用地に自宅や農地を明け渡して移転せざるを得なかった「開発地域内住民」が最も直接的で深刻な影響にさらされているが、核燃料施設の場合には、放射能漏れによって健康被害を受ける危険性は県内全域に及ぶことから、直接的な被害者は県民全体である一方で、農漁業産品の放射性物質による汚染との関係で、農漁業者に風評被害が発生する危険性があるなど、被害を受けると考えられる人びとの範囲が拡大し、また、数世代にも及ぶ被害の長期化も予想される。このように、被害者の範囲や規模が拡大する問題と、長期にわたって同一開発地域をめぐって激しい賛成・反対の対立が続いた問題であることで、六ヶ所村地域が受けた影響はきわめて大きく深刻であった。

六ヶ所村という地域社会が開発によって受けた影響は、開発前半期の石油化学コンビナート建設時と後半期の核燃料サイクル施設建設時とで異なる面と共通する面がある。ここでは、地域社会の変化がより激しかった開発前半期の石油化学コンビナート建設計画に伴う地域社会への影響について主として取り上げることにしたい。

（2） 土地売却の経緯と住民の負担や苦痛

石油化学コンビナート誘致計画を実現するための工業用地の買収の経過に土地ブローカーや開発公社、青森県の農業改良普及員などがどのように関与したかについては鎌田（一九九二）が詳しいので触れない。現代の「土地買い」が、江戸時代や戦前の農村で少女たちに魔の手を伸ばした「人買い」よりも、目的を達成するためには、さらに巧妙かつ残虐であることは、バブル期にその手口の一部が一般国民の前に明らかにされたことでわれわれは知っている。ところが、バブル期を遡ること約二〇年、一九七〇年代冒頭の六ヶ所村で、バブル期に「地上げ屋」が大・中都市で実行したのと基本的には同一の方法で、「土地買い」たちは工業予定地の買収を遂行した。「土地買い」の様子が、土地を売りたくないのに売らされる側の目にはどう映っていたのだろうか。彼らが開発予定地住民の間にはいりこんでいった手口は、次のようなものだったという。「買収には五段階があった。第一段階は、長男が村を出ていった家庭。後継者がいないから抜けやすい。第二段階は未亡人の家庭が狙われた。第三段階は遺産争いに介入して手にいれる。そして第四段階は後継者のいるしっかりした家庭。登記が済むまでは耕作に使っても良いからと言って、土地の一部に対して内金を払っていく。第五段階は、農地だけでなくて建物も売れと言ってくる。多くの農家は三回から四回に分けて売っている(4)」。ここには、約二〇年後に大・中都市で「地上げ屋」たちが示したのに共通する「狙った獲物の弱点」を的確に捉える土地ブローカーの姿がある。現金を積まれ、時には脅され、また時には煽《おだ》てられ、開発予定地の住民は、いつの間にか土地を手放していたのである。土地を売った住民は、売った事実を近所にも隠し、売ったことがわかった場合でも売値をあかすことはなかったという。「契約した者は、京都へ年に三回も四回もバス旅行に連れていってもらう。契約しない者は死んだようなもの」[5]という形で、非売却者への差別も強まっている。土地売却が始まった時点で、開発予定地域内では、早くも、「土地買い」の手口が原因となって、隣人関係に綻びが生じているのである。

開発予定地以外でも、土地ブローカーの土地漁りは見受けられたという。手口は開発予定地の住民に対するものと変わらなかったようである。「開発計画が出る二年前ぐらいから、ボストンバッグに一ぱい金を入れて、五〇〇〇万円までは無利子で貸すからとだましにやってきた。手先は役場の職員で、ブローカーたちを案内して来ていた。金を積まれれば農民もほしくなる。そんな大金は見たことがないから。虫食い的に、手放す農民が出ていった[6]」

開発予定地内の住民の中には、仕事が好調で移住の必要はなかったが強引に土地を離された人びともいた。開発予定地で酪農に従事していて、それがうまくいっていたので続けたかったと述べた元酪農家の訴えである。「酪農は成功していたが、開発の声で、みな、どんどん土地を契約して出ていった。自分は酪農を続けたかったのと、生活の保証がないと思ったので契約は遅くした。契約してからも酪農は続けた。開発予定地内にいることができるギリギリまで酪農に通いました[7]」

最後まで土地を手放さなかった人びともわずかだがいる。「土地買い」人たちの強引な手口からすれば、最後まで土地を手放さなかった人びとが、無傷でいられたとは考えられない。開発以前から酪農に従事していて、現在も長男とともに開発予定地内で酪農を続けている男性は、その間の事情を淡々と話す。「嫌がらせはありました。しかし、売るか売らないかは自分の勝手。金のほしい人はどんどん売った。自分も金には困っていたが、本当に会社が来るのかどうか確かめてからの方が得策と考えた。そしたら会社は来なかった。今は、売らなくて良かったと考えている。今は、もう、嫌がらせはありません。土地を売って出ていった人たちは『おまえには負けたよ。おれたちは騙された』と言っています[8]」

土地を手放さなくて良かった、と言明する住民がいることの意味を、われわれは大事にするべきである。そこに、この巨大開発を問い直す基本的視点が求められるからである。

(3) 生活維持と生活設計上の影響

土地売却が与えた影響に続く石油化学コンビナート建設計画遂行に伴って生じた影響は、生計維持上の問題およびそれに原因して発生する生活設計上の問題である。開発予定地の住民の多くは、開発計画のために農地を中心とする用地を手放すことに当初は消極的であったが、結果としては大部分が手放している。開発予定地の住民たちは、土地を売却し、まとまった金額を入手したことで、移転先に近代的な住居を建てるなど一時的には開発に伴う利益を得たように見えた。しかし、移転先に耕せる農地はなく、収入源といえば、進出してくるはずの工場での雇用をあてにするほかはないのであった。土地を手放すに際して、県などから石油化学コンビナート進出時にはそこで雇用されるとの条件が示されていたからである。「『出稼ぎを解消します。一戸から一人、開発関係の工業に安心して働けます』というのがキャッチフレーズだった[9]」と、開発予定地から新住区に移転した住民は話す。つまり、農地を手放した農業者たちは、農業よりは仕事が楽だと説明された工場労働者になることを交換条件に農地を売却しているのである。しかし、広大な農地を買収した石油化学コンビナート建設予定地への進出企業は、実際には皆無に近かった。代わりに、工場労働者として安定した収入を得るはずだった開発予定地区から農地と切り離された移住者たちは、工場が進出してこないことによって、移転後に計画していた生活設計が大きく崩れたのである。

石油化学コンビナート用地用に農地を売却した住民は、石油化学コンビナートが予定どおりに建設されなかったために、開発以前にも増して、出稼ぎに行く必要に迫られることになる。開発以前は、農作業に不適切な冬季に季節労働者として出稼ぎに行っていたものが、移転以後は、農作業による収入の道は絶たれ、地元で工場労働者として働くはずだった就業の道も閉ざされて、一年を通して出稼ぎに行く、より苛酷な事態になったのである。しかも、かつては一家の生計支持者である男性一人が出稼ぎに行っていたものが、今度は夫婦揃って出稼ぎに行く例まで出ており、新住区は、一時期、幼児と老齢者の姿ばかりが目立つ地域になっていた。開発地域で半農半漁の生活をしていて新住区に移転してきた老齢の男性が、出稼ぎ者が多いために活気を欠いてしまった地区の状態について次のように述べている。「一番の問題は働く場所が来なくて働く土地も失ったこと。働ける人は遠くへ働きに行ってしまい、若い人が出て行ってしまったので寂しくなった(10)」

このように、石油化学コンビナート建設計画は、その推進と挫折の双方の事態によって開発予定地から移転した住民に、まず、経済的および生活設計上の著しい悪影響を及ぼし、ついで、かつては存在していた共同体の構成員間の確固とした結びつきを弱体化させる事態を招いたのである。

（4） 人間関係上の影響

つぎに、人間関係に生じた影響について取りあげる。原因はさまざまであるが、この巨大開発計画によって六ヶ所村内には、大別して三つのレベルでの人間関係上の悪化や破綻の問題が生じている。それは、一つには、夫婦関係や親子関係など家族内での人間関係への悪影響であり、開発に伴って家族解体が促進される問題として現れた。二つには、開発に賛成か反対かによって集落や村が二分され、激しく対立したことに伴う近隣集団および村全体に及ぶような人間関係の悪化の問題である。三つには、村内の学校教師も開発への賛否をめぐる激烈な対立の渦に巻き込まれ、子どもたちにとっては家庭環境や近隣環境の悪化に、教育環境の悪化までも加わった事態であったことの問題点である。

家族関係への影響

人間関係上の影響の第一レベルとしての家族解体の問題は、開発予定地から新住区に移転した人々の間において、とくに顕著である。そこには、前節で、経済的、生活設計上の影響として述べた、新住区に移転したあとに通年の出稼ぎ者が増加した事態が関連している。「昔は男たちが出稼ぎにいっても、女たちは家に残って畑に出たりして留守を守っていたんですな。ところがいまは、男たちの出稼ぎの期間は長くなってしまって、女も八戸までもはたらきに出たりしてます。この新住区の家はみかけは立派でも、生活保護をもらっているうちもあるし、家を手放して出ていったひともあるんです」（鎌田 一九九一、一二六頁)。これは、石油化学コンビナート建設計画が明らかになった時に真先に反対を表明したその当時の村長、寺下力三郎氏が、ルポルタージュ作家・鎌田慧氏のインタビューに応じたときに、最も気になる点として述べたものである。

夫の不在の期間が長くなり、するべき仕事も家事以外にはなくなった主婦、家族と長期間離れて大都会で暮らす夫――こうした関係自体が事実上の夫婦関係の解体を示すものである。そうした家族解体は、寺下元村長が嘆くように、家を手放し村を出ていく人をも作りだしている。平和で静かな自足した生活をしていた農村社会の人間関係が、巨大開発計画が進行し都市的生活様式に遭遇したことで、まず、家族関係から崩壊を始めたのである。

夫婦関係の解体以外にも、それまで質素に暮らしてきた人びとが一時的に大金を入手し、しかも働く場が用意されないでいる不安定さが、村内の人びとの意識や生活態度に大なり小なり影響を与えている。たとえば、土地を手放す人が増えた一九七三年末ごろから、六ヶ所村内に車が急増しているが、これは、まぎれもなく、開発の影響である。「昭和四七年ごろはあまり車はなかった。四八年末ごろ六ヶ所村にすごく車が増えた。一日に一〇台は売れた。一晩に一軒で二台買っていった家もあった」(11)。都会で、車は家ほどに維持費がかかるといわれているのとは状況が違うにしても、車は、六ヶ所村においても決して安価ではないが、それが、文字通り〈飛ぶように売れた〉のは「開発の結果」(12)だった。これらの車の主な用途は余暇用であった。高価なインテリアを備えた構えの大きな家屋が新住区に続々と建ち並び、子どもたちが一万円札を持ち歩いているのを頻繁に目撃されるなど、一時的に多額の現金の所有者になったことに伴った、開発地域の人びとの生活様式や生活態度が変化した例は少なからず見かけられている。開発地域から移転した人びとの家族関係は、開発以前の、家族員がそれぞれに助け合い寄り添って生きていた状態から、開発に伴う土地売却を媒介にして、家族間の精神的つながりよりも、物質的なものによるつながりへと変容する傾向を一時期、示したのである。

近隣関係および六ヶ所村村内の人間関係への影響

しかも、この事態に、開発計画に対して賛成する側と反対する側が村内で激しく対立する事態が重なったことが、人びとの精神世界の不安定さをさらに進めることになる。第一章で詳述していることだが、石油化学コンビナート建設計画としてのむつ小川原開発計画は、当初、六ヶ所村村長寺下力三郎氏が計画を受け入れられないと表明したことをきっかけとして、寺下村長とともに開発反対を主張する村民と、国および県の開発意向を受けて開発賛成を主張する村民との間で、村長選挙でのかけひきを含むさまざまな対立を六ヶ所村村内に引き起こすこととなった。

「寺下村長が『開発反対』の笛を吹いたにせよ、農民の土地は着実に買収されていた」（鎌田 一九九一、二五三頁）と鎌田慧氏が書いているように、開発を進めようとする側は、寺下村長の開発反対声明にひるむことなく、開発予定用地の買収という既成事実を積み上げ、開発に同意あるいは賛成する村民を増やしていったのである。その過程では、村議会や婦人会、漁協、農協、酪農組合、教員組織、政党など村内の主要な組織がことごとくこの対立に巻き込まれ、それぞれの組織が開発に賛成する集団と反対する集団で二分され、六ヶ所村への石油化学コンビナート建設賛否の態度いかんが、村内の人間関係を決めていくような事態にまで発展していった。

この間に、主として開発推進をめざす側によってではあったが、さまざまな術策が弄され、出所不明の多額の金が動いている。対立者を誹謗し中傷する言動も繰り返され、そのことによって、さらに、両者の対立が激化する不幸な事態が続いたのである。近隣社会における大人たちの人間関係の荒廃は子どもたちにも影響し、小・中学校の教師たちは、みずからも開発への態度決定を生徒たちから迫られながら、全国的な傾向でもあった「荒れる学校」での生徒対応に追われている。

六ヶ所村随一の豊かな漁港を抱える泊地区も、開発予定地からは離れているが、漁業権に絡んで多額の補償金が支払われたことから、上記したような人間関係の荒廃する事態と無縁ではあり得なかった。開発に反対する女性たちの運動のリーダー格だったある漁業婦人は次のように嘆息気味に反省している。

反対なら反対なりに、賛成なら賛成なりにどんどん話をする人や地元の指導者を送りこみ、皆で話し合いをすれば良かったと思う。そうすれば、こんな骨肉相食むような状態にはならなかっただろうに。その場が一つもなかった。(13)

この女性は、開発なるものへの地域社会全体の姿勢に対して根源的とも言える発言もしている。

工場や会社に勤めて、スカートをはいて、ネクタイを締めて、海や畑に行かなくてもよい生活が幸福な生活と皆が言うが、押し寄せてきた文化生活とは、一体何だっただろう？　電化製品を全部揃えて珍しいものを並べて優越感に浸るのが文化生活か。この六ヶ所村は山の幸、海の幸に恵まれた美しい所。何物にも代えがたい。八戸の工場の密集を見ると、開発して豊かになるよりもこのままでよい。道路や高校は、開発と引き換えに作るものではない(14)。

短い言葉の中に、都市的生活様式を取り入れることや耐久消費財を備えることを文化的であると錯覚する傾向への警告、ふるさと六ヶ所村の真の豊かさへの評価が込められている。さらに、行政が、本来であれば住民の生活環境や文化的生活を保証する最低レベルの義務として実行すべき高校の設置や道路の整備を開発推進の取引条件としていることへの痛烈な批判も含まれている。

この女性が嘆息し、また、鋭く指摘しているように、国と県の意思に従い村民の反対を押し切って巨大工業地帯の建設を実行しようとしたことによって、六ヶ所村という地域社会は、豊かな自然資源を失っただけでなく、地域形成に欠くことのできない人間関係という貴重な社会的資源にまで損傷を受けたのである。

(5) 伝統と文化、ふるさとの喪失

故郷の土地を売却して移転した人びとにとって、かつて馴染んでいた季節ごとの祭事をはじめとするさまざまな行事から切り離され、また、時期や移転先がマチマチであったり、移転後に都市的生活様式をとり入れたことで、たとえ対立した場合でなくとも、かつての人間関係が戻らないことが大きな負担として受け止められている。

「変わったのは自分ではない。移転してきて都会と同じ状態になりつつあるからだ。移転する前は隣近所ワイワイしていたのに、移転してからは、姿はたまに見かけるが、なかなか遊びに来ない。玄関が二重三重になっていてよその家にはいりにくくなった」[15]。その原因は、「隣と隣のコミュニケーションがなくなったのが一番大きい。以前は田んぼで同じところで働くから行き帰りも一緒で十分に話ができた。今は一人一人仕事が違う。朝の時間も七時の人、七時半の人、マチマチ」[16]。子どもや若い人には歓迎される都市的生活様式や給与生活も高齢者にとっては受け入れがたい変化なのである。

また、開発以前に集落ごとに実施されていた祭事が移転によって長い間中断されたことを嘆く声も少なくない。開発をめぐる人間関係の対立が移転先にまで尾を引いて持ちこまれていることと、移転に際して複数の集落から、時期も移転場所も不統一に移住したことで、従来の近隣関係が寸断されてしまった事態とがあいまって、つい最近まで、移転先では地区全体の行事はほとんど開催されていなかったのである。

開発予定地で生活していた人びとが、工場用地としてふるさとの地を売却したこととの関連で生じるふるさと喪失も看過できない問題である。日本の地域開発は、たとえばダム建設などで知られているように、多くの「湖底の村」などの廃村を作り出してきたが、六ヶ所村で工場用地と化した地域は、〈湖底〉ならぬ〈開発用地底〉に沈められたのである。その地は、さらに、何世代にもわたる放射能汚染が懸念される〈放射性廃棄物の捨て場〉と化しつつある。売却するにあたって、農地が変わり果てた姿になることはわかっていたとしても、石油化学コンビナート建設に参入する企業が皆無であって、用地買収が終わってから一〇年近くもの間、荒廃にまかせて放置され、その後、核燃施設を集中的に引き受ける地域に転用されたことは、土地を強引に手放させられた人びととの間に「失ったふるさとへの思慕」を強め、とくに年配の人びとに心の痛みを生じさせる結果となっている。

(6) 被害修復への村民の自主的努力

このように、一九七〇年代に始まった六ヶ所村の工業開発は、開発予定地の住民に最も深刻な影響を与え、結果としては六ヶ所村全域に影響を及ぼすような人間関係の変質、破壊の事態をもたらした。この事態は、当事者にとっては被害であり損失であり、その大きさは、計り知れないものがあるといえよう。しかし、一九九〇年代に入ったころから、ようやく開発地域から新たに移転してくる人もいなくなり、開発予定地から移転した人びとの新住区は集落としてのまとまりの形成への努力を開始した。運動会をはじめて実施したり、祭りを復活するなど、新たに伝統をつちかうことにより地域社会を結束させようとの動きが現れたのである。

六ヶ所村では、石油化学コンビナート建設計画の挫折ののち、一九八〇年代後半以降は、さらに危険な施設である核燃料サイクル諸施設の建設が進行しつつあり、六ヶ所村住民は心配の火種と向き合って生活することを強いられている。核燃料施設に事故が生じるならば、その影響の大きさは、石油化学コンビナート建設計画の場合をはるかに超えるものであるだろう。しかし、住民たちは、長い間の人間関係の悪化や地域社会の変質によって疲れはて、核燃料施設の危険については関心を持つまいとする傾向にある。何人もの六ヶ所村の住民から、会社がちゃんと管理してくれているから危険はないと思う、という発言を聞いている。そう思わなければ住み続けられるものではないということもあるだろう。

住民たちの、地域に設置された危険施設への態度は、しかし、六ヶ所村に特有のものではないようだ。六ヶ所村から九三〇〇キロメートル離れたフランスのコタンタン半島の先端にあるラ・アーグ核燃料再処理工場の周辺でも、住民の間に共通した態度の見られることが、フランスの研究者の調査によってわかっている。「危険度の高い企業で働く人びと、あるいはその周辺で生活する人びとの日常生活」というテーマでラ・アーグの社会調査を実施した女性社会人類学者F・ゾナバン氏は、次のように述べている。

（ラ・アーグ核燃料再処理工場周辺の）人びとは、核については話したがりません。もともと核燃料施設の周辺に住んでいた人びとを対象とした世論調査でも、「原発の近くにすんでいる人ほど原発が信頼しうるものだと断言する。厳重な監視態勢や予防措置がされているからというのが、大きな理由」との調査結果を発表しています（Zonabend 1992 pp. 12-13）。

ゾナバン氏は、核燃料施設で働く人びとの聞き取り結果から、こうした「信頼」が本音ではないことを探り当てる。

核燃料施設で働く人びとには、自分の仕事の日常的な現実について、自分の言葉で語ろうとしない傾向があります。毎日のように小さな事故は起きているのに、「そのようなことが起きるのはつねに他の人のところ」なのです。ところが、対話を終えテープレコーダーを止めて帰ろうとする間際に、不安と抑圧された精神や苦しみの影を示すつぶやきが聞かれます。たとえばガンの心配。本当のことを知らされていないのではないかという心配。何も知りたくないという思いと、その背後の不安です（Zonabend 1992 pp. 18–19）。

国は違っても、核燃料施設の近くに住まなければならない人びとが受けている被害は、基本的なところで共通しているのである。六ヶ所村村民は、崩壊寸前にまで至った村民間の人間関係を修復するために、さしあたり、運動会や祭事の開始や復活に力を入れている。無残なまでに破壊された村の人間関係を、何とかして修復しようとする、その努力が実るように祈りたい。

【注】

（1）六ヶ所村の農業者（男性、七〇歳代）の聞き取りから。一九九〇年一二月一五日。
（2）青森市内のタクシー運転手の談。一九九〇年八月二八日。
（3）六ヶ所村の住民（男性、六〇歳代、無職）の聞き取りから。一九九二年九月一〇日。
（4）（5）六ヶ所村の開発地区内農業者（男性、七〇歳代）の聞き取りから。一九九〇年一二月一五日。
（6）（1）に同じ。
（7）六ヶ所村の住民（男性、六〇歳代、無職）の聞き取りから。一九九二年九月一四日。
（8）六ヶ所村開発地区内酪農家（男性、七〇歳代）の聞き取りから。一九九一年一一月六日。
（9）（10）（3）に同じ。
（11）（12）六ヶ所村の事業家（男性、五〇歳代）の聞き取りから。一九九二年九月一〇日。

（13）（14）　六ヶ所村漁業者（女性）の発言。法政大学社会学部金山ゼミ地域開発サブゼミ（一九七五）からの引用。
〔補注。飯島論文のこの引用においては、一九九八年の初出時より、原資料の文言から多少変更されているが、本書においては初出時の引用をそのまま再掲する（船橋記）〕

（15）（16）（3）に同じ。

【文献】

鎌田慧　一九九一『六ヶ所村の記録（上）』岩波書店。
法政大学社会学部金山ゼミ地域開発サブゼミ　一九七五『むつ小川原開発調査報告書』法政大学社会学部金山ゼミナール。
Zonabend, Françoise, 1992 *La Presqu'île au Nucléaire*, Éditions Odile Jacob.

〔付記〕本書に収録した飯島の第三・七・八章は、一九九八年に上梓した『巨大地域開発の構想と帰結――むつ小川原開発と核燃料サイクル施設』（船橋晴俊・長谷川公一・飯島伸子編、東京大学出版会）より再録した。

高レベル放射性廃棄物貯蔵施設（2002 年 8 月，舩橋撮影）

海外（英仏）で再処理された後に返還された高レベル放射性廃棄物（ガラス固化体）が，1995 年 4 月以降，貯蔵されている。期間は 50 年間という約束だが，その後，どうするのかは決まっていない。

第四章

開発による人口・経済・財政への影響と六ヶ所村民の意識

舩橋　晴俊

本章では、これまでの巨大開発が地域社会にどのような影響を与え、どのような変容をもたらしたのかを、次のような論点に即して検討する。まず、むつ小川原開発から核燃施設の建設に至る時代において、青森県の財政、人口、経済活動が巨視的にはどのように変化したのかを見てみよう（第一節）。また、六ヶ所村にとって、巨大開発は人口、地域経済、財政にどのような変化をもたらしたのか（第二節）。それをふまえて、六ヶ所村民が、開発と核燃料サイクル施設について、どのような意識を持っているかを、検討してみよう（第三節）。

（1）青森県にとっての巨大開発の効果

青森県の投入予算

むつ小川原開発のためには、国家財政および青森県財政から巨額の予算が投入されてきた。青森県資料によると、一九七〇年度から二〇〇六年度までの三七年間の、むつ小川原開発予算額の累計は、三一四八億円に達する。その内訳は、商工労働部所管分一五八六億円、港湾や道路のための基盤投資額一五六二億円である。さらに、原子力環境対策費として、一七四億円が投じられているので、これらの合計は三三二二億円に達する（表4-1参照）。

一九七二年当時の事業費見込み総額では、工業関連基盤整備四四六八億円のうち、国費が五一・四％、県費が四〇・三％、市町村費が〇・五％、受益者負担などが七・八％とされていた[(1)]。ここからは、この開発事業のための財政支出が、①きわめて巨額であること、②政府への依存度が大きいこと、③青森県の負担

表4-1　むつ小川原開発に要した経費

a 商工労働部所管分（1970 ～ 2006 年度の累計）

	合計額（億円）	うち国庫負担分（％）
むつ小川原総務費	97.2	0
むつ小川原開発推進費	989.2	88.9
開発調査計画費	210.4	94.2
工業用水道事業費	21.3	5.3
調査事務所費	1.6	0
資源エネルギー課分	245.9	98.2
商工政策課分	0.3	0
工業振興課分	11.6	0
新産業創造課分	8.8	78.8
合計	1586.2	83.6

b 基盤投資実績額（1976 ～ 2006 年度の累計）

	（億円）
漁業補償及び漁業対策費	171.6
港湾公共事業費及び港湾附帯事業費	1154.4
道路事業費	228.0
工業用水道整備費	8.0
合計	1562.1

c 原子力環境対策費（1990 ～ 2006 年度の累計）

	（億円）
原子力環境対策費	174.4

（出所）　青森県議会議事録（2006 年 2 月），青森県資料。
（注）　合計の不一致は丸め誤差による。

も大きいこと、という特色を有することがわかる。

組織的には、当初より、むつ小川原開発室を設置し多大の人員を投入してきたが、その人数は、一九七〇年度から二〇〇五年度までで、のべ二四三〇名（一年平均では、六七・五名）にのぼる。(2) また、原子力施設にかかわる安全対策のために、一九九〇年度から二〇〇五年度までに、のべ四二一人（一年平均では、二六・三名）が従事してきた。(3)

長期にわたって県行政の有する多大な財政的・人的資源を投入してきたのは、工業開発による青森県全体の経済的浮揚と財政的強化をめざしてのことであった。では、経済活動、財政基盤という面で見たときに、開発開始以来の四〇年の間に、どのような変化が、青森県に生じているであろうか。そこから、むつ小川原開発の効果をどのように読みとることができるであろうか。

青森県の人口動態

まず青森県における、高度経済成長の開始期以後の人口動態を巨視的に把握してみよう。**表4-2**に示されるように、日本全体の人口が、一九五五年の九〇〇八万人から、二〇〇五年には、一

表 4-2　青森県内の人口変化

(年)	全国 (万人)	青森県 (万人)	青森県市部 (万人)	(%)	青森県郡部 (万人)	(%)	上北郡 (人)	(%)	六ヶ所村 (人)	(%)
1955	9,008	138.3	58.4[1]		79.8		157,912		12,085	
1960	9,430	142.7	73.8[2]	100	68.9	100	132,394	100	13,523	100
1965	9,921	141.7	77.3	104.7	64.3	93.3	125,926	95.1	12,890	95.3
1970	10,467	142.8	81.9	111.0	60.9	88.3	120,346	90.9	11,749	86.9
1975	11,194	146.9	87.8	119.0	59.1	85.8	117,913	89.1	11,321	83.7
1980	11,706	152.4	93.9	127.2	58.5	84.9	117,740	88.9	11,104	82.1
1985	12,105	152.4	95.4	129.3	57.1	82.9	118,029	89.1	11,003	81.4
1990	12,361	148.3	94.1	127.5	54.1	78.5	112,658	85.1	10,071	74.5
1992	12,348	147.1	94.0	127.4	53.1	77.1	110,865	83.7	9,774	72.3
1993	12,379	146.9	94.2	127.6	52.7	76.5	110,618	83.6	9,843	72.8
1995	12,557	148.2	95.5	129.4	52.6	76.3	112,599	85.0	11,063	81.8
2000	12,693	147.6	96.0	130.1	51.5	64.7	113,285	85.6	11,849	87.5
2005	12,776	143.7	100.5[3]	136.2	43.2[4]	62.7	104,805	79.2	11,401	84.3

(出所)　総務庁『国勢調査報告』各年度版；青森県企画部編（各年）；六ヶ所村『六ヶ所村統計書』平成 4, 10, 18 年版。

(注)　(1) 1955 年の市の数は 6。
(2) 1960 年から 2005 年までの市の数は 8。
(3) (4) つがる市の人口は，データの継続性確保のため郡部に含めた。

億二七七六万人へと四一・八%増加していることと対比すると、青森県人口は同時期に、七・一%の増加にとどまり、全体として停滞した状態にある。日本全体としては、約三八〇〇万人の自然増があったのに対し、青森県の人口が停滞している理由は、社会的人口移動にある。一九五五〜二〇〇五年にかけて、五年ごとの期間でみると、いずれの時期にも社会減が続いており、一九五五〜二〇〇五年にかけての社会減の累計は、四〇・八万人にも達する。[4]

経済成長に伴い、地方の県から、大都市圏へと大量の人口が移動したことが、青森県において典型的な形で示されている。では、青森県内部の人口移動はどのようであろうか。市部（八市）と郡部の人口比は、一九六〇年以降、一貫して、市部の比重が大幅に高まり、郡部から市部への人口移動が続いてきたことがわかる。

青森県の経済活動の水準と産業構造

次に、青森県の経済活動水準の変化を検討してみよ

表 4-3　青森県の産業構造の変化

年度	総生産（億円）	対全国比率（%）	青森県産業別構成比（%） 1次	2次	3次	全国平均産業別構成比（%） 1次	2次	3次
1970	5,206	1.012	21.8	22.3	55.2	6.2	42.3	55.2
1975	14,560	0.952	20.1	23.7	60.5	5.3	38.6	60.0
1980	21,705	0.876	10.1	22.9	70.2	3.5	37.8	62.6
1985	28,537	0.889	10.6	20.8	72.0	2.9	37.1	63.7
1990	38,228	0.840	7.7	22.2	72.0	2.1	35.5	65.5
1991	39,941	0.835	6.8	22.0	73.0	1.9	34.9	66.4
1992	41,521	0.859	7.2	22.5	72.5	1.8	33.9	67.7
1993	41,736	0.859	5.0	23.8	73.5	1.7	32.6	69.2
1994	43,699	0.889	7.0	23.1	72.6	1.8	31.7	70.4
1995	44,763	0.898	5.8	24.4	73.1	1.6	31.8	70.9
1996	45,704	0.892	5.7	23.8	74.1	1.6	31.8	71.0
1997	44,968	0.878	5.2	22.0	76.5	1.5	30.7	72.4
1998	45,187	0.883	5.0	22.3	76.3	1.4	29.6	73.4
1999	45,183	0.890	5.0	22.8	75.8	1.4	29.1	74.0
2000	45,667	0.895	4.7	22.1	77.0	1.3	28.9	74.3
2001	44,203	0.888	4.7	20.1	79.7	1.3	27.3	76.5
2002	42,870	0.868	4.7	19.4	80.8	1.3	27.0	77.0
2003	42,480	0.857	4.1	19.9	80.6	1.2	26.9	76.9
2004	43,523	0.857	4.9	18.8	80.5	1.2	26.6	76.2
2005	43,115	0.840	4.7	17.7	82.1	1.2	26.5	76.4
2006	46,660	0.900	4.4	24.1	75.5	1.1	26.6	76.1
2007	45,702	0.878	4.4	23.5	76.2	1.1	26.3	76.4

（出所）　経済企画庁（または内閣府経済社会総合研究所）編，各年『県民経済計算年報』（1985年以前は『県民所得統計年報』）。

（注）　1970 年度は，県内純生産，1975 年度以降は，県内総生産。1975 年度以降は，県内総生産＝100% とした場合の構成比であり，「輸入税─その他─帰属利子」分が未掲載のため，1・2・3 次産業の合計は 100% にならない。

う（表4-3参照）。青森県の県内純生産は、一九七〇年度に五二〇六億円であったが、一九八五年度には県内総生産が二兆八五三七億円に達し、一九九六年度にはそれまでの最高の四兆五七〇四億円に達し、二〇〇七年度もほぼ同水準である。この間、県内総生産の対全国比率は、人口のウェイト減少に対応する形で、微減の傾向にある。

　青森県および全国の産業構成比の変化は、表4-3に示したとおりである。産業別構成比を四七都道府県間で比較してみると、青森県の産業構造は、第一次産業のウェイトが他県に比して大きく、第二次産業が低いという特色が顕著である。第一次産業の構成比は、一九六〇年度において四七県の中で第一位（三六・八％）であり、この傾向は一貫して続き、一九九〇年度には第四位（八・〇％）、一九九九年度で第二位（五・〇％）、二〇〇七年度で第一位（五・六％）である。(5) これに対して、第二次産業のウェイトは、一九六〇年度で四七県中四五位（一五・四％）であり、以後、この傾向は一貫して続き、一九九〇年度では、四六位（二三・二％）、一九九九年度では四三位（二三・七％）、二〇〇七年度でも四三位（一八・八％）となっている。

さらに、第二次産業の中でも製造業のウェイトは全県中でももっとも低いグループに属しており、製造業のウェイトは、一九七〇年度（一一・三％）には、データのある三九県中最低の比率であり、一九八五年度（九・九％）と一九九〇年度（一一・八％）と一九九九年度（一〇・五％）において、ともに四七県中四六位である。

一九六九年以後のむつ小川原開発の推進の背景には、このような産業構造上の特色が存在し、それを変革するために、第二次産業とりわけ製造業を拡大しようという動機が働いていた。しかし、石油備蓄基地が完成し、核燃料サイクル施設が着工した一九九〇年になっても、一九七〇年と比べて、第二次産業のウェイトは、〇・九ポイント、製造業のウェイトは、〇・五ポイント上昇しただけである。その後、第二次産業のウェイトは、一九九五年度の二四・四％をピークとして漸減し、二〇〇四年度には一八・八％へと低下した。

核燃料サイクル施設建設にかかわる投資が巨額にのぼるにもかかわらず、このように製造業比率がほとんど停滞しているのは、なぜなのだろうか。

その第一の理由は、県内発注比率の低さである。核燃諸施設建設の過程では、一九八五年度から二〇〇一年度にかけて、日本原燃は、二兆七三三三億円にのぼる巨額な工事を発注したが、下請けを含め青森県内企業への発注は約一六%にとどまっている（朝日新聞青森総局 二〇〇五、三三頁）。開発工事自体は一過的であり、しかもその大部分が県外へ発注されてきたので、青森県内に恒常的に生産する製造業を育てる効果は少なかった。

第二に、工業基地として見た場合、核燃料サイクル施設において工場として操業に至ったのは、ウラン濃縮工場のみであったが、その七本の生産ラインも、二〇一〇年一二月には、すべてが停止するに至った。再処理工場は、二〇〇六年三月のアクティブ試験開始時には、二〇〇七年五月の操業開始をめざしていたが、試験開始後トラブルが続発し延期を繰り返した。二〇一一年七月時点では、二〇一二年秋に本格操業を予定しているが、予定どおりに進展するかは不確実である。核燃施設以外のいくつかの工場立地は実現したものの、総体としては、その規模は大きくない。冒頭に述べたように、三三二二億円の財政資金を投下してきた工業基地としては、貧弱な成果といわざるをえない。

青森県の財政

では、青森県の財政にはどのような変化があったであろうか。二〇〇四〜〇六年度にかけて地方財政の制度構造を変革した「三位一体改革」がなされたことから、それ以前の動向とそれ以後の変化を分けて見る必要がある。

表4-4に見るように、歳入全体の動向を見ると、一九七〇年代から一九九〇年代にかけて、全体として歳入は増大を続け、二〇〇〇年度には、ピークの九六六六億円に達している。その後、小泉政権下の三

表 4-4　青森県の財政収入

年度	財政力指数	同順位	一般会計歳入総額（億円）	歳入内訳（%） 県税	地方交付税	国庫支出金	県債
1965	0.249	37	411	12.2	33.8	38.0	3.7
1970	0.280	37	874	15.1	35.0	35.3	3.6
1975	0.258	43	2,443	11.6	31.4	39.0	7.7
1980	0.277	43	4,253	13.6	29.5	35.4	11.3
1985	0.274	43	5,010	14.1	34.4	31.2	7.9
1990	0.238	45	6,502	14.7	39.9	24.1	9.0
1995	0.278	40	8,007	14.3	29.1	26.4	16.1
1996	0.288	40	8,204	14.7	29.3	24.5	16.3
1997	0.294	41	8,485	13.9	28.9	22.9	15.7
1998	0.298	41	9,162	13.4	27.7	21.9	16.2
1999	0.284	40	9,483	12.8	29.1	21.7	14.9
2000	0.265	38	9,666	13.3	29.7	22.3	14.3
2001	0.253	38	9,397	13.9	29.0	21.4	14.2
2002	0.257	39	9,037	12.8	29.1	18.9	16.8
2003	0.263	38	8,167	14.3	29.6	19.2	15.7
2004	0.265	38	7,863	14.9	29.6	18.4	14.1
2005	0.274	38	7,511	16.2	31.4	17.4	13.3
2006	0.293	38	7,336	18.5	31.5	14.8	13.2

（出所）　青森県企画部（各年）『青森県統計年鑑』，日本政策投資銀行ウェブサイト（http://www.dbj.go.jp〔2007 年 3 月 4 日閲覧〕），総務省ウェブサイト（http://www.soumu.go.jp〔2008 年 8 月 17 日閲覧〕）。
（注）　歳入総額は，「歳入決算額」による。

位一体改革の影響もあって、急激な減少を見ており、二〇〇三年度には八一六七億円、二〇〇五年度には七五一一億円（以上、歳入決算額）となり、二〇〇六年度には七三三六億円（当初予算）にまで、減少している。

この過程を収入構造という点でみれば、青森県の財政構造は、むつ小川原開発以前の一九六五年以来、二〇〇三年度に至る約四〇年間において、自主財源が少ないという意味では、基本的に変わっていない。青森県の歳入総額に占める県税の比率は、一一～一五％程度にとどまる。県財政の財政力指数は、一九六五年以後の四〇年ほどのあいだ、ほぼ一定して、〇・二三～〇・二九の間にあり、この期間の全国平均が、ほぼ〇・四五～〇・五三であることと対比すると、[6] 青森県は構造的に財政基盤がもっとも脆弱なグループ（総務省の分類によれば、財政力指数〇・三〇〇未満のⅣグループ）に所属してきた。自主財源の少なさを補うために、地方交付税と国庫支出金に大幅に依存することが必要であり続けた。

二〇〇四〜〇六年度にわたって行われた税財政の「三位一体改革」においては、総体として、国庫補助負担金が約四・七兆円の削減、地方交付税の約五・一兆円の歳出抑制、所得税から個人住民税への税源移譲が約三兆円となっている（朝日新聞二〇〇五年一二月三〇日付）。このことは、全国的に各県の財政収入における地方税の比率を高めることに寄与し、青森県でも二〇〇六年度は一八・五%に高まっている。

だが、国庫補助金の減少額を税源移譲で、どの程度埋め合わせることができるかについては、地域差が大きい。各県ごとの増減を見れば、青森県の場合、国庫補助金の減少額四二二億円と税源移譲二六〇億円の差額より、一六二億円の減額になっており、全国四七都道府県の中でも、その大きさは八番目にあたる。これに対して、もっとも有利になった神奈川県は八七一億円の増額、二番目に有利な東京は八二八億円の増額になっている。[7] 言い換えると、三位一体改革以後、周辺部的な地域の地方財政の窮乏化が顕著であるが、青森県は、もっとも打撃が大きいグループに属している。

このような財政上の特色は、一般的に県の行財政全体の基本性格を規定するとともに、特殊にはむつ小川原開発のこれまでの展開を、いくつかの点で大きく規定している。

第一に、財政力の弱さと第二次産業のウェイトの低さを工業化によって改善しようという動機が、青森県政において、優先度の高い目標とみなされてきたことである。このことは、むつ小川原開発の初発の動機となっていた。一九七九年から四期一六年間にわたって知事の座にあった北村元知事の「産業構造高度化論」は、その直接的な表現である。[8]

第二に、県の財政力の自立性が低いことから、県財政は、政府からの補助金や交付税に依存する程度が大きい。このような財政構造は、県庁組織にとって、行財政運営の「構造化された場」を定義している。

毎年の青森県の予算編成にあたっては、政府各省庁が補助金付きで打ち出すさまざまなプロジェクトのどれに名乗りをあげ、どれだけ補助金を獲得できるかが、決定的な重要性を持つ。補助金の獲得のためには、常日頃からの政府省庁との緊密な連絡・協力が不可欠である。知事や国会議員らの県政首脳部の手腕も政府からの予算の獲得という文脈で、まず問われる。青森県は地理的には、東京より遠いにもかかわらず、県行政担当者の心理としては、神奈川県や千葉県の職員以上に、東京での政府の動向に敏感であるように見える。

第三に、このような行財政のあり方は、政策選択において、いかにして政府の力を利用するかという姿勢を絶えず強化するように作用し、陳情型の政治を再生産し、政府と距離をとった独自の政策を展開することを困難にしている。むつ小川原開発の初期において、県首脳部が経済企画庁（当時）と一体化して、大胆な開発に乗り出したことや、一九八五年における核燃料サイクル施設の立地受け入れと、二〇〇〇年代に入ってからの再処理工場の操業推進の背景には、このような要因が作用している。

青森県の増収努力

三位一体改革以後、地方財政の基盤強化に、広範な自治体が懸命の努力を続けているが、青森県の顕著な特色は、原子力関係施設の立地を前提にして、それを財源獲得の手段にしようとしていることである。核燃料税の創設、ならびに、核燃料サイクル交付金の分配問題にその顕著な表れをみることができる。

核燃料サイクル施設の立地に伴い、青森県は一九九一年に、核燃料物質等取扱税（核燃料税）を法定外普通税として創設した。法定外税は、その収入額が地方交付税の基準財政収入額に算定されることがないから、それによる増収により普通交付税が減少しないという特徴があり、それゆえ自治体の増収策としては効果的である。

青森県では、核燃料税の創設後、課税対象や納税義務者や課税標準を変更する形で、一九九四、一九九六、一九九八、二〇〇一、二〇〇四、二〇〇六の各年に改正や更新がなされてきた。その結果、二〇〇八年以降の課税対象は、①製品ウラン一キログラムにつき一万六五〇〇円、②原子炉に挿入される核燃料の価額の一二％、③使用済み核燃料の受け入れに対し、核分裂前のウラン一キログラムにつき一万九四〇〇円、④使用済み核燃料の貯蔵に対し、核分裂前のウラン一キログラムにつき一三〇〇円(9)、⑤低レベル放射性廃棄物埋設に対し、容量一立方メートルにつき、二万三七〇〇円、⑥ガラス固化体の容器一本につき七二万八七〇〇円となっている。このうち、②は東通原発に該当し、納税義務者は東北電力であるが、他の①③④⑤⑥は核燃料サイクル施設に関係するものであり、納税義務者は、日本原燃である。創設時から二〇〇八年度に至る税収実績は、表4-5のようになっている。二〇〇八年度までの累積では、一〇九八億円が想定されている。二〇〇四〜〇六年度にかけては、県税の一〇%をこえる重みを持つに至っている。ただし、二〇〇二年度や二〇〇七年度にみるように、核燃施設にトラブルが生じ、各種核物質の搬入が停止される期間が長いと、税

表 4-5　核燃料物質等取扱税の税収実績

年度	税収実績（千円）	県税に占める割合（%）
1993	173,603	0.18
1994	692,633	0.61
1995	770,937	0.67
1996	1,905,817	1.58
1997	1,375,637	1.16
1998	3,255,678	2.64
1999	4,349,681	3.58
2000	5,166,430	4.02
2001	12,392,012	9.49
2002	5,947,141	5.15
2003	11,223,182	9.61
2004	13,130,975	11.20
2005	14,495,805	10.57
2006	14,858,865	10.94
2007	9,022,293	6.24
2008	11,101,006	7.70
計	109,861,695	

（出所）　青森県資料。
（注）　税収は，2007 年度は最終予算額，2008 年度は当初予算額。

収は大幅に減少する。

また、二〇〇七年度から〇八年度にかけては、あらたに、核燃料サイクル交付金の導入とその分配が県と市町村間の争点として問題になった。

核燃料サイクル交付金の対象となるのは、大間原発（大間町）、使用済み核燃料中間貯蔵施設（むつ市）、MOX（プルトニウム・ウラン混合酸化物）燃料工場（六ヶ所村）の三施設である。一施設あたり、数年間で総額六〇億円が交付される（東奥日報二〇〇八年三月三日付）。この交付金の配分をめぐっては、県が三分の二、地元市町村が三分の一という県の配分案と、県と地元市町村が折半するべきだとする施設立地点となっている市町村側との対立が生じた。県と市町村側の交渉が、二〇〇七〜〇八年にかけて行われたが、最終的には、二〇〇八年六月に、地元の提案する事業を県が県事業として進めるという条件とセットにすることによって、県の配分案を市町村側も受け入れることで決着した。

（2）六ヶ所村にとっての巨大開発の効果

次に、むつ小川原開発の主要な舞台になった六ヶ所村において、開発の進展は、人口・経済・財政にどのような効果を生んだかをみていこう。

六ヶ所村の人口の変化

まず、六ヶ所村の人口変化をみてみよう（一四二頁の表4-2参照）。六ヶ所村は、一九六〇年から九二年

表4-6　一人あたり所得の変化

年	一人あたり所得（千円） 全国	青森県	六ヶ所村	一人あたり所得比率（%） 青森県／全国	六ヶ所村／全国	六ヶ所村／青森県
1970年度	571	368	239	64.5	41.9	65.0
1975	1101	844	611	76.6	55.4	72.3
1980	1659	1223	889	73.7	53.6	72.7
1985	2104	1555	1214	73.9	57.7	78.1
1990	2786	2169	1861	77.9	66.8	85.8
1992	2894	2262	2160	78.2	74.6	95.5
1993	2990	2320	3052	77.6	102.1	131.6
1995	3029	2491	2867	82.2	94.7	115.1
2000	2998	2448	3047	81.7	101.6	124.5
2001	2892	2306	3043	79.7	105.2	132.0
2002	2843	2204	2903	77.5	102.1	131.7
2003	2889	2160	2835	74.8	98.1	131.3

（出所）　六ヶ所村企画課（企画開発課）『六ヶ所村統計書』平成4, 10, 18年版。

にかけて、七二・三％への減少であり、郡部全体の変化（七七・一％への減少）や、上北郡全体の変化（八三・七％への減少）に比べて、より激しいテンポで人口が減少している。時期別に見ると、六ヶ所村の人口は、一九六〇年（一万三五二三人）からむつ小川原開発の始まるころの一九七〇年（一万一七四九人）にかけて、一三・一ポイント減少し、そして一九七〇年から核燃料サイクル施設立地計画が決定した一九八五年（一万一〇〇三人）にかけて五・五ポイント減少している。その後、核燃料サイクル施設が着工し、建設が進展した一九九二年（九七七四人）にかけて、より急激に九・一ポイント減少している。この時期の減少のテンポは、郡部全体の平均テンポより大きい。

このように六ヶ所村は、二重の意味での中心部／周辺部関係に対応して、二重の意味で、人口が減少し続けてきたような構造的位置にある地域である。全国的文脈では、周辺部としての青森県から、中心部としての県外の大都市圏への人口流出が続いており、その青森県の内部でも周辺部たる郡部から、中心部たる県内都市部への人口移動が続いている。さらに六ヶ所村は、一九九〇年代初頭までは、郡部の中でも平均より速いテンポで人口減少が続いていた。

だが、この傾向は、一九九三年四月の再処理工場の着工を契機に変化する。一九九四年以後、再処理工場関連の大量の工事関係者が、通勤あるいは居住という形で、村を訪れるようになる。村人口は増加に転じ、二〇〇〇年には、一九七〇年水準をこえる一万一八四九人に達している。一九六〇年と比較しての人口減少の比率についても、二〇〇〇年以降の六ヶ所村は、上北郡全体の動向と対比すると、より低いものになっている。

開発に伴う六ヶ所村の地域経済と村財政の変化

開発の進行は、六ヶ所村の経済と財政にどういう変化を引き起こしたであろうか。端的にいうならば、六ヶ所村の地域経済の特色は「開発工事依存型経済」ともいうべき性格を示し、六ヶ所村財政は、「原子力施設依存型財政」ともいうべき性格を示している。

「開発工事依存型経済」とは、開発によって完成した施設の生み出す恒常的な経済効果ではなく、相次いで行われる開発工事が一時的に生み出す経済効果に強く依存するような地域経済である。このことは、第一に、産業構造における第二次産業、とりわけ、建設業への依存度の高さによって示される。

表4-7に示すように、六ヶ所村の「村内純生産」は、開発工事に連動して、伸縮を繰り返してきた。石油備蓄基地の工事が本格化した一九八一〜八三年度や、核燃施設関連の用地造成や道路建設が本格化した一九八七年度以降、とりわけ、再処理工場関連の工事が開始された九三年度以降は、村内純生産は大幅な伸張を示している。その伸張は、いずれも、第二次産業（とりわけ、建設業）の飛躍的増加によってもた

らされたものである。工事のピークの一九九七年度には、建設業の生産額は一六六一億円に達しており、村内純生産の八八・七%にも達している。だが、個別の施設にかかわる開発工事がピークをすぎ、やがて終了することに伴い、生産額は縮小することになる。このような第二次産業の一時的な比重の増大は、青森県全体の動向との対比でみても、突出したものである（一四三頁の**表4-3**参照）。青森県全体としてみるならば、第二次産業の比重は、一九七〇年度の二二・三%からほとんど変わらず、ピークの一九九五年度

表 4-7　六ヶ所村の産業構造

年度	市町村内純生産[1]（要素費用表示）（百万円）	産業分野別構成比（%） 第一次産業	第二次産業	第三次産業
1975	6,980	45.1	17.2	37.7
1976	8,045	49.8	15.9	34.3
1977	8,404	51.9	11.1	37.0
1978	10,249	52.2	15.1	32.7
1979	9,958	42.5	20.6	36.9
1980	13,301	27.8	40.2	32.1
1981	38,968	8.7	78.5	12.9
1982	34,712	9.7	72.9	17.4
1983	23,757	12.6	60.5	27.0
1984	18,506	19.2	38.4	42.4
1985	17,393	22.1	32.4	45.4
1986	17,557	20.5	34.5	45.0
1987	21,638	17.3	39.2	43.5
1988	25,839	12.7	45.7	41.6
1989	27,250	14.9	51.1	34.1
1990	28,023	13.7	52.6	33.7
1991	25,493	17.6	44.3	38.1
1992	37,050	10.2	58.7	31.1
1993	76,106	4.2	75.5	20.3
1994	71,640	6.3	71.2	22.6
1995	74,890	4.0	72.5	23.5
1996	137,054	2.4	84.6	12.9
1997	188,393	1.5	88.7	9.9
1998	114,515	1.9	82.8	15.3
1999	94,173	2.4	71.2	26.4
2000	49,796	5.0	41.4	53.5
2001	54,285	4.5	46.5	49.0
2002	51,283	5.9	40.2	53.9
	市町村内総生産	第一次産業	第二次産業	第三次産業
2003	111,635	2.5	54.8	47.3
2004	146,789	2.6	84.0	17.7
2005	111,056	3.8	76.7	24.0
2006[2]	469,500	0.9	97.1	6.0
2007	376,936	1.1	95.1	7.9
2008	341,934	1.2	93.7	8.8

（出所） 2002 年度までは,「市町村民所得統計」青森県ウェブサイト。2003 年度からは,「市町村民経済計算」青森県ウェブサイト（2011 年 7 月 15 日閲覧）。

（注） (1) 2002 年度までは「市町村内純生産」を中心にした統計データ整理がされていたが, 2003 年度からは, 統計データの取り方が変化し,「市町村内総生産」を中心にデータが整理されている。

(2) 日本原燃の年間売上高は, 2006 年度が 3181 億円, 2007 年度が 2904 億円, 2008 年度が 3054 億円である。

でも二四・四％であり、その後は漸減している。

また、二〇〇六年度以降は、日本原燃の再処理工場の売上高が、アクティブ試験開始後、名目的に急上昇しているため、六ヶ所村の第二次産業の比重は非常に高いものになっている。

六ヶ所村財政の収入構造の歴史的変化

では、六ヶ所村財政の収入構造は開発の進展とともに、どのように変化してきたのであろうか。

六ヶ所村財政の収入構造は、開発の進展とともに、大きな量的・質的変化を示してきた。財政収入の変化という視点からは、むつ小川原開発から、現在までを、ほぼ五年ごとの七つの時期に区分することができる。各時期の特色を見てみよう（**表4－8**参照）。

①一九七〇～七三年度。この時期は、開発反対を掲げる寺下村長の時代であり、開発に連動した財政構造の変化が起こる前の時代である。財政力指数は〇・一前後、自主財源率は、一八～二八％台、依存財源率は七二～八二％である。

②一九七四～七九年度。一九七三年一二月に、開発推進を掲げる古川氏が村長に当選してから、国庫支出金の急増に支えられて、歳入規模は一九七四年の二〇・〇六億円から、一九七九年の三七・四二億円へと急拡大した。一九七四年度の村税は、前年度の四・一倍の三・七九億円に急増したが、これには前年度より活発化した土地売却に伴い、住民税が増大したことが寄与している。一九七六～七七年度は、村有地の売却に伴う財産収入が、六・五億円ずつあり、これを反映して自主財源率が三九～四三％へと一時的に急上昇する。

表 4-8　六ヶ所村財政収入の推移

年度	一般会計 歳入合計（百万円）	一般会計内訳 村税（%）	国庫支出金（%）	地方交付税（%）	財政力指数	経常収支比率（%）	公債費比率（%）
1970	613	5.4	18.6	46.9	—	—	—
1971	621	8.4	13.8	54.7	—	—	—
1972	824	10.7	14.7	47.8	0.09	52.7	5.0
1973	1336	6.9	16.7	37.6	0.10	65.2	4.1
1974	2006	18.9	28.5	32.1	0.12	51.7	4.1
1975	2662	8.9	29.7	21.7	0.20	76.8	5.2
1976	3677	5.4	20.7	20.9	0.24	77.1	8.1
1977	3790	5.7	20.4	22.5	0.19	71.8	10.9
1978	3488	6.8	22.7	29.8	0.25	80.1	8.9
1979	3741	7.4	23.9	30.1	0.19	77.4	11.6
1980	4150	10.7	14.8	29.4	0.19	68.5	12.9
1981	3775	22.3	11.9	20.0	0.23	57.5	14.1
1982	4645	13.2	11.2	14.7	0.39	118.7	13.6
1983	5644	15.4	11.1	30.2	0.44	94.0	17.6
1984	4034	39.7	10.6	7.1	0.63	78.4	15.5
1985	3929	30.0	14.3	11.7	0.65	79.2	15.0
1986	4077	50.8	12.8	12.1	0.80	77.6	13.6
1987	4520	50.0	10.2	16.2	0.75	77.0	13.4
1988	4077	45.1	13.6	12.8	0.73	75.9	12.8
1989	4520	38.9	15.7	25.0	0.65	76.7	12.1
1990	6296	26.8	24.1	22.7	0.57	76.7	11.5
1991	6384	27.3	18.1	23.9	0.53	77.6	10.3
1992	6524	29.6	24.0	23.5	0.50	76.7	9.5
1993	8916	29.9	31.1	6.1	0.63	88.1	7.9
1994	9089	29.0	41.2	14.1	0.67	77.3	8.1
1995	10296	34.1	40.1	7.8	0.76	73.9	8.0
1996	11090	39.6	38.1	1.3	0.84	70.6	6.1
1997	8229	61.3	15.9	1.4	1.00	72.9	6.7
1998	8883	57.0	15.8	1.1	1.16	75.6	5.6
1999	8260	60.4	15.8	0.7	1.21	77.1	5.2
2000	10645	70.6	10.4	0.0	1.42	55.1	3.8
2001	10925	67.7	8.3	0.0	1.61	55.1	3.2
2002	11016	63.2	12.6	0.0	1.77	59.4	3.6
2003	11537	65.8	14.8	0.3	1.83	57.6	3.4
2004	13035	63.2	16.2	0.0	2.00	59.7	4.3
2005	12033	65.1	17.1	0.0	2.03	58.1	3.2
2006	10831	56.3	17.6	0.0	1.92	75.8	4.0
2007	11195	65.1	22.1	0.0	1.88	73.1	3.8
2008	10465	61.2	16.8	0.1	1.78	80.5	4.2
2009	13533	45.9	19.6	0.2	1.71	83.3	3.5

（出所）　六ヶ所村企画課（企画開発課）『六ヶ所村統計書』平成 4, 10, 18 年版；総務省「市町村決算カード」総務省ウェブサイトより（2011 年 7 月 15 日閲覧）。
（注）　百万円未満は切り捨て。

③一九八〇～八五年度。この時期は、石油備蓄基地の着工（一九七九年一一月）が歳入規模の拡大と歳入構造の変化に大きな影響を与える。一九八一年には、石油備蓄基地関連の県支出金が前年のほぼ二倍の一一億円に増加するとともに、同基地関連の固定資産税も入るようになり、村税の急増に寄与する。財政力指数は年々上昇を続け、一九八〇年の〇・一九から、八五年の〇・六五に上昇する。自主財源比率も、一九八〇～八三年の間は、三三～四三％であったものが、八四年以後は、六〇％台になり、歳入構造の変化が著しい。

④一九八六～八九年度。石油備蓄基地の建設が終了し、核燃料サイクル施設の建設がウラン濃縮工場から開始（八八年一〇月）されるが、財政面では、その影響が本格的にはまだ現れていない時期である。この期間の歳入は、三九・二億～四五・二億円の間であり、八一年や八五年に比べて一〇億円以上少ない。

⑤一九九〇～九六年度。一九八九年の土田村長の初当選、一九九〇年の北村知事の四選を経て、核燃料サイクル事業が推進される時期である。歳入規模が、一九九〇年度（六二・九六億円）以後、毎年、史上最高額を更新しながら増加を続け、一九九六年度決算では、一一〇・九四億円に達した。一九九六年度は、単年度の財政力指数が、はじめて一・〇をこえて一・一〇になり、普通交付税は不交付となった。この歳入増大を支えた中心は電源三法交付金と固定資産税（表4-9参照）である。

⑥一九九七～二〇〇二年度。一九九六年度に三六・八億円あった三法交付金が、五億～八億円の水準に減少したため、歳入総額は一九九七～九九年度は八〇億円台に減少するが、固定資産税は増加の傾向を維持し、二〇〇二年度には歳入は一一〇・一六億円へと増大する。二〇〇〇年度には経常収支比率は五五％へと低下し、投資的経費が増大する。一九九七年に橋本寿村長が初当選し、二〇〇一年には再選されるが

村発注の公共事業に関する疑惑の中で、二〇〇二年五月に自殺する。
⑦二〇〇三年度以降。三法交付金が再び増加し、一一〇億円台の歳入が続く。三位一体改革の影響で、県財政の規模が縮小するが、村財政にはそのような減少がない。二〇〇五年度には、一般会計は一二〇億円、下水道事業などの特別会計は五〇億円、合計一七〇億円に達し、財政力指数は、一・〇八で県内一位、住民一人あたりの地方税収入は、突出して第一位の位置を保っている。

表 4-9　六ヶ所村財政収入の中の固定資産税と電源三法交付金の比率

	一般会計予算（百万円）	固定資産税比率	電源三法交付金比率	両者の合計比率
1988	4077	35.6%	3.9%	39.5%
1989	4520	31.0%	6.2%	37.2%
1990	6296	20.2%	18.9%	39.1%
1991	6384	21.2%	14.8%	36.0%
1992	6524	22.3%	24.3%	46.6%
1993	8916	22.4%	28.5%	50.9%
1994	9089	22.7%	35.2%	57.9%
1995	10296	22.1%	36.2%	58.3%
1996	11094	34.2%	33.2%	67.4%
1997	8229	53.2%	6.1%	59.3%
1998	8883	50.1%	9.4%	59.5%
1999	8284	51.8%	8.7%	60.5%
2000	10645	63.7%	4.8%	68.5%
2001	10925	60.7%	5.5%	66.2%
2002	11016	56.4%	6.2%	62.6%
2003	11537	59.6%	12.4%	72.0%
2004	13035	57.9%	12.0%	69.9%
2005	12033	58.3%	11.8%	70.1%

（出所）　六ヶ所村企画課（企画開発課），『六ヶ所村統計書』平成 4, 10, 18 年版；
固定資産税と電源三法交付金については六ヶ所村資料。

　このような村財政の豊かさを反映しているのが、青森銀行作成の「民力指数」である。青森銀行は、青森県内の各市町村の財政力や経済的活動量（生産と消費）の総合的水準を把握するために、長期にわたって「民力指数」を作成し、二年に一度、発表している（青森銀行 各年）。二〇〇七年版では、二五指標から一つの「総合指数」を算出するという手法が採られている。ただし、原データには指標によって、一～三年のばらつきがあるので、指数は、作成年に先行する数年間の動向の近似的表現と見るべきであろう。六ヶ所村に注目すると、

「一人あたり民力指数」は、一九九五年版では、六七市町村中一四位（一〇一・五）であったが、一九九七年版では、一位（一四六・八）となり、以後、一貫して一位を続け、二〇〇七年版では、指数が一六六・二（合併後の四〇市町村中一位）となり、二位の西目屋村（一二三・六）、三位の十和田市（一〇八・六）、四位の弘前市（一〇八・五）以下を大きく引き離している。

以上の全体の期間を通して、次のような特色が見出される。第一に、むつ小川原開発は、石油備蓄基地と核燃料サイクル施設の立地という具体的事業の進展に伴って、六ヶ所村財政収入を飛躍的に増大させ、質的にも変化させた。とくに再処理工場の着工以後の一九九三年度以降の歳入は高い水準にある。六ヶ所村財政の改善は、開発のもたらしたプラスの効果としてもっとも明瞭なものである。

第二に、歳入増大の内実を見るならば、開発関連の財政収入、すなわち、固定資産税と電源三法交付金による収入が、一九九三年度以後は、歳入の五〇〜七〇%を占めている。

電源三法交付金は、ウラン濃縮工場、低レベル放射性廃棄物埋設施設、再処理工場、高レベル放射性廃棄物貯蔵管理施設、MOX燃料加工施設、余裕深度処分施設（廃炉廃棄物処分施設）という村内立地の諸施設、ならびに、東通原発の立地に基づくものであり、一九八八年度から二〇〇七年度の累計で二八八・八億円に達している。

固定資産税についても、たとえば、一九九六年度について見ると、三七・九億円のうち、約七一%は日本原燃からのものであり、核燃施設の寄与が大きな比重を占めている。

第三に、開発事業の進展の波動に伴って、財政収入は大きく増減を繰り返してきた。石油備蓄基地の建設効果が財政に現れた一九八〇～八五年の時期、および、それが山を越し、歳入が減少した一九八六～八九年の時期、また、再処理工場の建設が進展した一九九三～二〇〇〇年度にかけて、変動が顕著である。変動の要因として重要なのは、固定資産税収の豊かな年の翌年は、地方交付税が減額されること、電源三法交付金は、交付金の種類によって交付期限が限られており、期限の境目において急変することである。

第四に、開発の進行に伴って、六ヶ所村の財政状況は顕著に改善され、義務的経費の比率を非常に低い水準に抑えながら、投資的経費のために大きな支出がなされてきた。豊富な財政力を背景に、多数の公共施設が、六ヶ所村では次々と建設されてきており、そのことは村内の建設業を支える基盤ともなっている。

核燃施設の効果と展望

以上のように、四〇年近いむつ小川原開発の歴史と核燃施設の立地は、六ヶ所村に、「開発工事依存型経済」と「原子力施設依存型財政」を生み出してきた。その近年の効果をまとめてみよう。

第一に、筆者は、一九九八年に発表した論文（船橋 一九九八）において、一九九〇年代前半までの六ヶ所村においては、開発の経済効果が乏しいことを、失業率・預貯金残高・所得の他自治体への流出といった視点から分析したが、一九九〇年代後半以降、経済・財政面では状況が変化し、新しい段階に村が入ったというべきである。一人あたりの所得で見ると、一五一頁の**表4-6**に示したように、再処理工場の工事が開始された一九九三年度を境として、六ヶ所村の一人あたり所得は、青森県全体のそれを上回るようになった。また、前述のように、一九九六年度以降、村財政の富裕度は増し、二〇〇〇年代に入ってからの財政力強化を動機とした市町村合併を、村は必要な課題としては受け止めていないほどである。

第二に、地域経済も村財政も、ますます、核燃料サイクル施設を柱とする開発事業を前提にし、開発事業と深く絡み合い、開発の継続を強く志向するようになっている。そこには、核燃料サイクル事業の推進諸主体による、地域経済と財政の「同化的再編」ともいうべき過程が見られる。そして、日本原燃を軸とした経済的利害関係は、地域社会の人間関係や、社会意識も大きく規定するようになっている。

第三に、開発工事依存型の地域経済においては、絶えず新たな開発が続くことが雇用確保の前提である。また、現在の村財政を支える固定資産税と電源三法交付金は、長期的には制度上、減額していくことは必至である。これまでの開発への協力によって、村財政の富裕化が実現したという現実をふまえて、村当局には、新たな原子力関連事業の受け入れに積極的な姿勢が見られる。今後を展望するのであれば、再処理工場の操業に伴うガラス固化体に対して、また、次期埋設施設と称されてきた廃炉廃棄物の受け入れに対して、どのような態度を村当局がとるのかが注目される。全国的に見ると、地方財政全体の窮迫化の中で、各種の放射性廃棄物の貯蔵や埋設にかかわる諸施設について、その危険性という受苦の側面よりも、財政的メリットという受益の側面を一面的に高く評価する傾向が拡がっている。六ヶ所村の将来展望においても、富裕な財政を維持するために、そのような方向の政策をさらに推進する可能性があるように思われる。

(3) 六ヶ所村の住民意識とその規定要因

では、以上のような地域経済と自治体財政の変化の進展の中で、地元の住民はどのような意識を抱いているだろうか。法政大学社会学部舩橋研究室が二〇〇三年夏に実施した「六ヶ所村住民意識調査[10]」のデー

表 4-10　六ヶ所村民と日本原燃との関係

［問 30］ あなたご自身も含めてご家族に，お仕事の上で日本原燃とのつながりがある方がいらっしゃいますか。一つ選んでください。

		推定平均年収（万円）
1. 家族の中に，日本原燃で働いている者がいる。	47（15.1%）	659
2. 家族の中に，日本原燃の関連会社で働いている者がいる。	54（17.4%）	565
3. 家族の中に，仕事上，日本原燃やその関連会社との取引が重要である者がいる。	27 （8.7%）	537
4. 家族の中に，仕事上，日本原燃やその関連会社との関係がある者はいない。	171（55.0%）	449
5. 無回答	12 （3.9%）	
	計 311（100%）	

（注） 推定平均年収は，問 33「家族の年収」の質問の選択肢に示された「年収の幅」の中位に年収があると仮定して平均値を計算した。たとえば，「200 万～ 400 万円」の回答者は，300 万円と仮定した。ただし，「200 万円未満」については 200 万円，「1500 万円以上」については，1500 万円と仮定した。

タを使用しながら、地元住民意識の特徴を検討してみよう。

地域の経済活動における日本原燃のウェイトと、住民の核燃事業への賛否

事業システムによる地域社会に対する同化的再編圧力は、六ヶ所村の場合、地域の経済活動に、日本原燃のウェイトがきわめて大きくなっていることにまず現れている。**表4-10**に示すように、回答者は、仕事上の「日本原燃との関係」（問三〇）の有無によって、二つのグループに分かれる。本調査の問三〇では、回答者本人も含めて、家族の中に、仕事上、日本原燃と関係を有する人がいるかどうかを質問している。家族の中に関係を有する人がいるのは、「日本原燃で働いている者がいる」（一五・一％）、「日本原燃の関連会社で働いている者がいる」（一七・四％）、「仕事上、日本原燃やその関連会社との取引が重要である者がいる」（八・七％）の三つの場合であり、その合計は四一・二％に達する。他方、「仕事上、日本原燃やその関連会社との関係がある者はいない」は五五・〇％であり、関連のない人のほうが多数ではあるが、約四割の家族が、仕事上、日本原燃と重要なつながりを有しているとい

表4-11 「家族の仕事上の日本原燃との関係」と「家族の年収」の相関

（人）

		(問30) 家族の仕事上の日本原燃との関係	
		a. 関係がある	b. 関係がない
(問33) 家族の年収	400万円未満	38 (32.2%)	82 (55.4%)
	400万〜800万円未満	49 (41.5%)	40 (33.9%)
	800万円以上	31 (26.3%)	26 (17.6%)
	合計	118 (100.0%)	148 (100.0%)

（注）「a. 関係がある」は，問30で「1. 家族の中に，日本原燃で働いている者がいる」「2. 家族の中に，日本原燃の関連会社で働いている者がいる」「3. 家族の中に，仕事上，日本原燃やその関連会社との取引が重要である者がいる」の合計人数。「b. 関係がない」は，問30で「4. 家族の中に，仕事上，日本原燃やその関連会社との関係がある者はいない」場合。カイ自乗検定1%水準で有意。

うことは、非常に高い割合であるといえよう。

では、「仕事上の日本原燃との関係」は、各家族の経済状態とどのように相関しているであろうか。表4-11は、「家族の仕事上の日本原燃との関係」と「家族の年収」の相関をみたものである。「家族の年収」（問三三）については八段階で質問したが（巻末の資料2の単純集計表を参照）、この表では三段階にグループ化している。明確にわかるように、日本原燃との「関係がある」家族は、「関係がない」家族よりも、高い年収を有する比率が高く、同時に、四〇〇万円未満の低い年収の比率が少ない。「関係がない」家族においては、四〇〇万円未満の家族が過半数を占めている。

このデータから、一定の仮定を設けて、「仕事上の日本原燃との関係」についてのタイプごとに、平均年収を推定してみると、表4-11最右欄に示すように、原燃との仕事上の関係が密接なものほど、高い平均年収があることが見出される。このことは、日本原燃を中心にしながら閉鎖的受益圏の階層構造が形成されるという形で、地域経済が再編成されていること、日本原燃との経済的関係が疎遠なものほど劣位の受益圏に位置することを示すものである。

このような経済的な利害関係のあり方は、住民意識も大きく規定し

表 4-12　核燃施設導入についての態度

［問 14］あなたは六ヶ所村への核燃料サイクル施設導入の際にどのような態度をとられましたか。

		（問 30）家族の仕事上の日本原燃との関係	
		関係あり	関係なし
1. 一貫して反対であった（現在も反対である）	31（10.0%）	4（3.2%）	23（13.5%）
2. 一貫して賛成であった（現在も賛成である）	54（17.4%）	26（20.3%）	27（15.8%）
3. 初めは反対であったが，現在は賛成している	73（23.5%）	37（28.9%）	34（19.9%）
4. 初めは賛成であったが，現在は反対している	12（3.9%）	2（1.6%）	10（5.8%）
5. 以前のことなので，わからない	127（40.8%）	56（43.8%）	67（39.2%）
無回答	14（4.5%）	3（2.3%）	10（5.8%）
計	311（100%）	128（100%）	171（100%）

p<0.01 で有意

表 4-13　危険性と環境汚染の可能性

［問 15］核燃施設については，次のようなアからスまでの意見があります。それぞれについて，あなたはどう思いますか。あなたのお考えに近い番号に，一つずつ○をつけてください。

ア　核燃施設は危険であり，環境を汚染する可能性が高い

1. そう思う	37（31.2%）
2. どちらかといえばそう思う	116（37.3%）
3. どちらかといえばそう思わない	50（16.1%）
4. そう思わない	33（10.6%）
無回答	15（4.8%）

ている。総括的に見ると、二〇〇三年の調査時点においては、六ヶ所村民の中に、核燃料サイクル受け入れの態度が、事業の当初に比べて強まっている。問一四「核燃施設導入についての態度」を見ると、「一貫して反対」（一〇・〇%）と「初めは反対であったが、現在は賛成」（二三・五%）の合計は三三・五%であり、「一貫して賛成」（一七・四%）と「初めは賛成であったが、現在は反対」（三・九%）の合計（二一・三%）より多く、当初は反対派の方が多数であったことが示されている（表4-12）。だが、現時点では、「一貫して賛成」と「初めは反対であったが、現在は賛成」の合計が四〇・八%となっており、「一貫して反対」と「初めは賛成であったが、現在は反対」の合計（一三・八%）より多く、賛成意見の方が多くなっていることが示されている。このような核燃施設に対する態度は、「家族の仕事上の日本原燃との関係」の有無によっ

て、相違を示しており、「関係がある」者は、「関係がない」者に比べて、現在では、賛成の態度が強く、反対の態度が弱いことが示されている。

このような住民意識の内実を、さらに別の角度からも検討してみよう。

表 4-14 村民の間の不安感

［問 17］あなた自身のことは別にして，村民のあいだに，核燃料サイクル施設の安全性についてはどのような意見が多いと思いますか。一つ選んでください。

1. 安心より不安を感じている人のほうが，ずっと多いと思う	116（37.3%）
2. 安心より不安を感じている人のほうが，やや多いと思う	92（29.6%）
3. 不安を感ずるよりも安心している人のほうが，やや多いと思う	27 （8.7%）
4. 不安を感ずるよりも安心している人のほうが，ずっと多いと思う	10 （3.2%）
5. わからない	59（19.0%）
無回答	7 （2.3%）

根強い不安意識

総括的に見れば、核燃料サイクル事業に賛成の村民が多数になっているが、同時に、事業の危険性について、根強い不安感が存在する。表4-13に示されているように、「危険性と環境汚染の可能性」について、「そう思う」「どちらかといえばそう思う」の合計は、六八・四九％にも達している。

また、村民の間における「不安感の存在」については、「不安を感じている人のほうが、ずっと多い」「やや多い」の合計（六六・八八％）が、「安心している人のほうが、ずっと多い」「やや多い」の合計（一一・九％）を圧倒している（表4-14）。

受益意識による不安感の低減

このように、核燃料サイクル施設は、村民の多数に不安感を与えているが、同時に、経済的な受益をもたらしているという認識も、村民の多数意見となっている。表4-15に見るように、「村財政への効果」を肯定的にとらえている人は、七

表 4-15　村財政と雇用増大への効果

	(問 15-イ) 核燃施設は，交付金や税収で村の財政を豊かにする	(問 15-エ) 核燃施設は雇用を増やし，村民を豊かにする
1. そう思う	142 (45.7%)	74 (23.8%)
2. どちらかといえばそう思う	95 (30.6%)	96 (30.9%)
3. どちらかといえばそう思わない	24 (7.7%)	72 (23.2%)
4. そう思わない	25 (8.0%)	41 (13.2%)
無回答	25 (8.0%)	28 (9.0%)
計	311 (100%)	311 (100%)

表 4-16　「日本原燃との関係」別に見た核燃施設についての意見

		(問 30) 家族の仕事上の日本原燃との関係	
		関係あり	関係なし
(問 15 ア) 核燃施設は危険であり，環境を汚染する可能性が高い	同意	72 (57.6%)	133 (82.6%)
	不同意	53 (42.4%)	28 (17.4%)
	計	125 (100%)	161 (100%)
(問 15 コ) 万一の事故が起きても，事業者と行政は安全に対処する態勢ができている	同意	63 (52.5%)	49 (33.1%)
	不同意	57 (47.5%)	99 (66.9%)
	計	120 (100%)	148 (100%)

(N=286，1% 水準で有意)

六・二%にのぼっている。また、「雇用増大の効果」を評価している人は、五四・七%に達し、多数意見となっている。

以上のように、六ヶ所住民には、一方で核燃施設に対する広範な不安感が存在すると同時に、経済的な側面における受益を認める考えも多数意見となっており、まさに両価的な態度が見られる。さらに、より詳細に見るならば、核燃施設に対する両価的態度は、核燃施設の操業との利害関係の強弱に応じて、アクセントの変化が見られる。**表4-16**に見るように、利害関係が強いほど、否定的評価が減少する傾向が見られる。

経済的受益意識によって支えられた受容的態度

このような両価的態度は、核燃施設の存在を肯定する態度が、あくまで、経済的受益という付帯的条件によって支えられているのであり、施設それ自身のエネルギー政策上の貢献に対する評価に

表 4-17　雇用機会と核燃評価の関係

［問 22］あなたは，これからの雇用の確保について，次のア，イの意見についてどう思いますか。それぞれについて，あてはまるもの一つに○をつけてください。

	（問 22-ア）村内の雇用機会を減少させないために，核燃施設に関連する工事をずっと続けてほしい	（問 22-イ）核燃施設の操業や関連する工事をやめても，別の方法で雇用が確保されるなら，核燃施設は縮小したほうがよい
1. そう思う	60（19.3%）	92（29.9%）
2. どちらかといえばそう思う	84（27.0%）	94（30.2%）
3. どちらかといえばそう思わない	41（13.2%）	22 （7.1%）
4. そう思わない	53（17.0%）	40（12.9%）
5. わからない	65（20.9%）	58（18.7%）
無回答	8 （2.6%）	5 （1.6%）
計	311（100%）	311（100%）

もとづくものではないということにも対応している。

表4－17に見られるように、核燃関連事業の生む雇用確保という経済的メリットゆえに、核燃関連事業の継続を望む意見が多数であるが、同時に、別の手段で雇用が確保され、経済的メリットが感じられなくなれば、「核燃施設は縮小したほうがよい」と考えている住民が多数派となる。

このような住民意識は、核燃施設の技術的特性に根拠を持っているものである。宣伝と核燃マネー自体は、技術的特性自体を変えるものではないので、条件付きでしか住民意識を変えることができないと解釈できる。経済的メリットという付随的条件が評価されなくなれば、核燃施設自体は、否定的な評価の対象となってしまうのである。

結　び

本章では、むつ小川原開発と核燃料サイクル施設建設事業が、青森県と六ヶ所村にどのような影響を与えてきたのかということを、人口動態・経済・財政・村民意識という諸側面から解明してきた。本章の検討からは次のような論点が析出される。

①青森県レベルで見るならば、巨額な財政資金と労力の長期にわたる投下にもかかわらず、むつ小川原開発は、第二次産業の比重を増加させ、社会移動による人口流出をくい止めるという課題を効果的に達成するものではなかった。

②六ヶ所村レベルで見るならば、一九九〇年代半ばまでは人口も減少を続け、一人あたり県民所得で見る経済的効果も限られたものであったが、再処理工場の建設事業の本格化に伴い、人口も増加に転じ、自治体財政力の向上が顕著である。

③六ヶ所村は、開発工事依存型経済・原子力施設依存型財政によって特色づけられ、核燃料サイクル施設の担い手主体による地域社会の同化的再編が、経済関係を起点にして進捗している。

再処理工場および放射性廃棄物を受容し、それにかかわる課税や交付金の獲得努力を続ける限り、六ヶ所村の財政は、今後も突出して豊かなものであるだろうことが予想される。青森県財政に対する効果は、ウェイトという点ではより控えめなものであるが、同様の効果が生じるであろう。しかし、地域経済という文脈で見る限り、核燃料サイクル施設は、工場というよりも、放射性廃棄物の処分事業という性格を強めているのであり、「誘致型開発」の理念からもますます乖離しており、地域の工業生産力の向上に貢献する効果は、限定的なものにとどまることが予想される。県レベルで見るならば、財政の悪化傾向にブレーキをかける要因にはなるが、地域経済浮揚の決め手にはならない。

④六ヶ所村においては、原燃を中心にする形で、経済的利害関係が再編され、階層構造が形成されている。また、地域住民にとっての経済的利害関係が分岐し、一方で、核燃立地による経済的な受益に疎遠な住民も相当数存在する一方で、六ヶ所村財政の開発による受益は突出している。村民意識においては、核

燃施設に由来する財政や雇用などの経済的メリットの認知は高いものの、その危険性に対する不安感は根強いものがあり、核燃施設は経済的メリットの存在する限りにおいて受容されているという特徴が見られる。

【注】

(1) 毎日新聞一九七二年六月三日付。

(2)(3) 二〇〇六年二月の青森県議会答弁。

(4)『青森県統計年鑑』各年版より算定。

(5) 経済企画庁経済研究所編、各年、『県民経済計算年報』各年版による。続く、第二次産業の比率、製造業の比率についても同資料による。

(6) 自治省財政局指導課、各年、『都道府県財政指数表』および、総務省、各年、「全都道府県の主要財政指標」(総務省ウェブサイト、http://www.soumu.go.jp/〔二〇一一年七月一二日閲覧〕)による。

(7) 朝日新聞、二〇〇七年一〇月二六日付。補助金の変化は〇二年度と〇六年度の差、税源移譲は〇三年度と〇七年度の比較。

(8) たとえば、一九八五年三月一五日の青森県議会での答弁。青森県議会、第一六一回定例会会議録、一五九頁以下。

(9) 二〇一〇年一月から一キログラムにつき八三〇〇円となった。

(10) 法政大学社会学部舩橋研究室が、二〇〇三年九月六〜九日に、六ヶ所村民を対象にして実施。調査票配布数五〇二通、回収三一一通、回収率六二・〇%。調査票および単純集計結果は、本書巻末の資料2として掲載。同舩橋研究室の報告書（二〇〇四年）では、本データを使用した詳細な分析を試みている。

【文献】

青森銀行編　各年『青森県民力――市町村民力測定資料集』（各年版）、青森銀行。

青森県企画（財政）部編　各年『青森県統計年鑑』青森県統計協会。

朝日新聞青森総局　二〇〇五『核燃マネー――青森からの報告』岩波書店。

船橋晴俊　一九九八「開発過程と人口、経済、財政の変化」船橋晴俊・長谷川公一・飯島伸子編『巨大地域開発の構想と帰結――むつ小川原開発と核燃料サイクル施設』東京大学出版会。

法政大学社会学部船橋研究室　二〇〇四『むつ小川原開発・核燃料サイクル施設問題と住民意識』（法政大学社会学部政策研究実習　二〇〇三年度青森県調査報告書）法政大学社会学部船橋研究室。

低レベル放射線廃棄物処理施設（2003 年 9 月，舩橋撮影）

日本中の原発から排出される低レベル放射性廃棄物は，この施設に搬入されている。1992 年 12 月より操業が開始され，最大でドラム缶 300 万本の埋設が可能な敷地が確保されている。

第五章　原子力エネルギーの難点の社会学的検討

――主体・アリーナの布置連関の視点から

舩橋　晴俊

本章の課題は、原子力エネルギーを利用しようとする政策が、どのような難点を有するのかを、次のような一連の問いの検討を通して、社会学の視点で検討することである。

まず、原子力エネルギーの供給を担う事業システムや社会制御システムが有する「経営システムと支配システムの両義性」とは、どのような意味なのかを説明する。この理論的視点にもとづくと、原子力技術がどのような意味で「逆連動型」の技術なのか、原子力施設の生み出す受益圏と受苦圏はどのような特徴を持っているのか（第一節）。「経営システムと支配システムの両義性」という理論的視点を前提にするならば、社会問題の解決において、どのような「問題解決の公準」が尊重されるべきであろうか。そして、事業システムの内部と外部で、受益と受苦の受け止め方がどのように異なっているであろうか（第二節）。政策決定アリーナの特徴と「二重基準の連鎖構造」という視点から見ると、日本の原子力政策の特徴はいかなるものであろうか（第三節）。最後に、今後のエネルギー政策のあるべき方向を、政策決定を担うアリーナと主体群の布置、および、政策内容の双方に即して考える。本章の提起する方向性は、再生可能エネルギーの重視である（第四節）。

（1）原子力技術はどのような特徴を有し、どのような形で受益圏と受苦圏を生み出すのか

事業システムと社会制御システムが有する「経営システムと支配システムの両義性」

一般に、社会学の視点から社会問題の解決を考える際には、「経営システムと支配システムの両義性」という視点が不可欠である。そして「経営システムの文脈における経営問題の解決」と「支配システムの

文脈における被格差問題・被支配問題の解決」という二つの要請を同時に達成することが必要になる。このことの含意を「事業システム」および「社会制御システム」に即して、説明しよう。

「事業システム」とは、財やサービスの産出という形で一定の目的群の達成を志向しながら作動している組織のことであり、社会制御過程の基本的単位である。事業システムには、経済的な存立基盤から見れば、企業、行政組織、非営利組織の三つの基本タイプが存在し、またそれらの中間型や混合型が存在する。三つの基本型のそれぞれの経済基盤の基本性格は、市場型、租税型、拠出型ということができる。たとえば、電力会社は、電力を産出する事業システムである。日本原燃は、使用済み核燃料の再処理、濃縮ウランの生産、放射性廃棄物の埋設や保管などを課題とする事業システムである。

「社会制御システム」とは、なんらかの問題領域において、一定の社会的な目的群の達成を志向しながら、中心的な制御主体としての一定の政府組織と他の諸主体（すなわち、多数の事業システム、利害集団、個人）との間に形成される相互作用と制御アリーナの総体から構成される「制御システム」である。

一つの社会の中には、それぞれ異なる目的を志向する複数の領域別の社会制御システムが存在している。領域別の社会制御システムは、それぞれ、各領域の社会制度とその運営を担当する行政組織に対応している。それらの中でも、本章のテーマとの関係では、エネルギー政策を担う「総合エネルギー供給制御システム」や、環境政策を担う「環境制御システム」が、大切となる。それぞれの領域別の社会制御システムは、さらに細目的に分類・分割することが可能である。たとえば、「総合エネルギー供給制御システム」は、「原子力エネルギー供給制御システム」「火力発電供給制御システム」「再生可能エネルギー供給制御システム」などに、「環境制御システム」は、「公害問題制御システム」「温暖化問題制御システム」「廃棄物問題制御システム」などに細分できる。

ここで「制御」という言葉は、「経営」と「支配」の双方を含意しており、「制御システム」という言葉は、「経営システムと支配システムの両義性」を含意している。

「経営システムと支配システムの両義性」とは、何を意味しているのか。それは、社会学基礎理論に立脚した社会の把握のしかたであって、社会関係における協働の契機と支配の契機とを一般化しつつとらえ直したものである（舩橋 二〇一〇）。事業システムや社会制御システムを、「経営システム」(management system) として把握するということは、事業システムや社会制御システムが、自己の存続のために達成し続けることが必要な経営課題群を、有限の資源を使って充足するにあたり、どのような構成原理や作動原理にもとづいているのかという視点から、それら内部の諸現象をとらえることである。他方、事業システムや社会制御システムを「支配システム」(domination system) として把握するということは、事業システムや社会制御システムが、意志決定権の分配と正負の財の分配に際してどのような不平等な構造を有しているのか、これらの点に関して、どのような構成原理や作動原理を持っているのかという視点から、それらの内部の諸現象をとらえることである。意志決定権の分配にかかわるのが「政治システム」であり、正負の財の分配にかかわる不平等な構造が「閉鎖的受益圏の階層構造」である。

経営システムにおいては、主体を表す基礎概念は、統率者／被統率者であり、支配システムにおいては、支配者／被支配者である。これらの言葉の差異は、視点の取り方の差異にもとづく意味発見の差異を表しており、実体的には、支配者と統率者は同一の主体であるし、被支配者と被統率者も同様である。経営システムと支配システムとは、どのような事業システムや社会制御システムを取り上げてみても、見出すこ

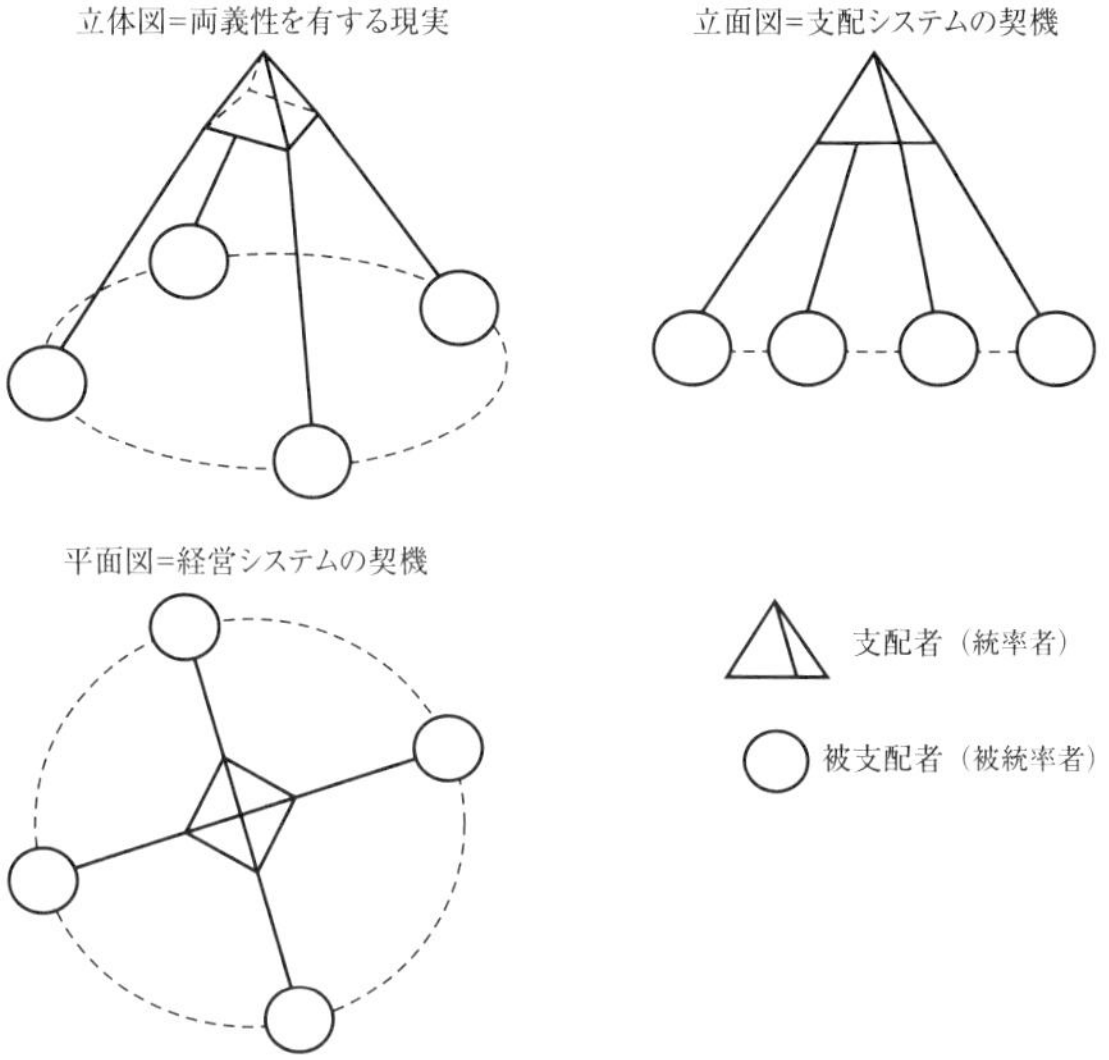

図 5-1　組織における「経営システムと支配システムの両義性」

とのできる二つの契機なのであり、特定のある対象が経営システムであり、他の対象が支配システムであるというような実体的な区分ではない。

現実の社会制御システムや事業システムが、経営システムと支配システムの両義性を有することは、イメージ的には、**図5-1**に示した「立体図」「立面図」「平面図」の相互関係を把握することによって理解できよう。**図5-1**のうち、立体図は、支配者（統率者）を頂点とし、被支配者（被統率者）を底辺とするピラミッド構造を表現している。現実は、このような立体的な構造をなしているのであるが、これを真横から眺めて立面図として捉えれば、支配者／被支配者というかたちで、上下の階層分化と格差が浮かび上がり、支配システムの側面が敏感に把握できる。次に、同じ立体図を真上から眺めて平面図として把握すれば、統率者を中心に置いた円周上に被統率者が並ぶようなかたちが現れ、統率者を中心にした協働関係のイメ

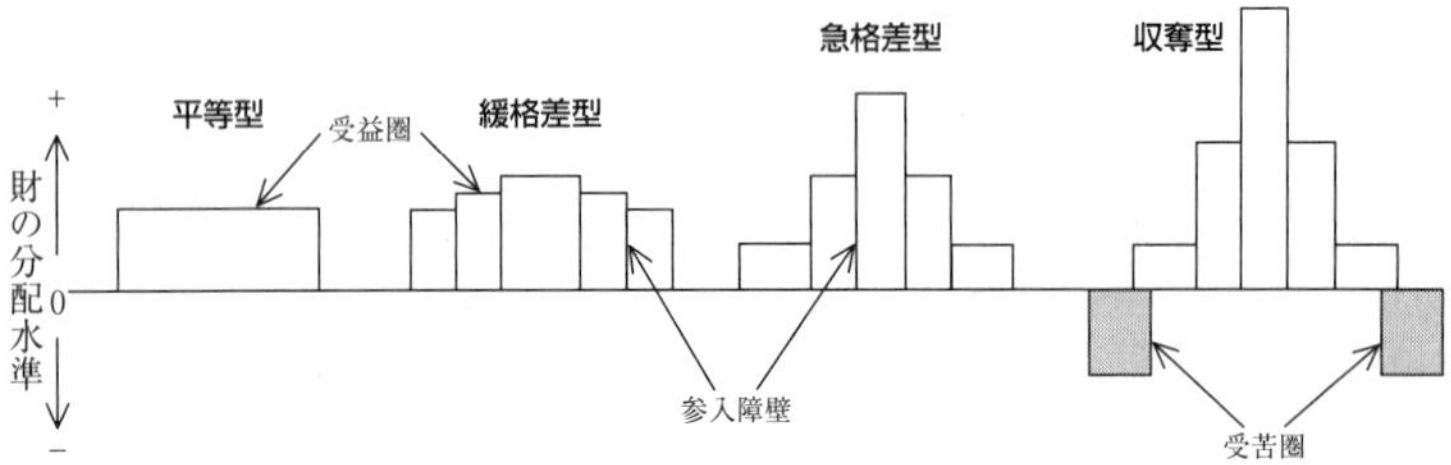

図 5-2　閉鎖的受益圏の階層構造の四類型

ージが得られる。この視点は、経営システムの側面を敏感に認識することを可能にする。

支配システムは、閉鎖的受益圏の階層構造と政治システムという二つの契機から構成されているが、それぞれの状態は、階層間における財の分配の格差の程度と、階層間における正当性信念の共有の程度によって、非常に大きな振幅を示す。閉鎖的受益圏の階層構造については、どの程度の財の分配格差を伴っているのかという視点から、**図 5-2** に示したような四類型を分けることができる。これらの類型は、平等型→緩格差型→急格差型→収奪型の順番で、階層間の財の分配格差が拡大していく。このうち、収奪型においては、底辺に負の財を負担させられる受苦圏が存在し、そのような受苦圏の存在を前提にして、上層の特権的な受益が可能になっているという特質が見られる。

他方、政治システムにおいては、階層間に正当性信念の完全な共有がある状態から共有の程度が減少し、ついには共有が欠如する状態へと向かって、忠誠・協調→交渉→対決→抑圧・隷属という四つの状相を区別することができる（舩橋 二〇一〇）。

経営システムと支配システムとは、それぞれ固有の作動原理と個別事象に対する意味付与の文脈をもち、相互に他方に還元できない。同時に、両システムは相互に無関係なものではなく、相互に他方の具体的あり方によって深く規定され、かつ規定し合っている。

社会問題は、経営システムの文脈では「経営問題」として、支配システムの文脈では「被格差・被排除・被支配問題」として立ち現れる。経営問題とは、限られた手段を使いながら、さまざまな制約条件のもとで、いかにして、経営システムをうまく運営するのか、すなわち、複数の経営課題群を両立的に充足したらいいのかという問題であり、統率者（支配者）の立場にある主体が、重視する問題の立て方である。これに対して、被格差問題とは、なんらかの格差が存在していることが、不利な立場にある主体（被支配者）から、不当であると問題視されたものであり、受益圏の階層構造が急格差型になれば、頻繁に問題化する。被排除問題とは、一定の閉鎖的受益圏の内部の主体が外部に排除されたり、外部の主体の内部への参入意向が拒否される場合に、あるいは、一定の主体に政治システムにおける発言や決定への関与が拒否される場合に、当事者によって、そのような排除や拒否が不当であると問題視されたものである。さらに、被支配問題とは、被格差問題・被排除問題の基盤のうえに受苦性、階層間の相剋性、受動性が加わったものである。すなわち、被支配問題とは、支配関係の中でなんらかの苦痛を被っている者が、その苦痛を不当だと問題視したものであり、受苦圏を伴う収奪型の構造においては、必然的に出現するものである。たとえば、いかにして社会に必要な電力エネルギーをさまざまな技術的手段を使って安定的に供給するのかという問題や、青森県の財政をいかにして強化し赤字を回避するかという問題は経営問題である。また、過疎地域の自治体が、都市部に対する地域格差に悩むのは被格差問題であり、原子力施設による放射能汚染という形での被害の危険が一定の地域住民の生活を脅かすのは被支配問題である。

経営システムと支配システムの相互規定において、とくに大切なことは、経営問題の解決努力と被格差・被排除・被支配問題の解決努力の正連動と逆連動ということである。

経営問題と被格差・被排除・被支配問題との関係における「正連動」とは、経営問題の解決が同時に、被格差・被排除・被支配問題の緩和や解消をも帰結するような事態を指す。たとえば、過疎地の自治体がなんらかの特産品の創出に成功し、地域づくりという点で経営問題を解決したことが、同時に、格差の縮小を可能にするような場合である。あるいは、経営環境の悪化に抗して、有能な企業経営者が、適切な経営によって企業の倒産を防ぎ、被支配問題を回避するような場合も正連動の例である。

だが経営問題の解決は、常に被格差・被排除・被支配問題を防止するように作用するわけではない。逆に、経営問題を解決するためのさまざまな努力が被格差・被排除・被支配問題を深刻化させるという「逆連動」の関係も存在する。たとえば、企業経営者が利潤を増やすために底辺の労働者に劣悪な労働条件と処遇を押しつけたり、公害防止投資を怠って周辺住民に公害被害者を作り出すのは、逆連動の例である。

原子力施設の有する「強度の両価性」と逆連動の惹起

① 受益圏と受苦圏

公共事業にせよ民間事業にせよ、さまざまな事業システムは、それに連結したかたちで、さまざまな受益圏と受苦圏を生み出す。「受益圏」benefit zone とは、主体がその内部に属することによって、固有の受益の機会を得るような社会的範域のことである。その反対に、「受苦圏」victimized zone とは、主体がその内部に存在することに伴って、固有の苦痛や損害や危険性を被るような社会的範域のことである。原子力発電所や核燃料サイクル諸施設をめぐる「受益圏」と「受苦圏」がどういう構造や特質を有するかについての検討が必要である。その際、まず注目すべきは「強度の両価性」という特徴である。「強度の両価性」とは、原子力発電所や再処理工場という基幹的な事業システムが、一方で巨大な受益・効用を生み出すと同時に、他方で、汚染と事故の可能性と放射性廃棄物というかたちで巨大な受苦を同時に生み出すこと、すなわち、周辺に巨大な受益圏と巨大な受苦圏とを同時に作り出すことを意味する。一方で、原子力施設を受益の可能性という点から見ると、原子力発電所については、その巨大な発電能力が電力需要者に大きな受益を提供しうる。再処理工場も、その推進者によれば、高速増殖炉におけるプルトニウムの有効利用などいくつかの仮定が成立する限りでは、大きな受益があると評価されてきた。しかし他方で、原子力利用は、(A) 定常操業による汚染、(B) 事故による汚染の危険性、(C) 放射性廃棄物の排出という三点において事業システムの内外に負の帰結を生み出さざるをえない。

② 原子力施設の生み出す受苦の特徴

これらのうち、(A) 定常操業における汚染については、どのような特徴があるだろうか。

第一に、原発や再処理工場は、操業に伴い放射性物質を定常的に環境中に排出することによって、健康被害の可能性があるという意味での危険を生み出す[1]。しかも、その影響がどのようなものかを、明確に把握することが困難である。たとえば、六ヶ所村再処理工場では、クリプトンやトリチウムなどの放射能の排出が公表されている。排出された放射性物質が環境に拡散し累積することが推定されるが、それが、長期的にどのような挙動や影響を示すかについては、未知の部分があまりにも多い。生物濃縮による影響一つをとっても、因果関係の解明は困難である。また、原発の内部では、恒常的に被曝労働が生み出される。

操業時においても定期点検時にも被曝労働が伴っているのであり、労働者の健康という点で大きな難点がある（堀江 二〇一一）。

第二に、危険の認識をめぐる大きな意見対立、あるいは、被害把握と因果関係をめぐる意見対立の深刻さが存在する。フランスやイギリスの再処理工場の周辺では、白血病やガンの発生が高まっているという報告があり（桐生 二〇〇一）、また、日本でも原発労働者の被曝問題の労災認定が争点になってきたが、被害の把握と因果関係について、社会的共通認識の形成がきわめて困難である。

（B）事故の危険性については、次のような特徴がみられる。第一に、事故発生は、人身被害の生起の可能性があるという意味での危険を構成している。危険の存在自体が、危険にさらされている人びとにとっては、受苦となる。この危険には、不確実性と予測不能性という特徴がある。さまざまなリスク計算の試みがあるが、日本においても、もんじゅのナトリウム漏れ事故（一九九五年）、東海村JCO事故（一九九九年）、関西電力美浜原発の事故（二〇〇四年）、福島原発震災（二〇一一年）のように、予想を超えた形での事故が次々に発生してきた。

第二に、事故が発生した場合の被害の巨大性と回復不能性がある。それは、アメリカにおけるスリーマイル島原発での事故や、旧ソ連におけるチェルノブイリ原発の事故、さらに福島原発震災の被害が如実に示している。そして、健康被害については、医療技術による被害の軽減や健康体への回復は、きわめて困難で限られた効果しか持たないことが、放射能被害の特徴である。

次に、（C）放射性廃棄物の特性と放射性廃棄物問題の固有の困難性を検討してみよう。第一に、放射性廃棄物は固有の除去不能・操作不能な危険性を持つ。その属性は人為的操作によって、消失させることができない。たとえば、猛毒化学物質の代表であるダイオキシンは、高温で分解し無毒化することができる。しかし、放射性物質は、そういう操作ができない。

第二に、その危険性が超長期にわたって継続することである。高レベル放射性廃棄物が、人間社会に被害を与えないために隔離を要する期間は、どんなに少なく見ても一万年以上である。一万年から数十万年、あるいはそれ以上の期間の隔離を要するという説もある（土井 一九九三、八二頁）。一万年という年月は、文明社会発生以後の人類史より長く、人間社会の時間尺度を使う限り、永遠といってもよいほどの期間なのである。

第三に、人為的管理の不可能性。超長期にわたる危険性の存在は、危険性が消失するまでの長期間にわたって、隔離することとの困難性と、確実な隔離の継続についての予測の不可能性を帰結し、現時点での責任ある意志決定の不可能性を生み出している。

これまでのところ、高レベル放射性廃棄物については、超長期にわたって安定的な地層に処分するというのが、核燃サイクル事業推進主体の方針である（核燃料サイクル開発機構 一九九九）。人為的バリアーが有効な期間を一〇〇〇年と見込み、隔離が必要な期間を一万年もしくは一〇万年と想定した場合、自然バリアーに依存する期間は、それぞれ九〇％もしくは九九％になる。しかし、自然バリアーをめぐる地下水の挙動、地殻変動およびそれに伴う地下水の挙動への影響などを、定量的に把握することは不可能といわれている（土井 一九九三、八二・一一五頁）。

仮に、自然バリアーに依存せず、人為的隔離を管理しやすい場所で継続するという方針を採ったとしても、一万年あるいは一〇万年というような超長期の未来にわたって、放射性廃棄物を管理するために作られた組織が存続する保証はない。

以上のような、定常的操業による汚染、事故による汚染の危険性、放射性廃棄物の管理問題ということは、どの国の原子力施設にとっても共通の難題であるが、日本においては、さらに地震多発国であるという特有の事情が加わる。二〇〇七年七月の柏崎刈羽原発の被災や二〇一一年三月の福島原発震災は、地震と原発の関係という問題を、これまでになく先鋭な形で提起した。大地震とそれに伴う津波は、定常操業における危険性とは桁違いの危険性を原発に引き起こす。地震の発生という要因は、「汚染の予測不能性」「汚染防止の困難性」「汚染が生起した場合の巨大性」をともに増幅するように作用する。しかも、地震の発生を、現在の科学は予測することはできない。地震学者の石橋克彦氏によれば、「将来一〇万年程度にわたって大地震の影響を受けない地域がわが国にも広く存在するなどとは、決して言えない」のである（石橋 二〇〇〇）。

③ 原子力技術に内在する逆連動

以上のように、原子力関連施設は、たとえ受益の側面において巨大な受益が期待されるとしても、他方で巨大な「負の随伴帰結」を有しており、「強度の両価性」を有している。注意すべきは、この「強度の両価性」は、「経営システムと支配システムの両義性」という視点から見るならば、経営問題解決努力と被格差・被排除・被支配問題解決努力の「逆連動」を含意していることである。原子力エネルギーの利用は、経営システムの文脈での受益を求めて、経営問題の解決努力を展開すればするほど、支配システムの文脈では、危険を増大させ、受苦を増大させるという帰結を招く。

この「逆連動」に対処すべく、さまざまな経営的・政策的努力が積み重ねられてきた。そのような努力は、いかなる帰結を伴っているのだろうか。また、そのような努力は、「逆連動」を本質的に備えた技術であるという原子力エネルギーの難点を、果たして克服しうるものであろうか。

「中心部」対「周辺部」、「環境負荷の外部転嫁」

このような強度の両価性は、受益圏と受苦圏を同時に作り出す。日本の原子力施設をめぐる受益圏と受苦圏の顕著な特徴は、それらの空間的な位置が分離し（受益圏と受苦圏の分離）、しかも、全国的レベルで見た「中心部」と「周辺部」とに重なり合っているということである。ここで、「中心部」とは、人口、経済力、政治的・行政的決定権、文化的集積という点で、他の地域より相対的に優位にある地域のことであり、「周辺部」とはその反対に、他の地域より相対的に劣位にある地域である。日本全体でみれば、東京圏は中心部であり、青森県は周辺部である。青森県という水準でみれば、青森市は中心部であるが、六ヶ所村は周辺部である。それゆえ、六ヶ所村は日本全体でみれば、周辺部の周辺部という位置にある。

原子力施設に関連しては、「受益圏としての中心部」と、「受苦圏としての周辺部」という対応が顕著であり、このことは、固有の危険を伴う原子力発電所や放射性廃棄物関連施設が、常に中心部を回避して周辺部に立地してきたことに、端的に表れている。原子力施設の立地点の選択は、工学的・技術的に制約されることはもちろんであるが、同時に、社会的・政治的要因に制約されている。原子力施設の固有の危険性に対しては、どの立地候補点においても警戒と拒否の姿勢がなんらかの程度においてみられるものであるが、中心部ほど拒否の力は強いから、結果として、中心部への立地は、一貫して回避されてきた。

「受益圏としての中心部」と「受苦圏としての周辺部」の間の関係は、どのような特徴を持っているだろうか。両者は「環境負荷の外部転嫁」という関係によって結ばれている（船橋 一九九八）。「環境負荷の外部転嫁」とは、社会内の一定の地域や集団が、自らの生産や消費を通して生み出す環境負荷を引き受けることをせず、それを空間的あるいは時間的に離れた別の地域や集団に押しつけることをいう。

原子力利用に関してみると、「受益圏としての中心部」は、自らの生み出す環境負荷を自らは負担せず、空間的に分離している「周辺部」や、時間的に分離している将来世代に押しつけようとしてきた。すなわち、受益圏としての中心部は、原子力発電所によって生み出される電力を享受してきたが、発電所の操業に伴う汚染や事故の危険性という環境負荷を、原子力発電所の立地点である外部に押しつけてきた。また、原発の操業に伴い排出される各種の放射性廃棄物と使用済み核燃料についても、中心部の受益に伴う環境負荷は、周辺部に押しつけられてきた。これらは「環境負荷の空間的外部転嫁」を意味する。同時に、そのような操作は「環境負荷の時間的外部転嫁」を意味している。というのは、原発が生み出す放射性物質は、超長期にわたって固有の毒性が存続し、将来世代に危険が押しつけられていくからである。

（2） 問題解決に必要な公準とその実現を規定するアリーナの条件

問題解決に必要な二つの公準

原子力施設のように強度の両価性を有する事業システムをめぐって、社会的合意を形成するにはどうしたらよいのであろうか。言い換えると、一つの事業システムや社会制御システムが、「経営問題の解決努力と被格差・被排除・被支配問題の解決努力との逆連動」に直面しているとき、社会的合意形成にもとづく問題解決はどのようにして可能になるであろうか。

これまでの研究の到達点をまとめるならば、社会的な問題解決の原則は、次の二つの公準（postulate）として表現できよう（船橋 二〇一〇、二二八頁・二〇一二）。

Ｐ１：二つの文脈での両立的問題解決の公準

社会的に望ましい状態をつくり出すためには、支配システムにおける先鋭な被格差問題・被排除問題・被支配問題と、経営システムの文脈における経営問題を同時に両立的に解決するべきである。

Ｐ２：支配システム優先の逐次的順序設定の公準

二つの文脈での問題解決努力の逆連動が現れた場合、先鋭な被格差・被排除問題の緩和と被支配問題の解決をまず優先するべきであり、そして、そのことを前提的枠組みとして、それの課す制約条件の範囲内で、経営問題を解決するべきである。

この二つの公準は、社会的合意形成にもとづいて、事業システムや社会制御システムを運営し、望ましい社会を生み出すためには、不可欠の原則であり、普遍的妥当性を有すると思われる（船橋 二〇一二）。とくに、公準Ｐ２は、衡平性と社会的合意形成を生み出すためには不可欠であり、もし、この公準を否定するのであれば、少なくとも一定の人びとに先鋭な不満を引き起こし、社会紛争を絶え間なく発生させることになり、望ましい社会はとうてい実現できないであろう。

では、この公準を具体化するためには、どういう条件が必要であろうか。公害防止の歴史的経験が示しているように、必要なのは、「受苦や格差の解消を経営課題として設定すること」であり、そのうえで「受苦や格差の解消のための費用を投入すること」である。これは、事業システムや社会制御システムが、「受苦や格差の解消のための費用を負担すること」を含意している。それを、要約して「受苦の費用化」ということにしよう。

内属的アリーナと外在的アリーナに対応した認識と評価の差異

問題解決の二つの公準を実現するためには、上述のように「受苦の解消の経営課題化」「受苦の解消」「受苦の費用化」が基本的な条件となる。日本の原子力諸施設の建設と操業に際して、事業推進者は、安全性確保への努力や、電源三法交付金による地域格差縮小の努力を行っていると主張している。では、実際に「受苦の解消」はなされているのだろうか。この問題を考えるには、事業システムの内部と外部とで、ものごとの把握のしかたがどのように異なるのかを検討する必要がある。

① 受益と受苦の感受のしかたの非対称性

図5-3は、事業システム(あるいは社会制御システム)の作動によって、その内部に受益が、外部に受苦が生み出された場合の状況を表現したものである。

この図の示すところは、第一に、一般に事業システム(あるいは社会制御システム)の活動に伴う、受益と受苦の見え方は、その内外で大きく異なっていることである(非対称性)。どのような主体でも、近くの

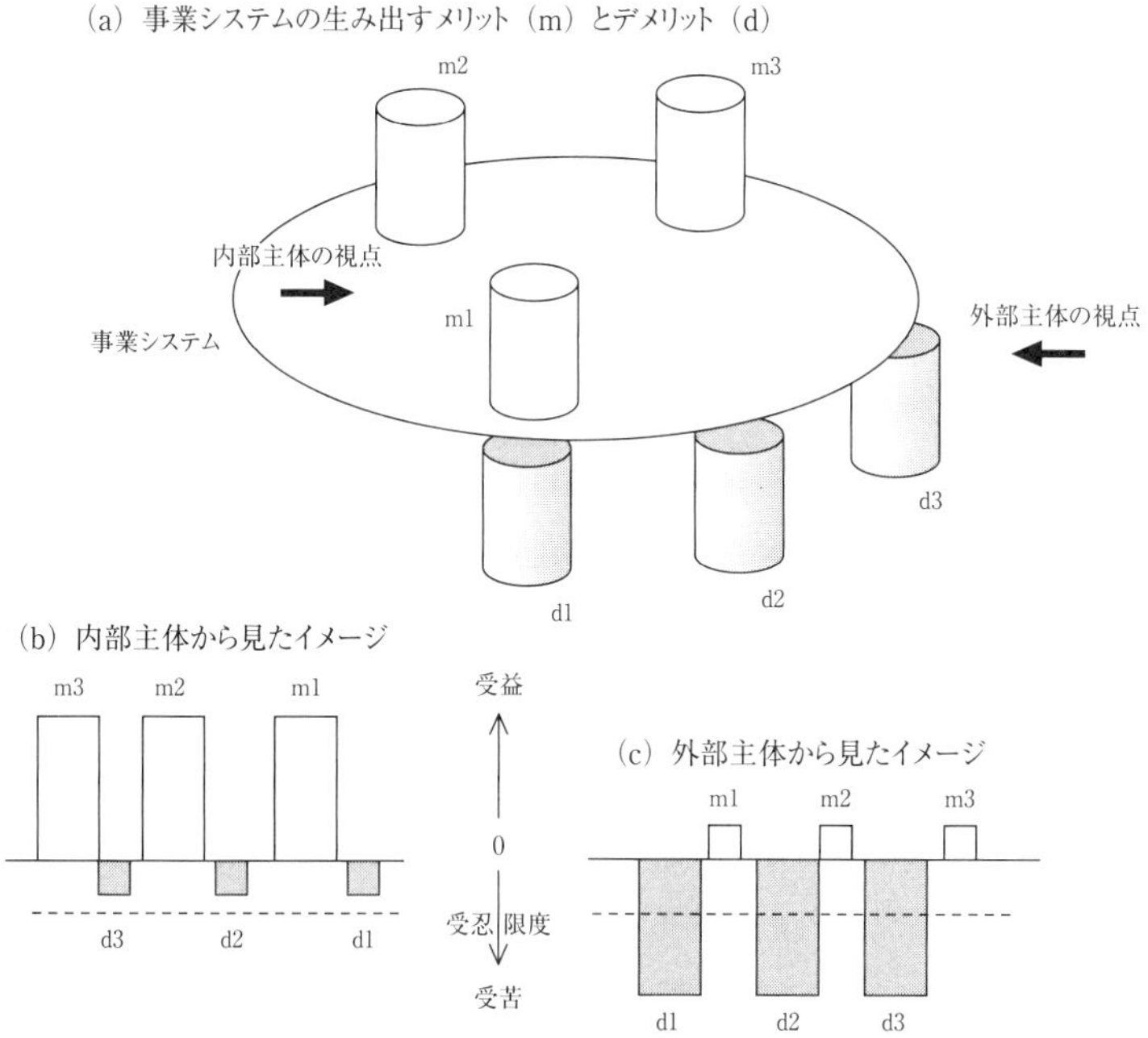

図 5-3 事業システムの生み出す内部の受益と外部の受苦の見え方

ものは大きく見え、遠くのものは小さく見える。システム内部の担い手や受益者から見れば、受益は大きく見え、受苦は小さく見える。しかし、システム外部の（顕在的あるいは潜在的）受苦圏から見れば、その反対に、受苦は大きく見え、受益は小さく見える。このことは、原子力施設に限らず、環境への影響の大きい飛行場や高速道路や新幹線などにも共通の特徴である。原子力施設については、事故や汚染の防止可能性も含めて、受益と受苦の見え方が、事業システム（たとえば、電力会社）においても、社会制御システム（たとえば、原子力エネルギー供給制御システム）においても、その内外で大きく異なっており、このことは、立地点における社会的合意形成を困難化する基本的要因になっている。

② 内属的アリーナと外在的アリーナに対応する「総合的判断」の二つのタイプ

このようなシステムの内外でのものごとの見え方の非対称性は、意志決定がどこでなされるかによって、意志決定の内容が異なるという帰結を生む。

一般に政策的判断は、複数の政策選択肢のそれぞれについて、どのような効果と費用と随伴帰結を生ずるかについてさまざまな要因や帰結を取り集めて分析し、それらをなんらかの基準に立脚して総合的に評価し、「もっとも望ましい」選択肢を選び取るという形をとる。

制御システムと政策判断をするアリーナとの関係に着目すれば、意志決定の実施されるしかたに二つのタイプが見出される。第一に、事業システムや社会制御システム内部に、政策判断をするアリーナと主体が存在し、それらの制御システム内部から判断をする場合である。これを「内属的アリーナ」における政策判断といおう。第二に、それらの制御システムの外部に、制御システムのあり方を実質的に左右しうる形で政策判断をするアリーナと主体が存在し、システムの外部から判断をする場合である。これを「外在的アリーナ」における政策判断といおう。この二つのタイプの意志決定をめぐるアリーナ・主体・システム連関は、それぞれ、傾向的にどのような帰結を意志決定内容にもたらすであろうか。

「内属的アリーナ」における意志決定においては、経営システムとしての制御システムが有する経営課題群の達成とそれがもたらす内部的受益が重視され、この見地に立脚した内部からの最適化が、第一義的に志向される。すなわち、内属的アリーナは、経営問題をめぐる総合的調整を担うことを志向しており、この課題設定のもとでは、「費用便益分析」が、適合的な手法として使用可能である。同時に、内属的アリーナにおいては、制御システムの中枢的担い手たる諸主体の利害関心が直接的に表出されやすい傾向を有する。すなわち、制御システムの中枢的担い手の意向との直結性（あるいは、意向による束縛）が内属的アリーナにおける意志決定を特徴づけ、担い手主体の利害関心によるバイアスが生じ、同時に、制御システムの外部に生ずる負の随伴的帰結に対して、鈍感になる傾向が見られる。

これに対して「外在的アリーナ」における意志決定は、制御システムの担い手の有する利害関心のみならず、制御システムの担い手以外の他の諸主体の利害関心をも視野に入れて、それらの諸要素を総合的に判断するという可能性をより高く有する。それゆえ、外在的アリーナにおいては、経営システムとしての制御システムの内部からの最適化努力に対して、それとは異質な要素が介入するという特徴を有する。このような介入が積極的な意義を有するのは、事業システムの外部にいる諸主体が支配システムにおいて登場する被格差・被排除・被支配問題を防止あるいは解決するために介入する場合である。そのような介入があってこそ、公準P2は実現されうる。言い換えると、外在的アリーナにおいてこそ、支配システムの文脈における社会的合意形成の問題に取り組むことが可能であり、また、社会的合意形成をめぐっての「倫理的政策分析」（ジョンソン 二〇一一）が必要になるし、また可能である。これに対して、内属的アリーナは、「倫理的政策分析」を主題化して取り扱うことに鈍感である。

ここで大切なのは、総合的判断を通して、二つの公準を実現するために、内属的アリーナと外在的アリーナの果たす役割である。内属的アリーナにおける総合的判断は、経営システムにおける経営問題の解決のためには適合的である。だが、支配システムにおける被格差・被排除・被支配問題の取り組みは、内属的アリーナ単独では、不十分なものにならざるをえない。被格差・被排除・被支配問題の解決のためには、外在的アリーナにおける要求提出が必要であり、「被格差・被排除・被支配問題解決要求の経営課題への転換」と「受苦の費用化」が必要である。「受苦の費用化」とは、「受苦の許容化」の費用面に即した表現ともいえるのであり、「受苦の許容化のために十分な受苦防止費用を投入すること」を意味している。内属的アリーナと外在的アリーナを合わせて制御アリーナと呼ぶことにすれば、複数の制御アリーナの組み合わせの中で、「負の随伴帰結を十分に取り集めたうえでの総合的判断」がなされることが必要である。その際、「受苦の費用化」努力を行った場合、社会的総受益よりも、社会的総費用の方が巨大であれば、そのような事業計画は合理性を持たない。その場合は、事業計画の中止という選択が合理的である。

(3) 日本の原子力政策の特徴

以上のような理論的視点をふまえつつ、日本の原子力政策の特徴がいかなるものかを検討してみよう。

日本の原子力政策をめぐる主体布置と意志決定内容の特徴

図5-4は、現在の日本の原子力政策にかかわる主要な主体群とアリーナの布置連関を把握しようとしたものである。

ここで、原子力利用の推進という点で利害関心を共有し、原発などの原子力諸施設の建設や運営を直接的に担ったり、間接的に支えている各分野の主体群、すなわち、産業界、官界、政界、学界、メディア業界などに属する主体群の総体を、「原子力複合体」と呼ぶことにしよう。**図5-4**は、これまでの日本のエネルギー供給制御システムを、原子力利用という側面からみたときの主要な主体群とアリーナ群の布置連

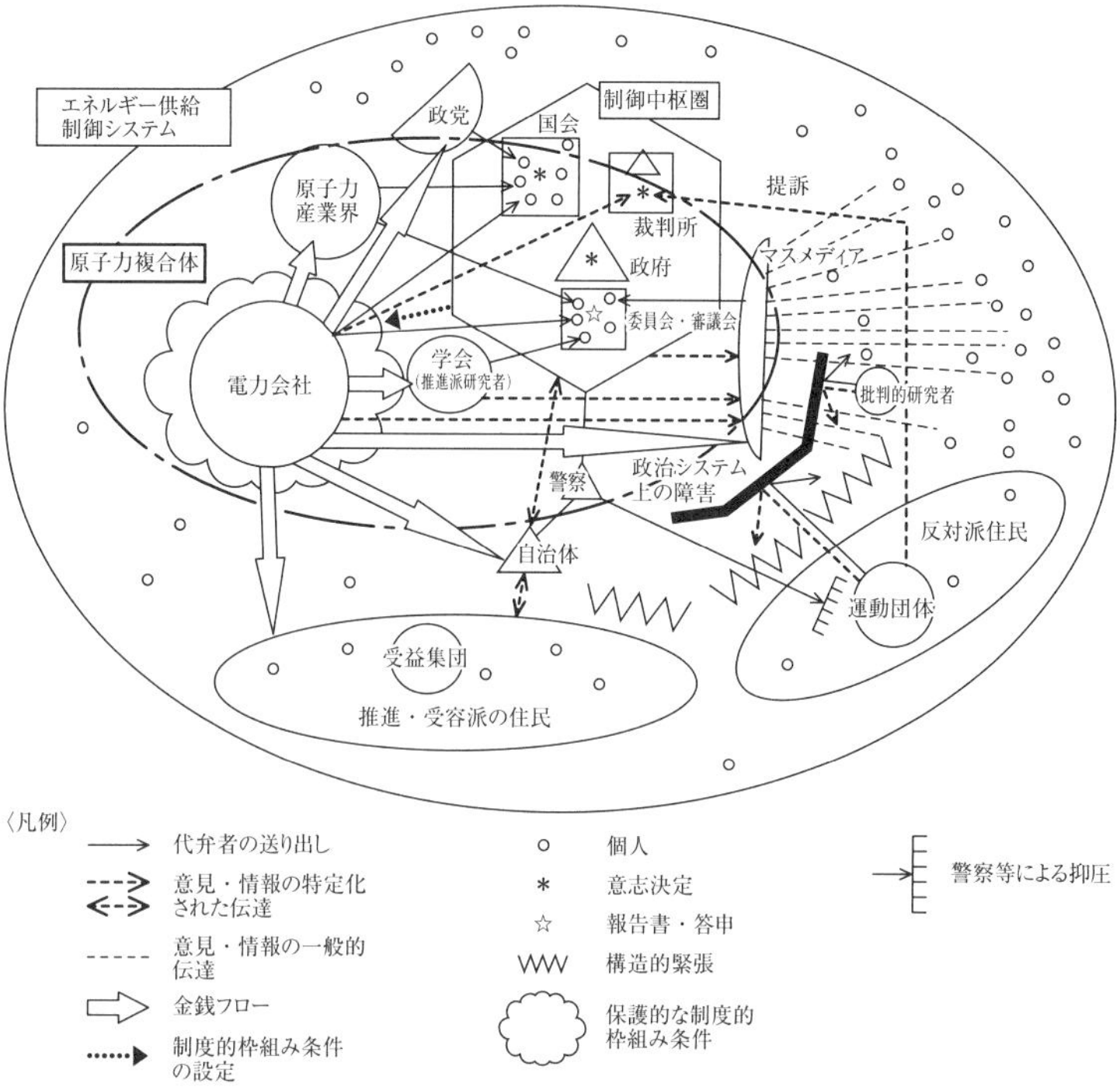

図 5-4　原子力政策をめぐる主体・アリーナの布置連関

関を示すものであるが、その中において、原子力複合体は大きな影響力を発揮している。

この図においては、原子力政策の決定過程について、次のような特徴が表現されている。

第一に、日本の原子力政策は、原子力複合体に対して外部に存在するような外在的・超越的アリーナと主体群によって決定されるのではなく、主要な政策決定アリーナが、原子力複合体に内属するような形になっている。

このことは、第二に、エネルギー供給制御システムの制御中枢圏に有効に意見を表出し、全体としての意志決定過程に有効に介入する主体に偏りがあることを意味する。すなわち、原子力複合体の主要な構成主体である原子力政策担当官庁（経産省）、電力会社、原子力産業界、原子力関連学界に属する専門家たちが、制御中枢圏で主導的な発言力をもち、中枢的制御アリーナとしての委員会・審議会（原子力委員会や長期計画策定会議）の決定内容に主導的な影響力を発揮している。

第三に、原子力利用の負の帰結を被る人びと（受苦圏）からの意見表出が、制御中枢圏に効果的に届かず、その声が政策決定に反映しがたい状況になっている（被排除問題）。操業に伴う定常的汚染や事故による汚染や放射性廃棄物の危険性に対する危惧や、原子力偏重の財政資金分配への疑問といった声が、制御中枢圏に有効に介入できないという状況が存在する。

第四に、専門知の使われ方の特徴を見るならば、原子力エネルギー供給制御システムに内属する形で、相当数の専門家が活動しており、中枢的制御アリーナで選択される政策方向に合致する専門知識が動員され、そのような知識が行政組織によっても優先的に採用され、その意味で、権威づけられたり、正当視される傾向がある。言い換えると、科学知・専門知の自律性が失われ、原子力エネルギー供給制御システムの利害関心からみて都合のよい知識が、恣意的に重視され、それに対して批判的・懐疑的な専門家の知見は軽視されたり無視されたりする傾向がある。

これまでも、原子力業界の関係者が閉鎖的な世界で政策決定を独占しているという批判がなされているが（佐々木・飯田 二〇〇二）、それは以上のような事態を示すものである。

では、このような意志決定過程における主体群とアリーナの布置連関は、意志決定内容におけるどのような特徴を生み出すであろうか。それは第一に、「負の随伴的帰結の取り集めの不完全性」、第二に「『真の費用』の事前の潜在化と事後の顕在化」である。

「負の随伴的帰結の取り集めの不完全性」とは、原子力施設の企画の当初の意志決定過程において、その生み出す負の随伴帰結を完全に把握し、意志決定過程において十分に考慮することができていないことを意味する。原子力利用は、定常操業による汚染、事故の危険性、放射性廃棄物という三つの側面において事業システムの外側に負の帰結を伴う。ところが、原子力に関する事業システムは、これらの負の帰結を十分に取り集めて、内部化すること（受苦の費用化）ができていない。その根本的理由は、原子力施設による受苦発生の根拠となっている放射性物質に関しては、どんなに追加的費用を投入しても、危険をゼロにすることが技術的に不可能だからである。

このことは、「『真の費用』の事前の潜在化と事後の顕在化」という第二の特徴を生み出す。なぜなら、「真の費用」の中には、受苦の回避・防止の費用も含まれるべきであるのに、「受苦の費用化」は事前には十分なされていないからである。バックエンド対策の費用が、複数の選択肢に即して公表されたのは、二〇〇四年になってからのことである。二〇〇四年の段階で、長期計画策定会議の試算によれば、全量再処理という政策を選択した場合の費用は四二兆九〇〇〇億円と算定されている（原子力委員会新計画策定会議二〇〇四）。しかし、この額が、本当に真の費用を顕在化させているともいうことはできない。福島原発震災は、事故が発生した場合には、深刻な被害が発生し、その補償にはさらに巨額な費用が必要とされることを如実に示したからである(2)。

以上の論点をまとめよう。これまでの日本の原子力政策の意志決定において、「何が最適かの総合的判断」は原子力エネルギー供給制御システムに内属するアリーナにおいてなされているゆえに、「負の随伴帰結を十分に取り集めたうえでの総合的判断」ができていないのである。

二重基準の連鎖構造

現実の日本の原子力政策の特徴をその推進主体や協力主体の抱く規範的原則という点からみるならば、「二重基準の連鎖構造」が見出される。それは、規範理論の文脈でみるならば、普遍的妥当性を有しないような行為原則が広範に採用されていることを意味する。

①　原子力事業における二重基準

すでに見たように、さまざまな地域紛争の原理的な解決の道は、一般的にいえば、「費用投入による受苦の解消」と「受苦の費用化」を前提にして、「経営問題と被格差・被排除・被支配問題の同時解決」を探ることにある。だが、現実の原子力技術に関しては、「費用投入による受苦の解消」「受苦の費用化」を完全に行うことは不可能であるので、その社会的実施において、受益と受苦の分配についての「二重基準」を必然的に導入せざるをえない。

この二重基準（double standard）は、もっとも顕著な形では、中心部での受益の享受と、周辺部への受苦の集中という形で表れている。すなわち、電力の大消費地である大都市部には、原発も、核燃料サイクル関連の諸施設も、各種の放射性廃棄物の処分場も設置されることなく、それらはすべて周辺部に立地され、それらによる汚染と事故の危険性は、周辺部にしわ寄せされている。大都市部の諸主体（組織や個人）は、自分たちの地域に立地することを許容しない諸施設を他の地域に立地させ、自分たちはそのメリットを享受している。そして、自分たちは汚染や事故による受苦の危険性を免れようとしつつ、それらの危険性を周辺部諸地域に押しつけている。自分たちは拒否するような「危険施設立地についての許容基準」を、他の地域には受け入れさせている。そこには、危険性／安全性についての二重基準が存在する。この二重基準が社会的に存在しうるのは、支配システムにおける勢力関係の格差が、中心部と周辺部との間に存在するからである。

② 相対劣位の主体における二重基準の採用

だが、二重基準の採用は、大都市の電力受益者側だけの問題ではない。原子力施設の立地に一定程度協力する諸主体にも、二重基準の採用が広範に見られる。

まず、日本において原子力発電所の立地を受容した各地域は、いずれも、使用済み核燃料の搬出ということを、立地承認にあたっての基本方針としている。このことは、電力会社にとっての深刻な制約条件となっており、現時点で電力会社が六ヶ所村の再処理工場の操業に固執することの強力な根拠になっている。ところで、原発立地地域が、使用済み核燃料の地域外への搬出を条件としているということは、使用済み核燃料という形での高レベル放射性廃棄物の取り扱いについて、次のような意味で二重基準を採用していることを含意している。それは、「自分たちの地域は、原発の立地を受け入れることによって、経済的・財政的メリットや、雇用の確保というメリットを享受したい。ただし、固有の危険性を有する使用済み核燃料は、自分たちの地域に受け入れることはしない」という態度である。ここにも、自分たちは拒否するような「危険施設立地についての許容基準」を他の地域には受け入れさせようという態度がみられる。そのような「他の地域」は、長い間不確定であったが、六ヶ所村の再処理工場の立地や、むつ市の中間貯蔵施設の建設が具体化してからは、「他の地域」とは、青森県とりわけ六ヶ所村やむつ市を含意するようになった。

それでは、現時点で、各種の放射性廃棄物や使用済み核燃料の受け入れに、もっとも許容的な青森県や六ヶ所村やむつ市の態度はどうか。これらの主体についても、高レベル放射性廃棄物に関しては、二重基準の採用という態度がみられる。一九九五年の海外返還高レベル放射性廃棄物の受け入れ問題の際に、当時の木村守男知事は、政府（具体的主体としては科学技術庁長官）に、青森県を高レベル放射性廃棄物の最終処分地にしないということを文書で約束させようとした。二〇〇八年四月に三村申吾知事は、再び、そのような趣旨の確約書を、電事連・日本原燃・政府（経済産業大臣）に提出させた。ここには、高レベル放射性廃棄物の最終処分地は、「どこか他の地域」にするべきであるという主張がみられ、この問題についての二重基準の採用がみられる。

このように、中心部の電力受益地域→原子力発電所立地地域→使用済み核燃料受け入れ地域（青森県）→高レベル放射性廃棄物の最終処分地受け入れ地域（未定）の間に、「二重基準の連鎖構造」ともいうべき関係がみられる。「二重基準の連鎖構造」とは、受益圏の階層構造において、より上層の主体が採用した二重基準においては、相対劣位の立場に置かれた主体が、他の主体との関係においては、自らも二重基準を採用し、自分は相対優位の立場に立ちつつ他の主体を相対劣位の立場に置こうとすることであり、しかもそのような態度が多段階にわたってみられるということである。

③ 二重基準の連鎖構造の含意

では、二重基準の連鎖構造を前提に、諸施設の立地が進むことの含意は何であろうか。

第一に、二重基準の連鎖構造を前提にした問題解決への取り組みは、最終的な相対劣位を受け入れる地域が確定されない限り、問題決着にたどり着くことができない。最終的な相対劣位の立場に立つ地域を「最底辺劣位」の地域ということにしよう。「最底辺劣位」という立場をいずれかの主体に受け入れさせるのは、一般にきわめて困難である。かろうじて低レベル放射性廃棄物の最終処分地の受け入れについては、青森県と六ヶ所村は、大都市部との間での二重基準を最底辺劣位の立場で受け入れるという方針を選択している。

第二に、二重基準の連鎖構造が社会的に実現するためには、相対劣位の立場や、最底辺劣位の立場に立つ主体の側が、「別次元の受益（交付金などの補償的受益）についての取引条件」を受け入れることが、必要になる。そして、受苦の大きさが増大するのに対応して、「別次元の受益についての取引条件」もつり上がっていく。

第三に、二重基準の連鎖構造において、最底辺劣位の立場を受け入れる主体や地域が登場しない場合、そのつどの個別問題への対処は、未解決の問題を留保したものとなり、「あいまいさ」を内包するもの、重要問題の先送りを随伴する無責任なものとならざるをえない。現在、海外返還高レベル放射性廃棄物についても、むつ市における中間貯蔵施設立地問題についても、六ヶ所村再処理工場の稼働についても、高レベル放射性廃棄物の最終処分問題は、いずれも未解決である。

それゆえ、第四に、二重基準の連鎖構造を前提にした問題対処においては、現象的に見られるそのつどの個別問題についての解決策は、暫定的決着という特質を帯び、本来的に堅固さを欠如し不安定である。関連する主体は、二重基準を設定し、自分自身は二重基準との関係で、相対優位の立場に自分を位置づけることができるという想定のもとに、そのつどの個別争点に対して、「決着」が得られる。しかし、その決着は「費用投入による受苦の解消」の可能性を明示したものではなく、その点についての社会的合意形成が存在しない以上、真の解決にはなっていない。

このように分析してみると、これまでの青森県の選択は、きわめて危うい選択である。青森県は現在のところ、二重基準の適用において、高レベル放射性廃棄物や使用済み核燃料については相対劣位の立場に、低レベル放射性廃棄物については最底辺劣位の立場に自分を置いている。青森県の願望としては、将来は、二重基準の適用上、相対優位の立場へといずれかの時点で自分が脱出することを望んでおり、その脱出の保証を政府に求めている。しかし、その脱出の保証は果たしてあるのだろうか。脱出の保証があいまいであるにもかかわらず、相対劣位の立場に位置しているがゆえに、青森県に搬入される放射性廃棄物は質的にも種類が増え続け、量的にも増大し続けているのである。とくに、福島原発震災の後、廃炉廃棄物問題が、全国的に深刻化することが予想される。今後、全国の原発に由来する廃炉廃棄物を、青森県と六ヶ所村へ集中させようとする圧力が高まるのではないだろうか。それは、結局は放射性廃棄物の処分に関して、青森県を最底辺劣位の立場に追い込むことになりかねないものである。

(4) 原子力をめぐる閉塞状況と、エネルギー政策の打開の方向性

エネルギー問題・環境問題・地域格差問題をめぐる原子力依存の難点

青森県における核燃施設の立地は、エネルギー問題・環境問題・地域格差問題の交差する領域に位置し

ているが、そのどの文脈でみても、行き詰まりを露呈している。

エネルギー供給という点では、再処理工場の操業が技術的困難にぶつかり大幅に遅延していること、たとえ再処理ができたとしても高速増殖炉によるプルトニウム使用の展望が得られないこと、再処理の結果の高レベル放射性廃棄物の最終処分問題が解決できないこと、地震対策という点で危険と不安を解消できないこと、バックエンド費用が巨額になることなど、難題山積である。原子力事業を推進する立場にある主体群の内部からも、こうした難点ゆえに、既存の核燃サイクル事業への懐疑の声が表明されている（山地編 一九九八）。

環境問題という点では、定常操業による汚染、事故による大規模災害の危険性、各種の放射性廃棄物の排出という難点があり、温暖化対策に原発は有効だという主張は、一つの環境問題への対応（温暖化問題）のために、他の環境問題（放射能汚染）の悪化を招くという自己矛盾に陥っている点においても、原発の生み出すエネルギーの三分の二は温排水となって地球を直接的に暖めている点から見ても、環境問題総体を真剣に考えている人びとにとっては、まったく説得力がない。

以上のようなエネルギー政策上の難点や環境問題上の難点にもかかわらず、原子力施設の建設と操業が立地点で受け入れられ推進される背景には、これらの施設の立地が、経済的・財政的メリットをもたらすこと、すなわち、固定資産税・電源三法交付金・核燃料税・雇用創出・関連産業の発達などのメリットをもたらすという事情がある。このような派生的・補償的メリットの利用は、どのような問題点を伴うものであろうか。

第一に、青森県における原子力施設に依存した地域振興は、第二章でみたように、出発点においては、誘致型開発であるが、依存体質が深まるにつれて従属型開発となり、さらには危険施設受け入れ型開発、ついには、放射性廃棄物処分事業に変容するというパターンに陥ってしまった。そして、原子力施設の立地に伴う派生的・付帯的受益の多くは一過的であり、必ずしも地域社会に根ざして、富を産出するような事業システムを育成するものではない。産業構造や財政構造において、原子力エネルギー供給制御システムへの依存体質が深まった場合、危険施設を次々と追加的に呼び込むという政策への傾斜という帰結を生む。

第二に、原子力施設に関連する直接的・間接的な資金のフローに地域社会内の諸主体が、強い利害関係を持つようになると、政治システムにおいても、外部主体への依存性が高まる。当初は、立地受け入れの埋め合わせというような性格のマネーフローであったものが、やがて、それなしには地域経済も自治体財政も運営できないようになり、そのことが政治的支配力に転化する。すなわち、マネーフローは、原子力エネルギー供給制御システムの担い手主体たちが、地域社会に対して意志を貫徹するための交換力・支配力という性格を有するようになる（朝日新聞青森総局 二〇〇五）。

第三に、原子力施設の誘致は、地域内に相当の批判や反対を伴わざるをえず、地域社会の分裂と人間関係の悪化を引き起こす。多くの場合、そのような形の地域振興策を受け入れようと判断をした人びとの間にも、不安や迷いの気持ちが伴っている。それゆえ、そのような不安・反対を押し切るために、立地受け入れの過程では、立地推進派によって非常に強引な、あるいは、道義的・法的にみて疑問のある政治的行動がしばしば取られてきた(3)。

第四に、危険物質の地域社会内部への滞留は増大する一方である。そのことは、汚染の危険が増大し続けることを意味する。すなわち、環境問題のうえでの難問を永続的に抱え込み、かつ、その難問のスケールが時間とともに大きくなっていくということを帰結する。これは、危険性／安全性という次元での地域格差の拡大を意味する。経済的・財政的な次元で地域格差を縮小しようという願望が、危険性という別の次元で地域格差を拡大しているのである。

第五に、長期的にみると、地域社会における危険物質の増大は、他の産業分野の企業立地や人口定住に対する抑制的な効果を発揮していると考えられる。短期的・直接的には雇用の創出効果があるように見える原子力施設であるが、長期的・間接的には他の産業の立地や定着の阻害要因になっているのではないか。たとえば、六ヶ所村の例をとると、核燃料サイクル施設の存在が、村民の長期的居住地選択において、人口排出圧力として作用していることが、複数の村民から語られている(4)。

このようにみると、青森県の場合、「派生的・補償的受益」を期待しながら、核燃料サイクル施設の立地を受け入れているわけだが、地域振興という点で、常に重い問題を抱え込むことになっている。そして、「危険からの自由」と「地域経済の自立」という点で、いわば、「出口が見えないような状況」に陥っている。

代替的政策の方向性は何か

以上のようにみてくると、エネルギー問題・環境問題・地域振興問題のいずれについても、原子力エネルギーの利用推進という方向性は、根本的な難点に直面している。この行き詰まりを脱却するには、政策決定のしかたと政策内容に根本的な方向転換が必要である。

① 政策決定アリーナの位置の変更

エネルギー政策の決定アリーナについて、必要なことは、**図5-4**に示した現状から、**図5-5**のような主体・アリーナ布置に転換していくことである。**図5-5**は、エネルギー政策の総合的・大局的方針決定のアリーナを、原子力複合体に対して、内属しないような諸アリーナに定位すべきことを示している。エネルギー供給制御システムの制御中枢圏は、原子力複合体の担い手たちに対する外在性・超越性を有する形で設定されるべきであり、それは、エネルギー政策に関与するさまざまな利害要求の表出に対して、公正に開かれていなければならない。言い換えると、この制御中枢圏を公共圏がとりまくべきであり、公共圏が制御中枢圏に対して、注視作用・批判作用を十分に発揮するべきである。そして、「研究アリーナ」は「公論形成の場」の一つとして、自律性が存在することが必要であり、自律的な研究上の知見が政策に反映されるべきである。

② 政策内容の代案

政策内容についていえば、原子力エネルギーの難点を克服するためには、再生可能エネルギーの普及・利用の積極的拡大という政策転換の方向性を提案したい。再生可能エネルギーの利用政策は、エネルギー問題・環境問題・地域振興問題の三つの文脈で、同時に有効かつ建設的な打開策となりうる。その内容を箇条書きにすれば以下のようになる。

①再生可能エネルギーは、エネルギー供給における経営問題、地域振興における経営問題と被格差問題の解決に貢献すると同時に、環境問題に関する被支配問題を回避しうるという特性を備えている。すなわ

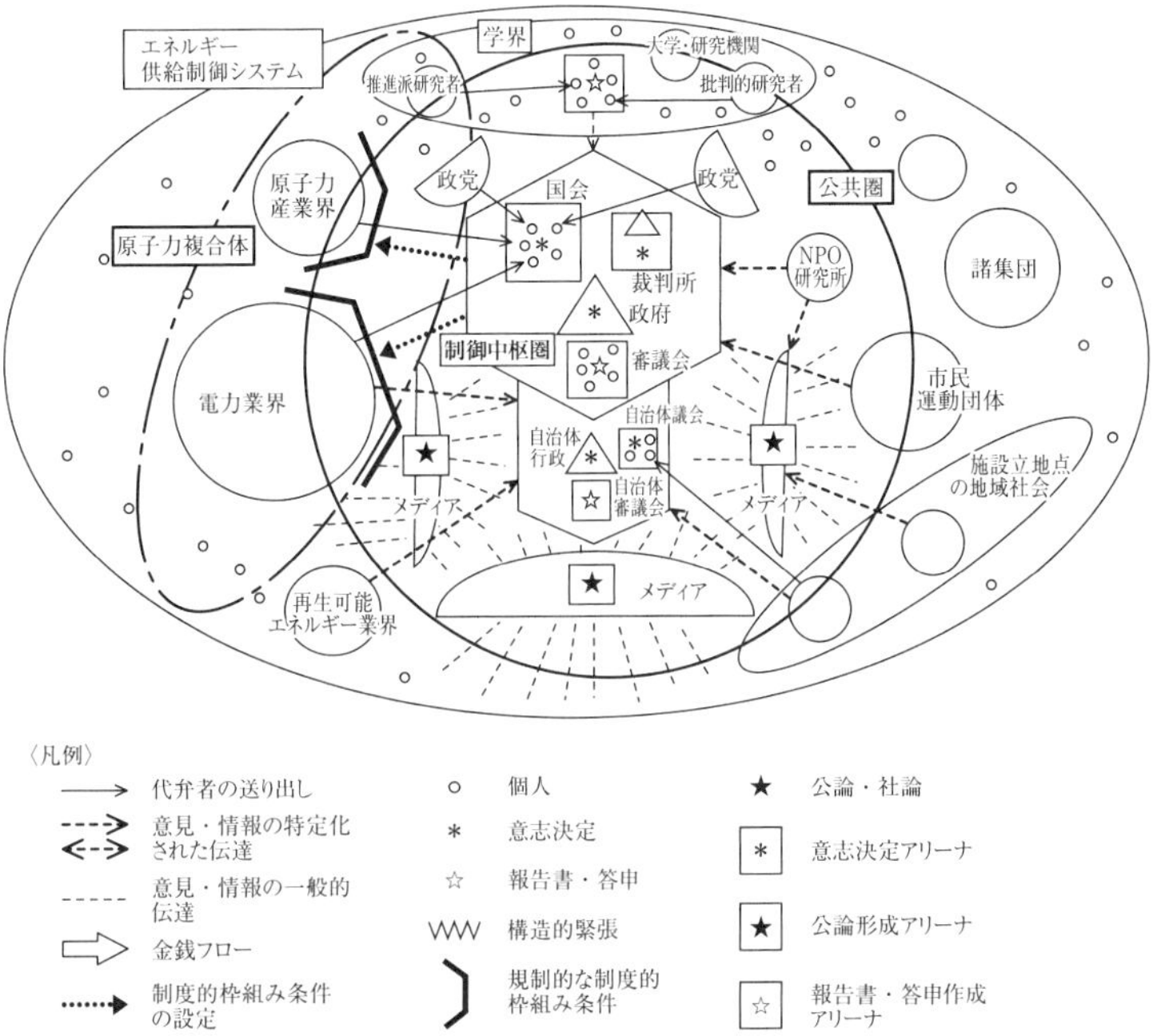

図 5-5　エネルギー政策のアリーナと公共圏

ち、経営問題の解決努力と被格差・被支配問題の解決努力とが正連動しうるという基本的特性を備えている。

②再生可能エネルギーの開発と普及をエネルギー問題と温暖化対策を同時に解決する戦略として、積極的に拡大強化していくべきである。ここで、再生可能エネルギーとは、環境保全との関係で持続可能な供給が期待できる風力発電、太陽光発電、地熱発電、小水力発電、バイオマス利用などの総称である（飯田 二〇〇〇）。

③再生可能エネルギーの普及のためには、それを担う事業システムの経営基盤を保証するための再生可能エネルギー買い取り制度を確立すべきである。その具体的方法としては、長期の固定価格買い取り制を、日本においても確

立すべきである。再生可能エネルギーによる電力は、随伴的危険の伴わない温暖化対策や、過疎地域の地域振興に対する貢献という大きなメリットがあるゆえに、原子力発電や化石燃料による電力よりも高い価格で買い取ることは社会的に見て衡平である。

④各地方における経済的な富の産出による格差の解消、エネルギー自立、環境保全という諸課題を同時に達成するために、各地域の資金を生かした環境金融によって、自治体、地元企業、NPOなどの地域に根ざした主体によって、再生可能エネルギーの供給事業、とくに発電事業を積極的に推進していくべきである。

⑤再生可能エネルギーの産出と売却を担うような事業システムを、各地域内部に形成しやすくするような制度的枠組み条件、とりわけ環境金融に関する信用保証制度を、エネルギー分野の社会制御システムの内部構成として整備するべきである。

⑥再生可能エネルギーの普及のための政策としての「地域間連携」を積極的に推進するべきである。地域間連携とは、再生可能エネルギー賦存量の多い北海道や東北各県などの地域で発電事業を形成し、電力の大消費地である東京などの都市部に、適正な価格でグリーン電力を販売することである。たとえば、東京都は二〇二〇年までにCO_2の排出を二五％削減すること、そのために二〇二〇年までに再生可能エネルギーの利用率を二〇％にまで高めることを、二〇〇六年に政策目標として決定しており、二〇一〇年度より温暖化効果ガスの削減義務を大口電力需要者に課すようになった。このことはグリーン電力の大口需要を東京都内につくりだすものであり、地域間連携の成立根拠となるものである。

以上の提案は、さしあたり、大きな方向性の提唱にとどまっている。このような政策の妥当性についてのより詳細な論証と、具体的な制度設計に関する提案は、今後の課題としたい。

【注】

（1）本章では、「危険」と、「リスク」とは、山口（二〇〇二、一八七頁）らの指摘にヒントを得つつ、次のように区別して使いたい。「危険」も「リスク」も、ある主体にとって、なんらかの受苦や損失が発生する可能性を含意しているが、「危険」とは、そのような事態が他主体の行為によって引き起こされる場合、「リスク」とは自分自身の行為によって引き起こされる場合を指すことをいう。

（2）より厳密にいえば、原発震災がひとたび発生すると、その被害の補償は、金銭に換算する形での「費用化」によってはカバーできない。費用としては換算・算定できない質をもった被害が発生する。

（3）たとえば、一九八六年一〜三月に泊漁協で海域調査の受け入れをめぐって激しい対立が続く中で漁協総会において受け入れが「決議」されたことになっているが、その手続きの公正さに疑義があること、同年六月の泊地区海域での海域調査の実施に際しての警察力の使用と反対派住民の逮捕、一九八九年一二月の六ヶ所村村長選挙で「核燃凍結」と核燃についての住民投票の実施を公約に掲げて当選した土田浩村長が、結局住民投票を実施しなかったこと、などがある。

（4）六ヶ所村住民Aさんからの聞き取り（二〇〇六年八月）、および、Bさんからの聞き取りによる（二〇〇七年九月）。

【文献】

朝日新聞青森総局　二〇〇五『核燃マネー――青森からの報告』岩波書店。
飯田哲也　二〇〇〇『北欧のエネルギーデモクラシー』新評論。
石橋克彦　二〇〇〇「地震列島では『地質環境の長期安定性』を保証できない」地層処分問題研究グループ『「高レベル放射性廃棄物地層処分の技術的信頼性」批判』原子力資料情報室、三九～五五頁。
核燃料サイクル開発機構　一九九九『わが国における高レベル放射性廃棄物地層処分の技術的信頼性――地層処分研究開発第二次取りまとめ』核燃料サイクル開発機構。
桐生広人著・グリーンピース・ジャパン編　二〇〇一『核の再処理が子どもたちをおそう――フランスからの警告』創史社。
原子力委員会新計画策定会議　二〇〇四「新計画策定会議（第一〇回）資料第七号」（http://www.aec.go.jp/〔二〇〇八年七月三一日閲覧〕）。
佐々木力・飯田哲也　二〇〇二「脱原子力運動の現在」『情況』一・二月号、八～二七頁。
ジョンソン、G・F　二〇一一『核廃棄物と熟議民主主義――倫理的政策分析の可能性』（船橋晴俊・西谷内博美監訳）新泉社。
土井和巳　一九九三『そこが知りたい　放射性廃棄物』日刊工業新聞社。
船橋晴俊　一九九八「環境問題の未来と社会変動――社会の自己破壊性と自己組織性」船橋晴俊・飯島伸子編『講座社会学一二　環境』東京大学出版会、一九一～二二四頁。
船橋晴俊　二〇一〇『組織の存立構造論と両義性論――社会学理論の重層的探究』東信堂。
船橋晴俊　二〇一一「社会制御システム論における規範理論の基本問題」『社会志林』五七号、一一九～一四二頁。
堀江邦夫　二〇一一『原発ジプシー　増補改訂版――被曝下請け労働者の記録』現代書館。

山口節郎　二〇〇二『現代社会のゆらぎとリスク』新曜社。
山地憲治編・原子力未来研究会　一九九八『どうする日本の原子力――二一世紀への提言』日刊工業新聞社。

低レベル放射性廃棄物のドラム缶模型（1995年8月，舩橋撮影）

低レベル放射性廃棄物の埋設に使用される200リットルのドラム缶の模型。六ヶ所村の原燃PRセンターに展示されている。

第六章　地域社会と住民運動・市民運動

長谷川　公一

（1） 六ヶ所村の地域権力構造

六ヶ所村の村長

県知事に焦点があてられることはあっても、市町村長や市町村議会の議員については、日本ではジャーナリズムの世界でも、社会学や政治学においてもあまり分析がなされてこなかった。極論すれば、彼らは、地域政治のなかで実質的にあまり影響力をもたない存在であるとさえみなされてきた。とくに日本の保守政治の分析は、近年代議士の個人後援会の分析に焦点があてられ、市町村長や市町村議会議員は自立的な存在というよりは、むしろ特定代議士系列の市町村レベルの幹部としての側面が重視されてきた。

しかし、むつ小川原開発問題および核燃料サイクル施設問題に関わる政治過程を立地点の青森県六ヶ所村のレベルにおいて考察するとき、「推進側」サイドでもっとも重要なアクターは①村長、②助役などの村執行部、③村会議員である。このほかの地域有力者としては漁協組合長、漁協役員、農協組合長、農協役員、商工会長、商工会役員などの職能的な性格の強い団体の役員がいる。しかし実力のある漁協組合長や農協組合長は村議を兼ねるか、組合長職を辞任後に村議になる場合が多く、村議とこれらの団体役員の地域政治における影響力の社会的基盤には共通する面が多い。村議を分析することで、職能団体のリーダーのあり方も把握することができる。

また村執行部は、助役・収入役・出納長の三役人事については議会の承認が必要だが、人事権を村長が掌握しているがゆえに、六ヶ所村のような村では、村長との一体性が高い。官僚制機構として独自の力学

表6-1　六ヶ所村の村長一覧（1946年以降）

村長名	任　期	おもな前職	類　型
橋本勝太郎	1期，1946. 1 = 1946.10	平沼農事改良組合長，助役	地域名望家型
佐々木高壽	3期，1947. 4 = 1959. 5	助役	地域名望家型
沼田　正	2期，1959. 5 = 1966.12	村議会副議長，農場支配人	地域名望家型
種市栄太郎	1期，1967. 1 = 1969.11	県職員	地域名望家型
寺下力三郎	1期，1969.12 = 1973.12	助役	能吏型
古川伊勢松	4期，1973.12 = 1989.12	村議会議長，泊漁協組合長	地域名望家型
土田　浩	2期，1989.12 = 1997.12	村議会議長，庄内酪農協組合長	新興実力者型
橋本　寿	2期，1997.12 = 2002. 5	村議，教育長	新興実力者型
古川　健治	3期（現職）2002. 6 =	教育長	地域名望家型

と行動様式で自立的に動くというよりも、村長によってコントロールされる性格が強い。とりわけ核燃施設に対する村長の姿勢と、県当局の姿勢、村執行部の姿勢の間に共通性が高い場合にはなおさらである。

以上の理由から、六ヶ所村の地域社会を地域権力構造に焦点をおいて分析する際、本稿はまず力点を村長と村議におく。

表6-1は、六ヶ所村の戦後の村長の一覧である。戦後の歴代村長のうち、佐々木高壽、沼田正と種市栄太郎と古川伊勢松の各氏と現村長古川健治（伊勢松の実弟）は、それぞれ六ヶ所村でも歴史が古く有力な家系の出自であり、保守的な市町村によく見られるような、典型的な「地域名望家型村長」だった。沼田、古川、土田、橋本前村長は、村議経験者である。これに対して、むつ小川原開発反対運動のリーダーとして全国的な声望を集めた寺下力三郎氏の場合には前職は助役であり、村の職員としての経歴が長く、地域名望家的な性格は弱い。経歴のうえでは「能吏型村長」といえる。前任者の汚職事件による逮捕・辞任という異常事態のもとで、寺下は村長に就任した。この事件がなければ、寺下村長は誕生しなかった可能性が高い。寺下は「筋をとおす」タイプであり、議会工作などは好まず、「清濁併せ呑む」農村地帯の保守系政治家の像からは、もっとも遠いタイプの村長だった。かれは一期で古川伊勢松氏に敗れてからも、むつ小川原

開発反対運動のリーダーとして、また対立候補として古川村長に村長選で三度挑戦し続けた。しかし、むつ小川原開発問題および核燃問題が存在したがゆえに、かれは反対運動のリーダーであり続けることになったのであり、そもそも地方政治家を志向したり、地域リーダーを志向していたわけではない。

土田浩元村長は、山形県庄内地方から六ヶ所村に戦後、集団で入植した開拓農家であり、地付き住民の多い六ヶ所村民の一般的な感覚では新参者であり、「新住者」である。土田氏は酪農家として、また庄内酪農協の職員・役員として頭角をあらわし、有力村議となり、一九八九年の村長選で現職の古川氏に対して反旗をひるがえし、その五選を阻んで当選した。「新興実力者型村長」といえる。余所者に対して排他的な傾向の強い六ヶ所村で土田氏が村長になりえたのも、核燃問題が存在したからである。推進の古川氏に対して、土田氏は「凍結」を掲げ、核燃に批判的な、また核燃に慎重な陣営の票をも吸収することによって、当選を果たした。

橋本寿前村長は、むつ小川原開発による土地買い占めで巨利を得たが多角経営に失敗して破産した橋本喜代太郎氏の息子であり、日本青年会議所の役員などを経験し、一九七五年に二七歳の若さで戦後生まれ（一九四八年生）として、また大卒者としてもはじめて村議になり、早くから次世代の村のリーダーとして期待を集めてきた。一時期は古川村長の後継者と目されたものの、反旗をひるがえし八五年の村長選に立候補しようとしたが、立候補をとりやめた。八九年に当選した土田村長のもとで、村議から教育長に任命されたが、九七年の村長選に反土田派として立候補し当選を果たし、土田村長の三選を阻んだ。二期目の二〇〇二年五月、村発注の公共事業に関連して業者からの収賄の容疑で取り調べを受けていたが、取り調べから帰宅したあと、林の中で首吊り自殺した。彼の自死を受けて、事件の全容は未解明のまま捜査は打ち切られた。

現職村長の自死は村内に大きなショックを与え、後継の村長には教育長で、古川伊勢松元村長の実弟の古川健治氏が擁立され当選した。ワンマンだった兄に対して、現村長は調整型のリーダーと評価されている。古川健治村長は、現在三期目を務めている。過去三回の村長選はいずれも有力な対抗馬がなく、大半の村議の支持を得た「無風選挙」に近いものだった。

戦後の六ヶ所村の村長選挙では、無投票当選は一度もなかった。青森県内の市町村にしばしば見られるように六ヶ所村もまた政争の激しい村であり、一九六〇年代半ばまでは更正会と暁友会という二大派閥が与野党に分かれて村長選を争ってきた。与野党を分かってきたのは、政策や政治観、イデオロギーではなくて人間関係だった。注目したいことは、六ヶ所村の場合には長期間、村内の二大派閥と代議士系列とは独立だったことである。与野党の二大派閥の対立は、争点を変え、離合集散を繰り返しながら、橋本前村長時代まで基本的に続いてきた。

むつ小川原開発が表面化して以降は、地域内の世論を二分するむつ小川原開発・核燃料サイクル施設に関わる争点が、無投票当選を阻止し、村長派対反村長派という対立の構図を基本的に規定してきたといえる。むつ小川原開発問題と核燃問題によって、村長のあり方が規定されていたことは、一九七三年から八九年まで村長だった古川伊勢松氏が村長としては全国的にも珍しい、しかも青森県内でも珍しい自民党公認の村長だったことにも例証される。

村議と村議会

村議会は村長派（与党）対反村長派（野党）に二分される。村長がその影響力を維持・拡大し、権力基盤を安定化させるためには、村議の多数派を制することが不可欠である。一般に小さな市町村の議員職は名誉職的な性格をもつことが少なくないが、六ヶ所村の場合には村長、議員および議会は、次のような意味において、きわめて政治的な意味合いをもっていた。

第一に、むつ小川原開発問題が表面化して以来、六ヶ所村には土地代金や巨額の公的資金が四〇年以上にわたって投入されてきた。「村議」は、外部資本が用地買収などを行う際、また地元の反対論や慎重論の切り崩しをはかろうとする際に、真っ先に照準をあてるターゲットである。実際、鎌田（一九九一）が描き出すように、むつ小川原開発初期の土地の買い漁り期には、村議は用地買収の手先となり、不動産業者から手数料を稼いだ。また村議は情報も入りやすく、利権と結びつきやすかった。とりわけ土建業など事業を営む村議にとって、公的な資金の流入や各種施設の建設は、利権獲得の最大の好機だった。

第二に、むつ小川原開発の受け入れ、核燃施設の誘致など、村の重要な意思決定は、村議会の意思表明という形をとっている。また核燃諸施設の操業開始にあたっては、県とともに、事業者である日本原燃と村との間で「安全協定」が調印されてきたが、村議会は安全協定に対して同意を与えてきた。さらに、一九九四年一二月には、住民から出された、フランスからの高レベル放射性廃棄物搬入の是非を決める住民投票実施のための条例制定の請願を否決している。このように、むつ小川原開発問題、核燃施設問題といった問題の節目ごとに、村議会は重要な意思決定を行ってきた。その際、六ヶ所村の村議のほとんどは、また近年では村議の全員がむつ小川原開発、核燃施設の建設を推進する立場で意思表示してきた。六ヶ所村の村議は、むつ小川原開発問題・核燃問題に受け身的に対処してきたわけではない。積極的に「推進」してきたのである。

六ヶ所村において、村民からの聴き取りの限りでは村議に対する評価は全般的に低い。利権めあて、イエスマン的である、不勉強である、というのが代表的な評価である。村政を実際に動かしているのは、村長と村役場の執行部である。村議会は形式的には前述のように重要な意思決定に関与してはいるものの、イニシアティブを発揮してきたというよりもむしろ「追認」してきたのである。議会が村当局と独自に、むつ小川原開発問題や核燃問題について意思表示したり、積極的な行動を取ったことは、議会の多数派と対立していた寺下村長時代以外にはない。県や村当局のむつ小川原開発・核燃問題の取り組みに対する、村議会のチェック機能も十分とはいいがたい。チェック機能を一定程度果たしたと評価されているのは、滝口作兵ヱ氏（一九六七〜九一年議員在任）、中村留吉氏（一九七五〜八七年議員在任）などに限られる。

全国的には、市町村議会でも代議士系列化が進んできたとされる。そもそも系列化の性格の濃い議会もある。たとえば、日本ではじめて原発建設に関する住民投票が行われた新潟県巻町の場合、町議会の保守系議員は、戦前の政友会と憲政会の時代以来二大勢力に分かれ、一九九〇年代半ばまで、故小沢辰男（自民党旧田中派・竹下派から新進党）系の沢竜会と、故近藤元次系（自民党旧宮沢派）の元友会の二大勢力が拮抗してきた。歴代の町長もまた、この二大勢力から交互に選出されてきたのである。県議も系列の土建業者も二大勢力に分かれて、抗争を繰り返してきた。このようなあり方を「代議士系列型の地域権力構造」と呼ぶことにする。

これに対して、六ヶ所村や下北半島の上北郡・下北郡の市町村の場合には、保守系の市町村議員は、かならずしも特定の代議士系列に属しているわけではない。中選挙区時代の衆議院の選挙区は旧青森一区だが、同選挙区から選出される議員は青森市や八戸市などの地方中心都市を主な地盤とする代議士だった。青森県のなかでも相対的に周辺部に属し、有権者数の少ないこれらの地域を、保守系代議士は選挙の拠点として重視してこなかった。特定の代議士系列からの独立性が高いという意味で「代議士系列から独立型の地域権力構造」と呼ぶことができる。

実際、このことは投票率の高低によって裏付けられる。六ヶ所村の投票率の特色は、村長選や村議選では九〇%を超えるほど高いのに対して、県議選や国政選挙では選挙区全体の平均投票率を数%から一〇%程度下回る。興味深いことに、六ヶ所村の有権者は、県議選以上の大きな選挙に対してはそれほど熱心ではないが、村長選や村議選という村独自の選挙に対してはきわめて強い関心をもってきた。強力な選挙運動がなされることの反映である。

村長派と反村長派のダイナミクス

では六ヶ所村の場合、村長派と反村長派は、どのような原理で構成されてきたのだろうか。

一九九五年時点の六ヶ所村の村議会の派閥構成は、村長派の「明正会」対村長に批判的な「清風会」という構成になっていた。村議二二名のうち、明正会は一九名、清風会は三名である。明正会は、八九年の村長選を前に、土田浩村議を村長選に擁立した橋本道三郎村議・古泊実村議らが古川村長派（清風会）からたもとを分かって結成した。村長選での土田候補の勝利、古川前村長の死去を契機に、次第に清風会所属議員は明正会に移り、九五年時点では三名を残すだけとなった。古川前村長のワンマン体制を批判して村長となった土田氏は対話路線を打ち出し、賞罰人事によって反対派を排除することをせず、かえって旧古川派の有力者を登用することによって「総主流派体制」づくりに努めた。たとえば企画課長を長く務め、古川村長の右腕としてむつ小川原開発・核燃建設をすすめてきた橋本勲氏を村民の大方の予想に反して、助役に抜てきした。また若手の村議で、かつて村長をめざしたことのある橋本寿村議を教育長に任命した。

旧古川派の村議で、清風会に所属したままでいるのは三名の議員だが、かれらは核燃推進派であり、明正会に移らないのは、核燃問題に対する政治姿勢の相違というよりもむしろ人間関係や感情的要因にもとづく。逆に村長派に移ったのは、建設業などを営む利権に敏感な事業家的議員であり、かれらは村や核燃関係工事の指名業者から外されることを恐れて、村長派に転向したのである。

六ヶ所村の派閥は、政治的理念や開発をめぐる政治姿勢の相違によるものではない。利権や人間関係、政治的野心などによるものである。派閥は、村長と村議との間の「人間関係」を表現したものとさえいえる。

六ヶ所村のような小さな村ほど、村長の裁量権は一般に大きい。とくに街灯の設置などに代表される公共財の集落への配分問題に関して、また村の事業をどの業者に発注するのかに関して、役場の採用・昇進などの人事権に関してである。しかも六ヶ所村の場合には、一九七〇年代以降、「開発」の進展とともに外部から流入した資本や補助金の額が巨額だったことから、村長の裁量権はとくに強まり、開発反対派に抗して「開発を守る」という大義名分のもとで、村長の「専制」は正当化されてきた。

各集落の代表であり、世話役である「総代」は、集落内への公共財の配分を有利にすすめ、集落の利益を実現するために、村長派につこうとする。ほとんどの村議は総代経験者でもある。前述のように、事業を営む村議は、村長派につくことによって、利権の配分にあずかろうとする。村役場の職員も村長が人事権を掌握していることから、村長に従順になる。こうして村議・総代・村職員が一体となって村長選における集票マシンとなるのである。狭い村社会では、地域内の有力者が村長選で誰を支持したのか、どれだけ選挙運動に貢献したかははっきりしている。こうして村長派による主流派が形成され、維持され、拡大していく。

では反主流派、反村長派はどのようにして形成されるのか。古川派から土田派が分裂した際のメカニズムをもとに一般化してみよう。村議の場合、主流派が膨張しすぎると、内部のコミュニケーションを維持することが困難になる。また、分配される利権のパイの量も相対的に小さくなることによって、主流派の一員であり続ける誘因は低下する。とくに村長が新参者を厚遇する場合には、古参メンバーからの不満が高じやすく、古参メンバーを厚遇し続ける場合には、新参者の不満が強まる。派閥の膨張自体が、反主流派形成の契機をつくりだすのである。

こうして高齢化・多選化への批判、特定業者との癒着・政治的スキャンダル・失政などを契機として、主流派から分かれ、これに対抗しようとする勢力が登場する。一九八九年の村長選では五選をめざした古川村長に対して、八八年以降全県的に強まってきた核燃施設に批判的な世論をも追い風として、土田村議らは古川村長の強引な手法に批判的な村議の支持を糾合し、「宮廷内クーデター」に成功し、村長選に勝利した。これに対して、土田系に対して旧古川系が巻き返し一矢を報いたのが、橋本寿氏が当選した九七年の村長選だった。

「選挙は六ヶ所村の産業」である

では、村議はどのようにして誕生するのだろうか。筆者の聴き取りに対して、A村議は「選挙は六ヶ所村の産業」であるという名言を吐いた。一九九四年時点で、村議に当選するのには、初回で二〇〇〇万円、二期目以降は一〇〇〇万円が選挙戦の相場だという。一票四万円として、初回は五〇〇票、二期目以降は二五〇票を獲得して当選するという構図である。**表6-2**は、上位当選者五位までのうち、初当選した議員のリストである。この表で七回のうち四回は新人がトップ当選をはたしている。初当選時に上位当選するケースが目立っている。また再選時にも比較的上位当選しやすい。このことは前述の証言を裏付けるものであり、選挙基盤が不安定で票読みが難しい初当選時・再選時に、大量の選挙資金を投下することのあらわれである。「どんなに親しい友人でも選挙となれば別だ」(B村議)という、血縁・地縁がらみの激しい選挙戦であるがゆえに、大量の選挙資金を投じることで他陣営を切り崩す〈攻撃〉型の選挙戦を行い、当選に保険をかけるのである。三選以後は、地盤を固める〈防衛〉的性格が強まるのである。

利権獲得のために村議となり、一〇〇〇万～二〇〇〇万円を四年間で回収するために、さらに利権獲得に走り、開発を待望するという構図がむつ小川原開発計画が浮上して以来できあがったのではないかと仮説できる。六ヶ所村の村議の過半数を味方につけるために、事業者側が支払うべきコストは一一人×二〇〇〇万円として二億円強である。核燃料サイクル施設の総投資額は約二兆円

表6-2　六ヶ所村村議選上位当選5位に占める初当選者
(1971年以降)

1971年	橋本喬(3位)
1975年	橋本寿(1位)・土田浩(2位)・橋本道三郎(3位)
1979年	秋戸喜代見(4位)・高田丑蔵(5位)
1983年	福岡良一(1位)・中岫武満(4位)
1987年	大湊茂(1位)・中村忍(2位)・高田竹五郎(4位)
1991年	三角武男(1位)
1995年	附田義美(2位)・橋本隆春(3位)

表6-3　六ヶ所村村議選に関するデータ

選挙年	1967	1971	1975	1979	1983	1987	1991	1995
1位当選者得票率	3.94	5.13	6.27	5.49	6.18	7.15	7.09	7.70
最大得票差	71	128	216	181	261	337	337	402
1位当選者得票数	245	337	448	413	484	550	553	616
最下位当選者得票数	174	209	232	232	223	213	216	214
次点者得票数	170	208	215	228	198	176	210	190
有権者数	6,681	7,253	7,805	7,989	8,398	8,298	8,250	8,551
有効投票率	93.14	90.57	91.45	94.14	93.21	92.72	94.52	93.53
落選者数	15	7	3	3	3	1	6	3

（注）最大得票差は，1位当選者の得票数と最下位当選者の得票数との差。

だが、計算上はその〇・〇一％のコストで、村内の地域政治をコントロールすることができる。六ヶ所村は日本の「金権政治」「土建屋政治」の地域レベルにおける縮図であるといっても過言ではない。

表6-3は、一位当選者の有効得票率と、一位当選者と最下位当選者の得票数の差（最大得票差）を時系列的に並べたものである。一九七五年以降、一位当選者の得票率は高まっており、当選者内の得票差も拡大が著しい。とりわけ八七年以降これらの傾向が目立っている。村議選に投じられる選挙資金の大きさの変化に対応しているとみてよい。七五年は、むつ小川原開発の第一次基本計画が発表され、一九七二年に用地買収交渉が始まって以降最初の村議選のあった年であり、八七年は、一九八五年に核燃料サイクル施設の六ヶ所村立地が決定して以降最初の村議選のあった年である。七五年の村議選では**表6-2**のように、上位当選者の一〜三位までが新人だった。トップ当選した橋本寿氏の父、橋本喜代太郎氏は六ヶ所村内の最大の土地ブローカーだった。第二位で初当選するのがその後村長となる土田浩氏であり、第三位で初当選するのが土田村長の僚友として明正会をつくり、村会議長をつとめた橋本道三郎氏である。八七年の村議選でも上位当選者の一・二・四位を新人が占めている。むつ小川原開発の進展と核燃料サイクル施設立地の具体化とともに、六ヶ所村の村議選の選挙費用

が膨大化し、金権選挙的性格が強まったことが、表6－2からうかがえる。

一九六七年までは候補者も乱立気味で、とくに強力な候補者もおらず、得票を薄くひろく分け合っていたとみることができる。一九七五年以降は、事前に立候補者が絞りこまれることになったらしく落選者の数が数名程度にとどまる少数激戦型になったことも注目される。

なお六ヶ所村の村議は地域代表という性格が強い。新人も引退する現職議員の後継者として地盤を引き継ぐパターンが多い。そのことは六ヶ所村がそもそも六つの大きな集落の集合体であり、南北に細長い大きな面積の村であり、泊のような漁村的な集落や酪農地帯など、生産基盤を大きく異にする幾つもの集落からなっていることとも対応している。当選ラインは二〇〇票程度だから、一世帯あたりの有権者数が三〜四票として、計算上は七〇世帯以上がまとまれば、地区代表として村議を出すことができる。

伝統的な地域名望家から、新興諸勢力への地域権力の重心の移動は、全国どこの地域でも程度の差こそあれ観察されるが、六ヶ所村は、地理的に隔絶し農漁業地域であったがために、第二次世界大戦後の入植者などをのぞいて、他の地域からの流入者が少なかった。そのため、橋本、種市などの「旧家」、地域名望家が代々村議や村役場、漁協・農協の要職を占めてきた。親の議席を引き継ぐものも多い。地域名望家は姻戚関係や就職の世話などをつうじて、他集落にも支持をひろげている。村長が地域名望家型であるとともに、村議もまた多くは地域名望家的性格をもっていた。

けれども、大規模開発にともなって大規模土木事業や不動産業が活発化するにつれて、土木事業者や成功した事業者が村議になるパターンが増えている。

六ヶ所村の場合には、新住者層は「よそ者」であり、既存の地域権力構造のなかに入りこむことは困難だった。成功した例外が庄内地区であり、元村長の土田氏である。

土田氏は、一九八九年に「凍結」を掲げて村長選に当選したものの、村長に就任以後は、「凍結」は「ゆるやかな推進」だったとして、核燃料サイクル施設の操業開始、建設工事の進捗に協力的な姿勢をとっている。マスコミ嫌いだった前職の古川村長に対して、土田村長はマスコミに対しても協力的であり、核燃施設の立地村の行政責任者として村長のコメントがマスコミに登場する回数も増えている。また、村内や村外からの核燃反対派とは一切会おうとしなかった古川前村長とは対照的に、就任直後から村長室を開放し、村内の核燃に反対、あるいは批判的なグループや村外からの核燃反対を掲げる市民運動グループとの面会にも応じている。土田村長が就任後とくに重視したのは、八六年の海域調査の実施問題以来、地域を二分する対立・抗争が続いていた泊地区での対話である。

古川前村長は「開発独裁」的で、当時の北村正哉県知事——工藤省三県議(1)——「清風会」という閉鎖的で狭い権力サークルの内部にとどまっていた。外部からの批判を、古川前村長は意にかいさなかったとする類のエピソードや放言集は数多い。しかし、そのような政治姿勢は、六ヶ所村が核燃料サイクル施設によって世界的な注目を集め、もはや地理的に隔絶し、孤立性の高い政治空間ではなくなってきた以上、六ヶ所村の社会的な状況の変化に対して適合的ではなくなった。ポーズにすぎないという批判はあるものの、反対派の主張に対しても耳を傾けようとし、マスメディアの取材に対しては立地村の行政責任者としてのコメントを行う土田村長の登場は、時代的な要請だったとみることができる。

六ヶ所村における土田村長の擁立と当選、さらに土田村長を破って登場した橋本村長の当選は、いずれもその前の村長の支持者だった有力村議によって支えられたものであり、既存の地域権力構造内部での権力争い、「宮廷内クーデター」的なものだった。地域権力構造の刷新や核燃依存的なあり方から村政の革新をもとめるものではなかった。

橋本村長の自死以後は、村では、現村長派と前村長派とが激しく対立するような事態は小休止している。

原燃の企業城下町化

核燃に容認的な人たちや現職の村会議員からも指摘されているのは、今後、日本原燃株式会社の社員や元社員、関係者が村議になるケースが増えていくのではないか、ということである。すでに、一九八七年以来、東北電力労組出身の議員が登場していることは、その前ぶれと受けとめられている。日本原燃株式会社は六ヶ所村で群を抜いて大きな企業であり、青森県内でも最大規模の企業である。村内で働く同社の従業員は約九〇〇人である。少なめに見積もって仮にその半数が村内に有権者資格をもつとして約四五〇人。前述のように、約三〇〇票で確実に一人の議員を誕生させることができるのだから、従業員とその家族の票を含めれば、日本原燃株式会社はゆうに三人の議員を生み出すだけの実力をもっていることになる。しかも有力村議や村当局の有力幹部の多くは、実質的な見返りとして、利権の一環として、その子弟を日本原燃に就職させている。

六ヶ所村は、経済的にも政治的にも日本原燃株式会社の企業城下町となりつつある、核燃支配が進行しつつあるといって過言ではない。核燃に容認的な人たちからも、日本原燃に対してものが言えなくなるのではないか、ものが言えなくなってきた、という危惧が聞かれる。

核燃への疑問や批判的な声をあげれば、村内から浮き上がり、孤立する可能性がある。村内での主な就職先は、日本原燃関連の事業所かもしくは役場か農漁協などに限られる。家族や近い親族の誰かが、すでに役場や日本原燃の「お世話になっている」場合が多い。村内での就職を希望する限り、自分の子弟もまた世話にならざるをえない。村内で自由な立場で、核燃について発言できる人はほとんどいないといっても過言ではない。村内の核燃関連の説明会で、質問や発言が出にくいのはそのためである。テレビや新聞などで、実名を出して批判的な視点から核燃にコメントしている村民は数人に限られている。

(2) 核燃反対運動の課題と特質

核燃反対運動の意義と特質

自由で批判的な言論が事実上封じられてきた村にあっても、県内外、国際的な支援のもとで、核燃料サイクル施設の建設および操業に反対する社会運動は続いてきた。それが「核燃反対運動」である。第一章第二節以下に記したように、一九八四年一月にむつ小川原開発用地への核燃施設の立地問題が表面化して以降次第に組織化され、チェルノブイリ事故後の一九八七年から九〇年にかけて全県的なひろがりを見せ、その後運動エネルギーの停滞を余儀なくされてはいるものの、現在に至っている。一九六〇年代末以来の歴史をもつ長良川河口堰建設反対運動、新石垣島空港建設反対運動(一九七九年〜)、池子米軍住宅建設反対運動(一九八二年〜)などとともに、一九八〇年代以降のもっとも代表的な環境運動・社会運動といっていいだろう。しかもイッシューの国際性、超世代的な影響の大きさに規定されて、核燃反対運動のもつ社会的な意義はきわめて大きい。

表 6-4　住民運動と市民運動の基本的性格

	住民運動	市民運動
行為主体		
a）性格	利害当事者としての住民	良心的構成員としての市民
b）階層的基礎	一般市民，農漁民層，自営業層，公務サービス層，女性層，高齢者層	専門職層，高学歴層
イッシュー特性	生活（生産）拠点にかかわる直接的利害の防衛（実現）	普遍主義的な価値の防衛（実現）
価値志向性	個別主義，限定性	普遍主義，自律性
行為様式		
a）紐帯の契機	居住地の近接性	理念の共同性
b）行為特性	手段的合理性	価値志向性
c）関与の特性	既存の地域集団との連続性	支援者的関与

（出所）　長谷川（1993，104 頁）。

核燃問題は第一章で検討したように，むつ小川原開発問題以来の歴史をもっており，核燃反対運動とむつ小川原開発反対運動とは連続的である。ばかりでなく，両者は論理的にも連続的である。歴史的に連続的であるばかりでなく，両者は論理的にも連続的である。六ヶ所村の核燃施設は，制度的には「むつ小川原開発第二次基本計画」の「付」として閣議了解された国家的なプロジェクトだから，核燃施設に反対することは，むつ小川原開発計画に反対することを意味するからである。この意味で核燃反対運動はむつ小川原開発反対運動としての前史をもつばかりでなく，むつ小川原開発反対運動そのものでもある。その意味で，一九七一年以来の組織化された反対運動の歴史をもっている。

ただし固有に「核燃反対運動」と呼ぶのがふさわしいのは，一九八四年に核燃施設の立地問題が表面化して以降の局面である。イッシューが石油コンビナート基地建設反対・大規模開発反対から核燃施設反対へと変化したからであり，それにともなって反対運動の担い手や行為様式などに，重要な差異が見られるからである。

長谷川（一九九三，一〇三～一〇五頁）でも述べたが，一般に住民運動と市民運動の基本的な性格の相違は，行為主体，イッシュー特性、運動の価値志向性、行為様式に注目して、表6－4のように対比できる。むつ小川原開発反対運動と核燃反対運動とを対照するとき、前者は住民運動的性格が強く、後者は市民運動的である。一九八三年段階までのむつ小川原開発反対運動は、直接的な利害当事者であるむつ小川原開発用地の地権者やその周辺の人びと、つまり農漁民層を主な担い手として、開発から生活拠点を防衛しようとする住民運動的な性格の強い運動だった。それに対して核燃反対運動は、むしろ価値関与的で、普遍主義的な性格を帯びた「良心的構成員」による支援者的関与を特色とする、市民運動的な性格の強い運動である。

長谷川（二〇〇三）で、宮城県における女川原発反対運動の事例研究にもとづいて指摘したように、原子力発電所の建設反対運動は一般に、閉鎖的で硬直的な日本の政治過程と原子力政策のもとで、建設が国策として行政を抱き込んで推進される結果、困難な運動過程をたどらざるをえない。計画決定過程における立地点中心の住民運動的なものから、原発の建設がすすみ、操業が開始され、事業実施過程に移行するにつれて、立地点周辺拠点都市における市民運動中心のものに変容を余儀なくされる展開が多い。核燃反対運動も、ほぼこのような運動過程をたどらざるをえなかったといってよい。

反原子力運動のなかでも、また日本の環境運動のなかでも、核燃反対運動を際だたせているもっとも重要な特質は、イッシューの特性や運動過程のダイナミクスに規定されて、きわめてグローバルな性格をもつ社会運動として展開されていることである。核燃問題が、日本と英仏の再処理契約に規定され、両国からのプルトニウム返還・高レベル放射性廃棄物返還問題、日本のプルトニウム利用政策に対する国際的な批判を内包しており、その影響は、単に立地点六ヶ所村や青森県内にとどまらない、きわめてグローバルな性格をもっているからである。核燃反対運動は、後述するように、グリーンピースはじめ、国際的な反原子力団体との連携や交流、情報交換を重視する社会運動として展開されざるをえなかったのであり、近年そのような性格をますます強めている。

核燃反対運動の特質を、運動が対抗力の拡大のために直面した課題との関連で、整理してみよう。

①住民運動としての対抗力の限界を克服するために、一九八四年以降の局面において核燃反対運動は全県的な高揚を課題としていた。しかし、農業県青森県において核燃反対運動が全県的な高まりを見せるためには労働運動や市民運動の対抗力には限界があった。

②核燃反対運動の対抗力を大きく高めたのはチェルノブイリ事故を契機に農業者の反対運動が全県的なひろがりをみせたからであり、農業者を中心とする核燃反対運動の対抗力は一九八九年参院選・九〇年衆院選の反核燃候補の集票力に示された。

③けれども農業者の反対運動も、選挙戦重視の反対運動の戦略も一定の限界をもっていた。その限界は九一年知事選以降顕在化する。

④核燃反対運動が県内および国内レベルでの対抗力の限界を克服しようとすれば、国際的な反原子力運動との連携が不可欠だった。国際社会が日本の原子力政策への批判的な姿勢をどの程度強めていくのか、核燃反対運動および核燃料サイクル施設の帰趨は、アメリカ合衆国などの原子力に関わる対外政策や国際世論の動向にかかっていたが、一九九〇年代以降、世界的にみても反原子力運動は停滞傾向にある。

以下では、市民運動としての側面、農業者運動としての側面、選挙運動としての側面、国際的反原子力運動としての側面の、四つの観点から、核燃反対運動の運動過程を考察していきたい。

なお主婦層を中心とした女性が大きな役割をはたしたという意味で、女性運動としての側面も、核燃反対運動の重要な特質だが、この点については本書では第八章で詳述している。筆者自身は、核燃反対運動および反原子力運動における女性の役割について、一九九〇年時点までを対象に「新しい社会運動」としての側面に注目して分析したことがある（長谷川［一九九一］二〇〇三）。

市民運動としての核燃反対運動

第一章第二節でも述べたように、一九八三年段階までにむつ小川原開発用地についてはほぼ用地買収がすみ、核燃施設用地に関しては完全に終了、漁業補償も完了していたために、また村議のほとんどは推進派であったから、六ヶ所村村民の制度的な対抗力はきわめて限定されていた。イッシューの変化に対応して反対運動が活性化するためには、全県的な支援のひろがりをもつ運動へと転換することが必要だった。むろん全県的な市民運動への拡大は容易ではなかった。青森県の政治風土は保守的な性格が強く、農民運動や反基地闘争などの労働運動の伝統はあっても、批判的精神に富む自立的な市民が個人として参加する市民運動の伝統には乏しかった。青森県は市民社会的な性格が弱かったのである。発刊当時三四歳の歯科技工士で画家の中村亮嗣氏がみずみずしく描き出したように（中村 一九七七）、原子力船むつに関する反対運動は、青森県における数少ない市民運動だった。

青森県内における核燃反対運動で顕著なのは、第一に活発な市民運動が展開されたのが立地点の六ヶ所村をのぞけば、八戸市・弘前市・三沢市・青森市などに限られてきたことである(2)。

東北町や横浜町など周辺市町村でも市民による反対運動や農業者団体の反対運動はあったが、運動のひ

表 6-5　核燃施設立地点周辺拠点都市の特性

	青森市	八戸市	弘前市	三沢市
人口（万人）	28.8	24.1	17.5	4.1
ブロック人口（万人）	36.1	35.9	29.0	8.3
就業人口比	5：19：17	6：28：65	20：19：61	12：25：64
短大・大学数	4	3	5	0
所得格差	80.4	79.7	64.8	82.9
核燃施設からの直線距離（km）	53	50	83	30

（注）　人口・ブロック人口・就業人口比（1：2：3次部門別）は，国勢調査 1990 年による。ブロックは，『民力』（1994 年版，朝日新聞社）の「都市圏」設定に従った。六ヶ所村は三沢都市圏に属する。所得格差は，全国平均を 100 としたときの 1 人あたり市民所得（1993 年，『民力』1994 年版による）。核燃施設からの直接距離は，各市庁舎までの距離。

ろがりはきわめて限定されていた。核兵器持ち込みの疑いの濃い米軍基地を抱え、六ヶ所村と隣接する三沢市は、労働組合を中心とする基地反対運動・核兵器反対運動の長い歴史をもっており、従来の抗議行動の延長上に核燃問題を位置づけることができた。三沢市はいわば準立地点的な性格をもっており、三沢市在住のリーダーは、核燃反対運動を後方支援してきたのである。

表6-5は、これらの都市規模と、立地点からの直線距離を表化したものである。三沢市をのぞいて、いずれも人口二〇万人近くかそれ以上、周辺町村を包含した都市エリアは人口五〇万人以上の集積をもつ地方拠点都市である。立地点との関係では、これら三市を〈立地点周辺拠点都市〉と呼ぶことができる。では、これらの地方拠点都市ではなぜ、三沢市以外の他市町村では困難だった反対運動の高揚が可能だったのだろうか。

第一の要因は、都市規模と都市的な諸資源の歴史的・文化的集積である。反対運動の中心拠点となった弘前市と八戸市は、それぞれ津軽藩と南部藩の城下町であり、藩政時代から地域の拠点都市であり続けてきた。地方拠点都市には他市町村にはない、大学やTV局や地方紙の本社や全国紙の支局が存在し、弁護士が在住する。

ただし都市的集積は高くても、県庁所在地青森市のような行政都市的な性格は、核燃反対運動に抑制的に機能した。地理的にも交通の面でも、青森県の中心に位置するために青森市で反対集会や抗議行動が頻繁に開かれるものの、支援のひろがりは一部のリーダー層や官公労系の労働運動に限られがちだった。地方公務員や大企業・地元有力企業の従業員が国や県の基本政策に反対する核燃反対運動に参加することは、一般に抑制されるからである。

これに対して文教都市的な弘前市と商工業都市である八戸市は、青森県のなかでも相対的に自立的な市民を析出しやすい条件をもっている。実際両都市で、核燃反対の市民運動の中心となってきたのは、おもに大学教員やその家族、弁護士などである。

立地点周辺拠点都市に関して第二に重要なことは、それが立地点から直線距離にして五〇～八〇キロメートル程度に位置し、しかも立地点と同じ県内にあることである。そのため日常的に県内の原子力施設に関するマスメディアの詳しい報道に接することができ、意識的な人びとは「準現地意識」を抱きやすい。核燃施設の場合には、施設の着工、安全協定の締結、操業開始、放射性物質の搬入など事業実施過程の節目ごとに青森県内レベルでは詳しい報道がなされ、また反対運動も多くの場合、青森県内在住者におもに呼びかけてきた。

原子力施設が内陸部に立地されることの多いドイツやアメリカ合衆国と異なって、日本では一般に半島部など、過疎地の奥まった海岸に建設される結果、原子力施設はより不可視的であり、その危険性は日常的には意識化されにくい。チェルノブイリ事故以前は、原子力施設立地県の地方拠点都市でも、数十キロメートル離れた原子力施設の存在を意識する人びとはきわめて限られていた。けれどもチェルノブイリ事故のとくに一〇〇キロメートル圏内での放射能汚染の深刻さは、原子力施設と地方拠点都市との社会的距離感を一挙に短縮した。

むろんチェルノブイリ事故を契機とした立地点との社会的距離感の短縮は、大都市圏の住民にも体験されたものであり、それが一九八六年以降の大都市圏の主婦層を中心とした「反原発ニューウェーブ」と呼ばれた全国的な高揚を規定した条件であった（長谷川［一九九一］二〇〇三）。

しかし、核燃施設や原子力発電所の立地県内の地方拠点都市と大都市圏とでは、マスメディアによって報じられる情報量に大きな格差があり、原子力施設のリスクに対する臨場感は異なる。核燃施設に関する問題は全国ニュースでは限られた扱いしかなされない場合が多い。

相対的に少数者ではあるが、原子力施設立地県や隣接県の意識的な住民は臨場感をもって事態の推移を知ることができ、日常的に危機感を喚起しつづけ、さらには事業者や行政との間で具体的な係争課題をもつがゆえに、かれらに対して怒りを喚起しつづけることができる。

地方拠点都市の役割

では地方拠点都市は、どのような資源を市民運動に対して提供しうるのだろうか。

まず人的資源としては、地方拠点都市には、大学卒以上の高い学歴をもち、「しがらみ」から、地縁的・血縁的紐帯による拘束から相対的に自由で、自立的でありうる自由業的な専門職層が一定程度存在しうる。前節で述べたような、六ヶ所村内の閉塞的な構造とは異なる。具体的には、大学高校の教員・弁護士・医師・マスコミ関係者・学習塾講師・僧職者などであり、かれらと同様の特性をもつ配偶者である。

人口や文化的な集積度が高いほど、このような自由業的な専門職層は点として孤立的に存在するのではなく、その職業的・文化的志向性の類似性をもとに、親和的な集団ネットワークを運動形成以前からつくっている場合が多い。このような職業的精神的自立性と、運動組織の母体となりうる争点化以前からの親和的なネットワークの存在は、地方拠点都市の市民運動の構造的基盤である。このようなネットワークは、資源動員論が仮定するように、情報とコミュニケーションの回路として、社会的制裁を抑止する回路として機能してきた。他方、六ヶ所村内の場合には、このような社会的制裁を抑止するような回路が存在しないのである。

第二に、地方拠点都市の集積力は、他地方出身者を流入させ、大都市圏などからのUターン者・Jターン者を吸引する。他県や他地方での生活経験と社会化の経験は、青森県や居住地域の「保守性」「後進性」を批判的に把握することを促し、後進性に規定された青森県当局の「開発幻想」に対する批判的な視座を獲得させる。私たちの聴取の限りでも、農業者をのぞく核燃反対運動のリーダーや中心的な活動層には県外出身者や県外居住経験をもつ者が多く、むしろ県外居住経験を持たない者は稀である。六ヶ所村内における反対運動の女性リーダー菊川慶子氏（第七章参照）はその代表的な存在である。青森県に限らず、他地域の反対運動や環境運動に関しても同様の傾向がある。

情報的資源・関係的資源という観点からみると、地方拠点都市の自由業的専門職層は、専門職能にもとづく同業者との全県的・全国的ネットワークの形成が相対的に容易である。弘前大学教員らが中心になってつくった「『核燃料サイクル施設問題』を考える文化人・科学者の会」は、一九八五年はじめというきわめて早い時期に、県の専門家会議の意見を批判している。かれらは八七年二月「核燃料サイクル施設問題青森県民情報センター」を発足させ、県当局・事業者・反対運動の動きを詳細にフォローした隔月刊のニュースレターを出してきた。その執筆者は青森県内の大学教員が中心である。

弁護士の役割

弁護士間のネットワークは、日本において環境問題や社会問題一般に関わる全国的な専門職者のネットワークとしてもっとも有力な存在だが、核燃反対運動においても弁護士および弁護士間の専門職的ネットワークがはたしてきた役割は、運動の面においても、裁判闘争の面においてもきわめて大きい。日本弁護士連合会は、原子力施設の建設や運転の一時中止などをもとめる、日本の原子力政策に関する批判的な人権擁護大会決議を一九七六年、八三年、九〇年、二〇〇〇年の四回、また九八年には総会決議を行っている。また二〇〇九年の「地球温暖化の危険から将来世代を守る宣言」でも、「石炭火力発電所及び原子力発電所の新増設は認めない。既存の原子力発電所は段階的に停止する」としている(3)。市販の刊行物としては、日本弁護士連合会公害対策・環境保全委員会(一九九四)、日本弁護士連合会(一九九九)がある。

浅石紘爾弁護士は、八戸市を拠点とする核燃反対の市民運動グループ「死の灰を拒否する会」の発足(一九八四年九月)以来もっとも中心的な運動リーダーであるとともに、「核燃サイクル阻止一万人訴訟原告団」および同弁護団の弁護団長として、反対運動と核燃訴訟と呼ばれる一連の訴訟の牽引車的役割をはたしてきた。金沢茂弁護士(青森市)もまた同弁護団の弁護士であり、敗れたものの九一年の知事選に立候補した。「核燃いらない青森市民の会」の代表であり、青森市における核燃反対運動の中心の一人である。

石橋忠雄弁護士（むつ市）は、日本弁護士連合会公害対策・環境保全委員の一人だった。高レベル放射性廃棄物問題のアメリカをはじめ国際的な現状や日米原子力協定の抱える問題点などについて、独力できわめて精力的に現地調査を行ってきた(4)。

核燃訴訟弁護団のうち、東京都在住の海渡雄一・伊東良徳弁護士らは、高速増殖炉もんじゅ、ＪＣＯ事故ほか、多くの原子力施設関係の訴訟に代理人として参加しており、長期にわたって日本における原発訴訟のエキスパート的存在である。

青森弁護士会の要請をうけて、日本弁護士連合会公害対策・環境保全委員会は一九八五～八六年に核燃料サイクル施設問題に関する総合的な調査を行った。その報告書（日本弁護士連合会公害対策・環境保全委員会 一九八七）は、もっとも早い段階での核燃問題の基本資料であり、八九年七月にまずウラン濃縮工場について提訴された核燃訴訟を実質的に準備したものといえる。核燃料サイクル事業については、主な四つの事業すべてに関して提訴されており、そのほか、低レベル放射性廃棄物埋設センターについて（一九九三年九月提訴）、再処理工場に関する訴訟（一九九一年一一月提訴）、高レベル放射性廃棄物貯蔵管理センターについて（一九九三年一二月提訴）がある。

自由業的専門職層の役割

これらの自由業的専門職層は、既存の支配層への対抗エリート的な性格をもつ存在である。これに対して、核燃反対運動の市民運動のなかには、より抗議行動や現地阻止行動を重視するグループがそれぞれ三沢市・八戸市・弘前市などに存在し、むつ小川原開発の時代から、あるいは核燃問題の初期から、長期にわたって抗議活動を続けてきた。これらのグループも、学習塾講師など自由業的な職業についている者が多いが、対抗エリート的な専門職層に対しては精神的・政治的にやや距離をおいており、新左翼的な感性と問題意識から、とくに核燃料サイクル施設の軍事技術への転用の可能性を批判してきた。

村内の反対運動の難しさを補ってきたのが、こうした県内拠点都市の専門職層を中心とした運動である。

全国的には、原発問題関連の市民運動の中で、県内拠点都市の専門職層を中心とした運動としてもっとも成功したのが、一九九四年から九六年にかけて高揚した新潟県巻町（現新潟市西蒲区）の住民投票運動である。住民投票の実現に成功し、反対多数の投票結果を得て、原子力発電所建設阻止に成功した理由の一つは、①同町が西蒲原郡という地域の中心都市であったために県立高校が四校、造り酒屋が三軒、地方紙支局があるなど、三万人の人口規模の割には、拠点性に恵まれ、人的資源の集積に恵まれていたからである。同町の反対運動のリーダーには高校教員が目立つ。②しかも、同町は人口約五〇万人の県庁所在地新潟市に隣接し、上越新幹線、関越自動車道、北陸自動車道の開通にともなって、新潟市の西隣のベッドタウン的性格を帯びつつあった。しかも、移転してきた新潟大学が原発立地点から約一五キロメートルの近さにあることも、巻原発問題に関する監視機能を高めた。高校教員・弁護士・医師・歯科医師・大学教員などの同町在住の自立的専門職者と、運動のリーダーでもあった笹口孝之町長（当時）に代表されるような造り酒屋の若旦那という、東京の私大卒の地域名望家、新潟市在住の大学関係者や医師や歯科医師などが連携して、住民投票運動は高揚したのである（長谷川［一九九九］二〇〇三）。

(3) 農業者運動としての核燃反対運動

青森県は代表的な「保守王国」であり、多くの市町村役場や農協は、商工会などとともに、建て前としては選挙に関与しないが、事実上、各種選挙で保守系政治家の集票マシンとして機能してきた。ただし農業者が保守一色だったとみるのは正しくない。青森市および県南地方の衆院旧青森一区では米内山義一郎氏(社会党)・関晴正氏(社会党)らが、津軽地方の旧青森二区では津川武一氏(共産党)らが、農民運動や候補者の個人的魅力などを背景に、かつては断続的に議席をもっていた。

青森県漁連や漁業者は、一九七四年八・九月の原子力船むつの強行出航問題、放射線漏れ事故問題の際の急先鋒であり、事業者側や県側ときびしく対峙したことがある。しかし青森県の農業者組織は、長い間、県の基本政策に対して対決姿勢を示すことはなかった。

けれども、一九八七年から九一年にかけて反対運動がもっとも高揚していた時期に、その中心にあったのは農協青年部・婦人部を中心とする農業者だった。青森県の農業者が全県的な規模で、県の基本政策に真っ向から反対した最初の抗議運動が、核燃反対運動である。

ではなぜ、農業者の反対運動は一九八〇年代後半に高揚したのだろうか。またなぜ、一九九一年の知事選以降は停滞したのだろうか。農業者は、核燃反対運動のなかでどのような役割をはたし、その活動はどのような限界をもっていたのだろうか。

反対運動の中心となった農業後継者および女性層は、現在農作業を担っている基幹的な労働力である。

就農意欲や経営拡大意欲が高い、いわばやる気のある農民ほど、核燃施設の風評被害や放射能漏れ事故に対する危機感が強く、反対運動に積極的だった。そのことは米・りんごという換金性にすぐれた作物に特化し、専業比率が高い津軽地方で農業者の反対運動がとくに高揚したことにも示されている。また政府や県当局・自民党の農業政策への不満感・危機感が、イッシューとしての核燃反対運動に水路づけられ、結晶化したという側面も無視できない。

減反の強化、米価の頭打ち化、米や農産物の自由化への不安、後継者難など、農業を取り巻く環境の悪化に対する危機感、将来への不安感は全国の農家に共通のものだが、青森県の農家は、自由化政策のもとで激化する産地間競争で不利な状況に立たされていた。第一に青森県では、野菜商人やりんご商人など仲買い業者の力が強く、同様に代表的なりんご産地である長野県などに比べると、県経済連への一本化など、流通網の整備、市場への対応に立ち遅れていた。第二に寒冷に強い「むつほまれ」などの青森県産米は食味が劣ることから、「コシヒカリ」や「ササニシキ」「あきたこまち」などの銘柄米に比べて市場での評価が低かった。一方、寒冷地であるため農薬散布回数が東北の他県に比べて少なくてすむなど、無農薬米や低農薬米の栽培に有利な条件が青森県産米にはあるが、県農政部や県経済連は、低農薬米の奨励などの面でも取り組みが遅れていた。

そのようななかでチェルノブイリ事故後に輸入食品の放射能汚染が社会問題化するとともに、核燃料サイクル施設の建設が、青森県産の農産物の市場での評価をさらに低めるのではないか、産地間競争でさらに不利になるのではないか、という危惧が農業者の間に強まったのである。

とりわけ六ヶ所村およびその隣接市町村では、全県で総額四二二億円に及ぶ電源三法交付金関係の事業や核燃施設の建設工事にともなう波及効果が期待できるのに対して、津軽地方の農家の場合には、核燃施設による受益はないにもかかわらず、同じ青森県産品として農産物の商品イメージが低下するだけだという不利益感が強かった。実際、日本消費者連盟や東京南部生協のように、施設稼働後の不買運動の可能性を表明し、核燃阻止を要請した団体もあった。

核燃施設への危機感は、チェルノブイリ事故を契機に、消費者運動などとの接触のなかで高まってきたものだが、その背景には自然や生態系の保全に対する、農業生産者としての感性や食料生産者としての責任意識があることも無視できない。

反対運動のなかで農業者が大きな影響力をもったのは、青森県の選挙戦をもっとも左右するのが、農業者の集票力だからである。農業者を主力とする反対運動という性格が強まったことによって、反対運動が選挙戦重点の運動となったという側面も否定できない。

農業者の反対運動の限界と課題

ただし農業者の反対運動は、次のような限界と課題をもっていた。

第一に、農業者の運動は、核燃反対運動の歴史をつうじて市民運動との間に一線を画し、相互に距離感を有しており、農業団体は組織としてはつねに独自行動を取ってきた。少数の幹部しか市民運動・政党・労組との接点を持っておらず、これら諸組織との間での相互理解は十分ではなかった。それは核燃反対運動の高揚期の一九九一年知事選の候補者擁立過程で、農業者のリーダーの擁立の是非をめぐって顕在化した。

第二に、農業者の運動が各単協や青年部・婦人部という組織単位の意思決定スタイルおよび行動スタイルを取っていることである。その意味では市民運動のような自発的な運動エネルギーの噴出というような側面は少なく、運動エネルギーの解放という点で一定の限界をもっていた。その結果、運動エネルギーは、農協中央会会長や各単協レベルの組合長、青年部・婦人部のリーダーなどの政治姿勢、リーダーシップによって大きく左右された。県農政連副委員長の須藤稔氏、一九九二年の参院選候補者となった草創文男氏、「いのちと大地を守る会」会長で県農協婦人部会長の長谷川蓉子氏・同副会長の佐野房氏、県農協青年部協議会会長および「核燃料サイクル建設阻止農業者実行委員会」委員長の久保晴一氏（のち県議・五戸町長、肩書きはいずれも八九年当時）など、すぐれたリーダーのもとでは運動は前進するが、トップやリーダーが県や市町村、自民党などとの摩擦をおそれて、運動を抑制する場合には、下部の運動エネルギーは大きく制約される。

運動がもっとも高揚した一九八八～八九年当時の農協中央会会長は蛯名年男氏だった。かれは青年時代から社会党の元衆院議員で農民運動のリーダーであり、むつ小川原開発問題への初期からの批判者だった米内山義一郎氏の薫陶を受けていた。県の執行部との間に距離をおいていた蛯名会長時代に核燃反対運動は浸透したが、かれが八九年に退任して以後は、農協中央会トップは、次第に核燃反対運動から距離を置くようになっていった。それとともに、各単協レベルでも青年部や婦人部の反対運動に対して締めつけがきびしくなるのである。

第三に、農業者はまた県当局や市町村当局・保守系国会議員との決定的な対立を忌避しようとする傾向がある。現在の農村は多くの補助事業によって支えられている。県当局や市町村当局との対立は、各種補助金の査定などで不利益を生むのではないかという疑念を生じさせる。とくに一九九一年秋に津軽地方をおそった台風一九号による災害の後始末では、災害復旧に関して県・国に多くを依存することになった。一九九一・九二年以降、それまで反対運動の中心だった津軽地方で、運動が沈滞化した直接的な契機は、この災害復旧事業だった。

第四は、抗議行動の政治的有効性感覚をめぐる問題であり、これに関連した利得計算である。核燃施設の操業を阻止しうる最大のチャンスは、一九九一年の県知事選にあり、県知事選での敗北後、操業開始を阻止しうる蓋然性は、ウラン濃縮工場・低レベル放射性廃棄物埋設センターについては小さくなっていた。農業者の間にはあきらめ、無力感がひろがっていった。核燃施設の操業以後は、反対運動がマスメディアなどをつうじて報道されることは、青森県産の農産物の市場でのイメージを低下させかねない。操業以後は、農業者の間で、自己抑制が生まれたのである。

なお一九九〇年代半ば以降は、これら全県的なレベルでの農業者の組織的な反対運動が停滞しつつあるのに対して、六ヶ所村周辺で、農家を中心として九一年四月に「核燃から海と大地を守る隣接農漁業者の会」が発足した。九一年の知事選までは、地方拠点都市が立地点と大都市圏を媒介するという性格が強かったが、最近ではむしろ、同知事選後、六ヶ所村にUターンした農業・菊川慶子氏（第七章参照）らの努力によって、立地点六ヶ所村の反対運動と大都市圏の運動とが直接結びつく傾向が見られる。

（4）選挙運動としての核燃反対運動

図6-1は、一九八四年以降一九九五年までの青森県の知事選・衆院選・参院選（補欠選を含む）におけ

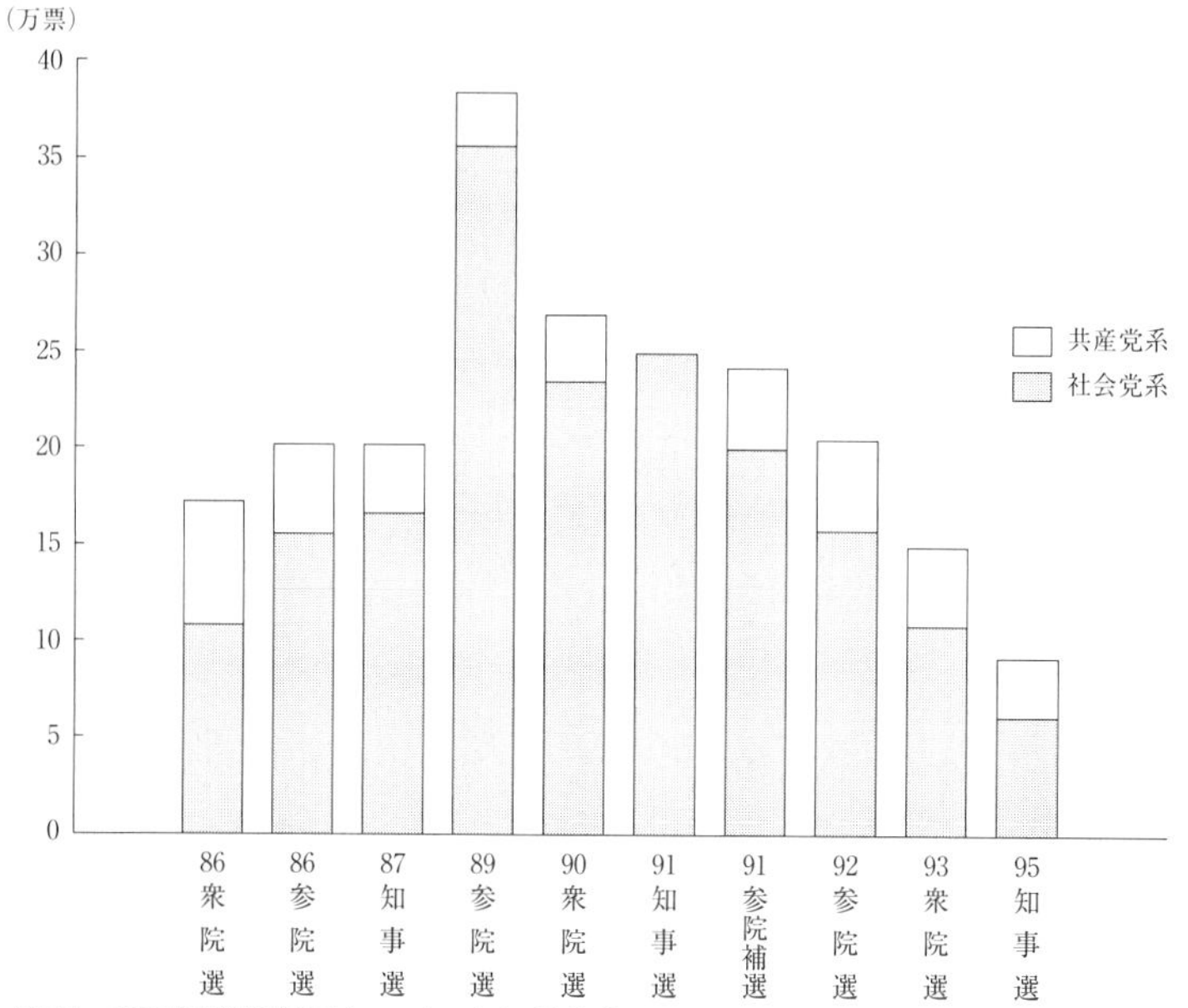

（出所） 青森県選挙管理委員会データにもとづき作成。
（注） 1984 年以降の全県レベルの選挙（県議選をのぞく）を対象に，反核燃候補（社会党・共産党公認もしくは推薦）の得票数をグラフ化した。91 年 2 月の県知事選は社共系統一候補。衆院選については旧 1 区・2 区の得票を合計した。当選者は，89 年参院選の三上隆雄，90 年衆院選 1 区の関晴正・2 区の山内弘，93 年衆院選 1 区の今村修の 4 名（三上は社会党推薦，他は社会党公認候補）。

図 6-1 反核燃候補の得票数

る核燃反対候補の得票数を図示したものである。全県レベルでの反対運動の支持のひろがりと後退とは、この得票数の変遷に一目瞭然である。

全県で定数一の参院選の選挙区選挙や県知事選においては、青森県では一般に三〇万票が当選の最低ラインとされている。一九八六年・八七年段階では社会党系は一五万票、共産党系は五万票弱で、両陣営をあわせても当選ラインには遠かった。八六年の衆参同時選挙で、現職の関晴正衆院議員（社会党）が落選、核燃反対派は国会での議席を失った。

全県レベルでの核燃反対運動は、一九九五年頃までは県知事選・国政選挙・県議選を重視してきた。選挙戦中心の運動だったことは、核燃反対運動の第三の特質だった。運動の高揚と停滞は、当面の目標である選挙戦での集票と当落結果に大きく左右された。

核燃反対運動が選挙戦中心の運動にならざるをえなかったのは、核燃建設を阻止しうる現実的可能性が、手続き的には一九八五年四月に青森県知事・六ヶ所村村長が事業者側と結んだ立地基本協定を破棄することにしかなかったからである。県議・六ヶ所村議の多数派が推進論に立ち、また用地買収が終了している段階では、現実味を帯びているのは、この選択肢のみだった。しかも各種世論調査では、核燃反対ないし消極論が多数派だった。

選挙戦略のジレンマ

しかし選挙戦略にも長短があり、選挙に固有の本質的なジレンマを抱えている。

運動戦略からみた選挙の特質は、当選という、短期的で明確な目標にある。解散のある衆院選をのぞいては選挙がいつ行われるのかは予測できる。この目標達成のために、誰が何をすべきかも明瞭である。しかも投票は、当該選挙区の有権者すべてに平等に与えられた政治参加および意志表示の機会であり、匿名性が保たれている。投票に出かけるコストは有権者が等しく負担すべきコストであり、運動参加者が特別に負担するコストではない。原理的には核燃反対者の数の多さを、具体的な票数として示すことができる。これらが運動戦略としての選挙の長所である。

一九八九年七月の参院選での三上隆雄氏の勝利、続く九〇年の衆院選の一・二区の社会党候補の大量得票は、核燃反対運動の県域全体への浸透を印象づけた。国政選挙は、二〇万票の壁を突破して、核燃反対を有権者に訴える格好の機会となったのである。

他方、このちょうど裏返しの短所がある。第一は、各種の世論調査などから有権者の多数は核燃施設に反対だったり、不安感を持っているが、そのような反対意志がかならずしも投票行動には結びつかないというジレンマである。首長選挙で問われている争点は多岐にわたり、核燃問題は青森県にとって県政最大の問題ではあるが、選挙戦のうえでは争点の一つである。長い間保守系候補は、選挙戦で核燃問題が争点化することを避け、中央＝自民党政府とのパイプの太さを強調してきた。日本では核燃施設や原子力施設の是非をめぐる住民投票の実現には、条例制定が必要であり、議会の多数派が推進論に立つ限り困難である。原子力施設関連の住民投票で実施されたのは、原発建設の是非をめぐる新潟県巻町（一九九六年八月実施）、既存の原子炉でプルトニウムを燃やすプルサーマルの実施をめぐる新潟県刈羽村（二〇〇一年五月実施）と原発誘致の可否をたずねた三重県海山町（二〇〇一年一一月実施）の三例しかない。

第二に、選挙の公正さが必ずしも保証されていないことである。事業者側や業界団体を総動員した組織ぐるみ選挙や締めつけがしばしば行われる。とくに一九九一年の青森県知事選に対しては、巨額の選挙資金が投じられた金権選挙であり、電力業界が組織的に現職候補を支援し、選挙期間中に全閣僚が来青し、当時の小沢一郎自民党幹事長（現民主党）による自治体首長らに対する強い締めつけがあったとして、選挙戦の公正さに対する批判が強い。

第三に、当落や得票数によって結果が明瞭なだけに、当選することは運動の新たなエネルギーとなるが、落選は、しかも得票差の大きな落選ほど運動を沈滞させる結果になる。天王山と目された、一九九一年の知事選での敗北以後、直後の参院補選・県議選、九二年の参院選、九五年知事選・県議選と、九三年の衆院選で一議席を確保したものの、核燃反対運動は選挙戦で敗北を続けている。図には示されていないものの、九一年の知事選以後の社会党系の得票の落ち込みが顕著である。**図6-1**では、九一年の県議選は、社会党系は公認候補一三名・推薦候補二名が立候補したが、当選者は無投票選挙区での公認一名、推薦一名という惨敗だった。共産党系も議席を失い、核燃反対の県議は三名にとどまったのである。九五年二月の知事選では、核燃反対運動の女性リーダーが立候補したが、社会党の推薦候補は五万九〇〇〇票台にとどまり、青森県本部はじまって以来の供託金没収という結果になった。候補者をしぼった九五年四月の県議選においても、青森市・八戸市・弘前市などで議席の奪還がならず、社会党は公認二議席にとどまり(一名は無投票当選)、共産二、無所属一とあわせて、核燃に反対する県議は五名にとどまった。

運動の継続性と健在ぶりをアピールするためにも、選挙戦に対立候補を出すべきだが、選挙戦での勝利の見通しは立ちにくくなっている。勝利の見通しが困難なもとで、陣営全体や運動員の動きが鈍くなるために、予想を下回る得票しかできない。そのことがさらに運動エネルギーを停滞させる。九一年の知事選敗北以降、このような悪循環の局面に、核燃反対運動は直面してきた。

全国的な反原子力運動の退潮・全国的な社会党系の低落傾向・共産党系の苦戦のなかで、核燃反対運動は呻吟してきた。革新系の選挙戦では、政党・労働組合のはたす役割が重要だが、九〇年代以降、青森県の旧総評系の労働組合は、大きくその勢力を減退させつつある。

陸海空の基地をもち、原子力船むつ問題、むつ小川原開発問題を抱え、自治労や教組など公共部門の組合員比率の高い青森県では、社会党・旧総評左派勢力が強かった。社会党・旧総評系労組は、原子力船むつ問題・むつ小川原開発問題以来、核燃反対運動の原動力となってきた。

しかし一九八九年一一月の「連合」への移行、「政界再編」の流れのなかで、中央の方針と現地の闘争課題との間の深刻なずれが拡大し、社会党県本部および県労センター(一九九三年七月に解消し「平和推進労働組合推進会議」として新発足)は、組織的にも財政的にも、運動エネルギーの面でも大きな制約に直面してきた。

衆院選の小選挙区制への移行も核燃反対運動にとっての大きな壁である。小選挙区制の実施以降は、青森県内の選挙区から、核燃反対を掲げる候補が衆院選で当選することはきわめて困難になった。

(5) 国際的な反原子力運動としての核燃反対運動

グローバルな反原子力運動

高レベル放射性廃棄物貯蔵施設・再処理工場の建設が中止されることになれば、以後の原発建設は抑制され、日本の原発推進政策は抜本的に転換を迫られる。それゆえ核燃問題は、一九八四年に六ヶ所村への立地が表面化して以降、たちまち全国的な反原発運動の焦点となった。高木仁三郎氏や広瀬隆氏をはじめ、原発に批判的な研究者や運動家が多数六ヶ所村や青森県を訪れ、現地調査を行ったり、県内の反対運動グループとともに学習会や講演会を開いてきた。

核燃反対運動に関して特筆すべきことは、全国的な反原発運動との連携だけでなく、初期の時点から国際的なレベルで運動が展開されてきたことである。

核燃施設のモデルといえるフランスのラ・アーグ、イギリスのセラフィールドの現地視察には、推進側も初期から力を入れていたが、反対運動の側も、早い時期からこれら現地の関係者らを招いて集会を開いたり、現地視察を行っている。

一九九〇年五月二九～六月一一日、社会党県本部・県労センター・自治労県本部は、細井石太郎県議（当時）を団長に、一四名がイギリスのセラフィールド、フランスのラ・アーグ、ドイツのゴアレーベンの放射性廃棄物貯蔵施設を視察、各地の反対運動リーダーらと情報交換・交流を行っている（青森県反核実行委員会 一九九〇）。

おもな国際集会を列挙してみよう。最初の国際シンポジウムは一九八五年夏、八戸の「死の灰を拒否する会」と三八地方労が中心となって、五カ国八名のゲストが参加して開かれた「反核燃サイクル国際シンポジウム」である。八戸市にはじまって六ヶ所村・野辺地町・青森市・弘前市などで集会を行っている。「反核国際シンポジウム」は同年一〇月二九～一一月一日にも開かれた。

一九九一年一月一一～一三日まで、野草社などが中心になって、アメリカ・カナダ・スウェーデンから一〇名のゲストを招いて「青森国際ウランフォーラム」が三沢市と六ヶ所村で開催された。

最大規模の国際会議は、九一年一一月二～四日、原子力資料情報室とグリーンピース・インターナショナルが主催して大宮市で開かれた「国際プルトニウム会議」である。セラフィールド周辺での反対運動のリーダー、M・フォアウッド氏、研究者ら一六名の海外ゲストが参加したほか、約七〇〇人が集まった。その記録は高木編（一九九三）として刊行されている。

なお科技庁も、一九九三年一月二八・二九日に青森市で「高レベル廃棄物」国際フォーラムを開催している。

一九九三年六月二六〜七月四日には、アジア各国の原子力開発と反対運動の現状、日本の原子力産業のアジア進出の問題点を探ろうとする「ノーニュークス・アジア・フォーラム」が東京・大阪・名古屋のほか、原子力施設の立地点周辺で開かれ、弘前・むつ市・六ヶ所村でも分科会がもたれた。

一九九四年六月二六日には、原子力資料情報室の主催で「再処理を考える青森国際シンポジウム」が約五〇〇人が出席して開かれた。ゲストとして招かれたのは、イギリスのソープの経済性を批判してきたサセックス大学科学技術政策研究所のF・バークハウト氏、ドイツ・エコ研究所のM・ザイラー氏、ベルギーのエミール・ヴァンデルヴェルデ研究所のJ・ミヘルス氏、ドイツのヴァッカースドルフ再処理工場の建設を中止に追い込んだ立地点の郡長のH・シュイラー氏である。その後、八戸・弘前でも地区集会が開かれた。

また日本側が海外に出かけてアピールするキャンペーン活動も行われている。たとえば六ヶ所村に在住し、立地点の人びとの生活と核燃施設の建設過程を追いかけてきた写真家の島田恵氏、プルトニウム・アクション・ネットワーク京都（現・グリーン・アクション）のアイリーン・スミス氏らは返還高レベル放射性廃棄物の輸送ルートと見られていたパナマで、九五年一月六日から一〇日まで海上輸送反対のキャンペーン活動を行った。

一九九二年末から九三年初頭のあかつき丸によるフランスからの返還プルトニウム輸送問題、九五年春の返還高レベル放射性廃棄物の輸送問題には、安全性への懸念と輸送ルートが非公開だったことから、いずれも三〇カ国を上回る沿岸諸国から反対や懸念の表明が相次いだ。グリーンピースは二度とも追跡船を出して、最新の位置を周辺国やマスメディアに広報した。仏独間や英独間など、ヨーロッパでも同様のプルトニウム輸送問題があるが、隣接国同士で、第三国が関与しない。けれども日仏・日英間では、地球を半周し、海上輸送をとらざるをえないがゆえに、関係国は増えざるをえない。

グリーンピースなど国際的な反原子力グループにとって、先進諸国で唯一プルトニウム利用路線を積極的に推し進める日本は格好のターゲットである。六ヶ所村元村長の古川伊勢松氏は、一九八九年の村長選での敗北後、死を目前にして、立地点の首長として自分が受諾を決意した核燃料サイクル施設がこれほど大きな国際的な問題になろうとは、八四、五年当時夢にも思わなかったと述懐していたという。ROKKASYOは、今や国際語であり、世界の原子力産業および原子力商業利用の帰趨を制する焦点になっている。

(6) 一九九〇年代以降と福島第一原発事故以後の運動の状況

閉塞状況

一九九〇年代、二〇〇〇年代には、全国的にみても、また国際的にみても、ゴアレーベンへの最終処分場建設反対運動が持続してきたドイツをのぞくと反原子力運動は全般的に停滞した。アメリカやヨーロッパでは、二〇〇一年以降「原子力ルネサンス」が喧伝されるものの、フィンランドとフランスを除いては、原発の新増設が事実上ストップしていたため、原発建設反対運動という形では運動が高揚することはなくなった。むしろ風力発電や太陽光発電など、再生可能エネルギーの普及・促進を求める運動として展開されるようになってきた。

日本で反原子力運動が一時的に活性化する契機となったのは、一九九五年一二月八日の高速増殖炉もんじゅのナトリウム漏れによる火災事故、九六年八月四日の原発建設の是非を問う新潟県巻町の住民投票、九九年九月三〇日に起こったＪＣＯ臨界事故などである。

このほかにも、一九九〇年代後半以降、第一章でみたように、原子力施設をめぐるトラブルやスキャンダルが相次いだ。六ヶ所村の核燃料サイクル施設でも、埋込金物の位置ずれ、不正取り付けが発見され、貯蔵プールの水漏れ事故、ガラス固化体製造実験の不具合などが続出している。また二〇〇三年から〇四年にかけては、コスト高などを理由に再処理工場凍結論が経済産業省や電力会社内部からも提起されるようになった。ただし六ヶ所村周辺および青森県内でも、反対運動が再び高揚するには至らなかった。

一九九六年八月四日、新潟県巻町では、原発建設の是非を問う日本発の住民投票が実施された。投票率は八八・二九％ときわめて高く、反対票は得票数の六〇・九％を獲得した。町長がこの投票結果を尊重し、原子力発電所建設のカギとなる町有地を売却しないことを明言し、二〇〇三年一二月東北電力は、巻原発の建設計画を撤回した。

日本の反原子力運動は、各地で多数派形成の困難、行政・立法・司法いずれのアリーナも原発問題に関してはとくに閉鎖的であるという壁に長年直面してきたが、巻町の住民運動は、住民投票による建設中止という方策を提示した。住民投票は、国や電力会社を直接拘束する法的な拘束力はもたないものの、有権者の正式的な意志表示であり、単なる「世論調査」を超えた政治的なインパクトをもっている。

しかし住民投票の実現のためには、地方議会という壁が立ちはだかっている。住民投票のための条例制定が必要であり、そのためには、議会の過半数以上の賛成が必要である。多くの住民運動・市民運動が、保守的な地方議会の壁に直面して、住民投票の実現を拒まれている。

　核燃料サイクル施設をめぐっても、青森県の立地が表面化した一九八四年に県民投票の実施をもとめる条例制定運動が行われた。また六ヶ所村でも、九四年一一月に、フランスからの返還高レベル放射性廃棄物の搬入の是非を決める住民投票の実施をもとめる条例制定運動が行われた。いずれの場合も、議会制民主主義をないがしろにするという奇妙な論理によって議会の多数派は否決した。六ヶ所村の土田村長は、そもそも八九年一二月の村長選で、再処理工場建設の是非を住民投票にかけることを公約に掲げて初当選したが、当選後は議会の意思で十分であるとして実施しなかった。

　二〇〇〇年代以降は、反原子力運動は、閉塞状況を迎えていたといえる。二〇〇〇年一〇月に、カリスマ的なリーダーだった高木仁三郎氏（原子力資料情報室代表）が亡くなったあとは、各地の反原子力運動はいずれの地点でもリーダーが高齢化・固定化し、世代交代の必要が叫ばれながらも、なかなか新たなリーダーが析出されないという事態が続いていた。新たな争点や論点が見出しにくくなり、反原子力運動が新聞やテレビなどのメディアで取り上げられる機会も漸減していた。

　核燃料サイクル施設に関して特筆される新しい動きは、アクティブ試験が近づくにつれて、三陸沿岸の漁民が再処理工場から放出される放射性物質による海洋汚染を懸念し、「三陸の海を放射能から守る岩手の会」が二〇〇五年二月に組織され、この団体による請願「三陸の海を放射能から守ることについて」が二〇〇五年九月、岩手県議会で、全会一致で採択されたことである。

　ドキュメンタリー映画作家の鎌仲ひとみ氏は、二〇〇六年に「六ヶ所村ラプソディー」を発表した。この映画は、若い層を中心に大きな反響を呼び、自主上映会も全国各地で開催された。国際的に著名なミュージシャンで、作曲家の坂本龍一氏は、二〇〇六年から六ヶ所村の再処理工場の危険性を世界に訴えるためのプロジェクトStop Rokkashoを開始し、世界中のミュージシャンに、この問題に関する作品の提供を呼びかけている。映画や音楽を用いた表現活動として、反対運動が展開されるようになってきたことは、二〇〇六年以降の新しい動きである。

福島第一原発事故以後の展開

このような状況において福島第一原発事故が起こった。

スリーマイル島原発事故直後やチェルノブイリ原発事故直後のように、世界的に、原子力施設の危険性が再認識され、反原子力運動は久しぶりに活発化した。ドイツでは、三月二六日に「フクシマを見よ。全原発を閉鎖せよ」をスローガンに、全国で二六万人が抗議行動を行うなど、ドイツ史上最大の反原発デモの高揚があった。この日は、ベルリンだけでも一〇万人以上のデモがあった。

福島原発事故に対して、日本でも、東京電力や政府を批判する抗議行動が目立ち始めた。四月一〇日の高円寺と五月七日の渋谷のデモにはともに約一万五〇〇〇人が、六月一一日の新宿のデモには二万人が参加した（いずれも主催者側発表）。六月一一日には全国一四〇カ所でデモがあったという。ユーチューブにアップされた当日の新宿のデモの様子をみると、若者や家族連れ、団塊の世代が目立つ。主催者のブログでも、団塊の世代からの好意的な反応を印象的に記述している(5)。欧米のデモによくみられるような、自由なスタイルのサウンド・デモで、原発批判以外の政治的なメッセージはほとんど見られない。

自己表出性が突出し、祝祭的なパフォーマンス志向と統制的なあり方をラディカルに否定している点で、チェルノブイリ原発事故直後、一九八七・八八年頃に高揚した「反原発ニューウェーブ」とスタイルは似ているが、政治的メッセージはさらに脱色されているようだ。福島原発事故への怒り、電力会社や政府の対応への怒りと、自分たちの感性や生活感覚が頼りである。「お祭り騒ぎで良い。（中略）もっと身近に、普段の生活の感覚で政治の話をしたいですよね。音楽家は音楽を通じ、ものづくりの人はものを作り、ダンサーは踊って気持ちを表現する。（中略）楽しくないと長続きしません」。主催者の松本哉氏のコメントである（朝日新聞二〇一一年六月一六日付）。ツイッターやフェイスブックなどが活用され、現代版のクチコミによって動員がひろがっている点は、中東のジャスミン革命と共通である。

課題は、デモ行進以降の政治的なプログラム、行程表がないことである。デモ行進に集結した人びとのエネルギーをさらに何に向かって、どのように組織化するのか。次の一手をどうするのか。福島原発事故が収束に向かうにつれて、運動の動員力も低下していく可能性が高い。運動エネルギーをいかにして高揚させ続けるか、ここに大きな課題がある。

反原発ニューウェーブの折には、脱原発法の制定を求めて署名運動が展開され、全国から二五一万名の署名が集まったが、一九九〇年四月署名簿を国会に提出したところで運動は終わってしまった。与野党の議席数から、脱原発法が制定される見込みはほとんどなかった。

不幸な原発事故によって、日本も原子力発電所が漸減する時代を迎えたが、それが核燃料サイクル施設の見直し、再処理工場の稼働中止へと向かうのか、日本の政治やメディア、言論人の責任はきわめて大きい。

【注】

（1）元自民党県議（二〇一〇年没）。九回連続当選し、県会議長・自民党青森県連幹事長を務めるなど青森県政界の実力者だった。上北郡天間林村（二〇〇五年に七戸町に合併。県議選では上北郡選挙区で、六ヶ所村も含まれる）で「工藤組」という建設会社を実質的に経営し、二〇〇三年一二月、天間林土地改良区贈収賄事件で逮捕され、県議を辞職した。

（2）町村における活発な市民運動の例としては、平野良一元町長（町長在任は一九七五～八二年）をリーダーとする南津軽郡浪岡町の「核燃止めよう浪岡会」の活動がある。同町は青森県内で最初に非核都市宣言を行った町だが、八八年から核燃反対の市民運動が活発化し、八九年九月には町議会で核燃の白紙撤回決議を行っている。浪岡町は、二〇〇五年四月に青森市に合併した。

（3）各年の総会決議および人権擁護大会宣言・決議は、日本弁護士連合会のウェブサイトからアクセスできる（http://www.nichibenren.or.jp/activity/document.html〔二〇一一年八月三一日閲覧〕）。

（4）石橋忠雄「論壇・核廃棄物の海上輸送は国際法違反」（朝日新聞一九九五年四月一七日付）。

（5）松本哉「素人の乱五号店・店主日記」（http://ameblo.jp/tsukiji14/〔二〇一一年八月三一日閲覧〕）。

【文献】

青森県反核実行委員会 一九九〇『核燃ヨーロッパ調査団報告書』。
鎌田慧 一九九一『六ヶ所村の記録（上・下）』岩波書店。
高木仁三郎編 一九九三『プルトニウムを問う――国際プルトニウム会議・全記録』社会思想社。
中村亮嗣 一九七七『ぼくの町に原子力船がきた』岩波書店。

日本弁護士連合会　一九九九『孤立する日本のエネルギー政策――エネルギー政策に関する調査報告』七つ森書館。
日本弁護士連合会公害対策・環境保全委員会　一九八七『核燃料サイクル施設問題に関する調査研究報告書』。
日本弁護士連合会公害対策・環境保全委員会　一九九四『孤立する日本の原子力政策』実教出版。
長谷川公一　一九九一「反原子力運動における女性の位置――ポスト・チェルノブイリの『新しい社会運動』」『レヴァイアサン』八、四一～五八頁（二〇〇三「新しい社会運動としての反原子力運動」『環境運動と新しい公共圏――環境社会学のパースペクティブ』有斐閣、一二三～一四二頁）。
長谷川公一　一九九三「環境問題と社会運動」飯島伸子編『環境社会学』有斐閣、一〇一～一二二頁。
長谷川公一　一九九九「『六ヶ所村』と『巻町』のあいだ――原子力施設をめぐる社会運動と地域社会」『社会学年報』二八、五三～七五頁（二〇〇三「住民投票の成功の条件――原子力施設をめぐる環境運動と地域社会」『環境運動と新しい公共圏――環境社会学のパースペクティブ』有斐閣、一四三～一六三頁）。
長谷川公一　二〇〇三「環境運動の展開と深化」矢澤修次郎編『講座社会学一五　社会運動』東京大学出版会、一七九～二一五頁。

第七章　女性の環境行動と青森県の反開発・反核燃運動

飯島　伸子

（1）環境運動研究とジェンダー・センシティブ

環境運動研究における女性の環境運動

公害・環境問題の性別による影響の範囲や程度、あるいは性別による問題への対応の同異性などの、男性であり女性であることと公害・環境問題の関係については、エコ・フェミニズムの台頭に伴う世界的な運動の一環として分析されることはあっても、学術的な研究においてとくに取り上げて検討されることは少なかった。科学や技術がジェンダーに関して中立的でなかったとのエコ・フェミニストたちの批判（Mies and Shiva 1993）は、この一事を見ても、正鵠を得ている。

さて、この二〇年ほどの間に、公害・環境問題と女性たちの行動や意識の関係は、それ以前の状態を部分的に受け継ぎながらも、世界的な動向を反映して大きく変化してきている。本章は、女性の環境行動について、全国的な位置づけの中に青森県の事例を置いて検討するものである。

六ヶ所村の開発をめぐる問題は、石油化学コンビナート誘致計画が実現不可能となり核燃料関係の諸施設が建設されるとなった時点で、青森県民全体にとって重大な関心事となったのであるが、この計画の変化によって、青森県の各地の女性たちが、さらには、日本全国の女性たちが、六ヶ所村の開発と核燃料施設の進出に深い関心を持ち、建設阻止行動に積極的に参画する条件が揃っていったのである。その運動は、男性の論理で形成されている現在の社会の仕組みの中にあって、目的に到達するためにはかなりの回り道とも見える場合や、男性論理で判断すれば組織的でも計画的でもないと見えることもある。しかし、その行動は、本章でも対比のために言及した北九州の女性たちが示したように、男性であれば達成できないであろうし、関与さえしなかったかもしれないような「大事業」を遂行してしまう驚異的な力を発揮する。

公害・環境問題における女性たちの環境行動——戦前の事例から

青森県の女性たちの環境行動の分析に入る前に、その位置づけの参考として、戦前と戦後における女性たちの環境行動の代表的事例を見ておこう。

戦前の社会において、日本国家の屋台骨を揺るがすといわれたほどに大きな社会問題とされた足尾鉱害問題に関しては、多くの書物や論文、新聞記事が残されており、そこには、少なくはあるけれども、女性に関する記述が残されている。足尾鉱毒事件が社会問題として表面化したのは、栃木県の被害地の村長が足尾銅山の採掘停止要望の上申書を県知事に提出した明治二三（一八九〇）年であるが、帝国議会での代議士・田中正造の「鉱業停止」を求める演説が翌年に開始されると、これを受けて農学者たちがただちに鉱毒被災地に調査に訪れ、その翌年には報告書を刊行する（古在・長岡 一八九二）、論文で、足尾銅山の鉱毒は試験の結果、作物に大害あり、と発表する（津田編 一八九二）など、社会的反応がいち早く起きている。このものちも、田中正造が足尾銅山の「鉱業停止」を要求して質問を繰り返し、弁護士や思想家、宗教家、新聞記者、大学生など、当時の文化的エリートたちによる足尾鉱毒被害地を救済するためのさまざまな行動が展開されていく。

そうした支援者の輪の中に、女性たちの独自な活躍の足跡もある。日本キリスト教婦人矯風会のメンバーや女性新聞記者など、当時の自立した女性たちが中心となって組織的な支援行動をしているのである。

日本キリスト教婦人矯風会が被災地へ救護班を派遣したのは明治二八年であるが、男性たちによる組織的支援活動は、明治三三（一九〇〇）年に、東京の神田で足尾銅山鉱毒調査有志会が弁護士や新聞記者たちによって結成されたのが最初であるから、日本キリスト教婦人矯風会を通して開始した女性たちの足尾鉱毒被害者に対する実践的支援行動は、男性たちの敏速な対応と比べても、さらに迅速であったといえよう。女性たちは、男性たちの鉱毒調査有志会結成の翌年に、鉱毒地救済婦人会という組織を、日本キリスト教婦人矯風会のメンバーや女性新聞記者、男性の有志会メンバーの妻などによって発会させ、早速、被害地を視察している。視察結果は、メンバーの一人である毎日新聞記者の松本英子が数カ月にわたって「鉱毒地の惨状」と題した連載記事に結実していく。足尾鉱毒被害者を訪問した救済婦人会に参加した人間として、女性の眼で見た被害地の疲弊した実情を絵入りで詳細に描写した迫力のある記事であった。この記事は、明治三五年に松本英子編で単行本として発行されている（松本編 一九〇二）。

戦前の首都で、こんにちの表現ではキャリア・ウーマンとしての人生を送っていたエリート女性たちの支援活動は、福田英子が『世界婦人』を主宰し、その中で、谷中村の強制撤収問題について取り上げるなど、部分的に継承はされていくが、組織的な支援活動は見られなくなる。男性たちの結成した有志会が、活動方針の被害現地との食い違いに端を発して消滅していくのと、ほぼ同時期のことである。しかし、「押し出し」運動の最年少指導者で、「押し出し」途上で逮捕され、獄中にキリスト教信者となった永島与八が著書を出版した昭和一二（一九三七）年の序文には、鉱毒地救済婦人会のメンバーでかつての毎日新聞記者、のちの代議士であり、男性たちの支援組織である鉱毒調査有志会の有力メンバーでもあった島田三郎の妻の島田信子も執筆している（島田 一九三七、一五頁）。組織的な支援活動はしなくなっても、精神的な支援は女性たちの心の中で、長年にわたって続いていたことを示すものである。

戦後の女性たちの環境行動例

戦後の女性たちの反公害運動は、戦前に比べれば多くなっているが、その中から、北九州市と大分県風成地区を取り上げることにしたい。

① 北九州市の女性たちによる反公害運動

まず、北九州市の例は、国策製鉄所の公害に対する地元の消極的対応を破った女性たちの行動についてである。北九州市は、戦前の貧しい村の時代に、国策の富国強兵策にとって最重要業種である製鉄業が官営で建設された地である。のちに民営の八幡製鉄所に代わった後も、国家的産業の地元であることによって、製鉄所および関連工場や関連施設が引き起こす空を覆い尽くすような煤煙にも、河川の汚濁にも、一切沈黙してきた。この地域に、戦後、女性たちによって反公害運動が起こされ、運動の過程で行政の環境対策にも影響を与えていったのである。

八幡製鉄所は長い間、地元の人びとにとって「オカミの製鉄所」であり、戦前は、その公害問題に対して苦情を述べることさえもタブーとする雰囲気が濃厚であった。煤煙によって部屋を汚され、洗濯や掃除に追われる不便さがあっても、人びとはそのことで八幡製鉄所や関連工場に苦情を述べることはしなかった。戦後の民主主義教育が、そうした市民の態度に変化を引き起こし、戦後まもなくの一九五〇年に、北九州市戸畑地区で、火力発電所の煤煙被害に対して婦人会が中心となって調査した結果にもとづいて市議会に解決を要求し、発電所に約一億円かけて集塵装置の設置と補修をさせることに成功している。きれいな空気を吸うことは人間としての基本的権利であるとの意識の芽生えを反映した女性たちの反公害運動の始まりであった。しかし、北九州地域では反公害運動は反企業行動に等しいものとみなす傾向は払拭されておらず、女性たちにとっては運動を継続するだけでも容易ではなかった。大企業やその関連企業に夫が勤めているために、夫から、会社での自分の立場がなくなるといわれて苦しんだ主婦も多い。そうした中で女性たちが運動を続けることができたのは、「青空がほしい」との共通課題があったことである（今村 一九七〇）。青空への強い思いに支えられたこの時の運動の成果は、その後の北九州地域での女性たちの反公害運動にはずみを付け、全市的な女性の公害学習運動へと発展している。ちょうどその時期にあたる一九七〇年に、戸畑区の婦人会協議会長の女性は、男性たちの行動について次のように述べている。

公害によって、痛めつけられ、苦しめられている市民が、いったいいつまでだまっているのでしょうか。何故市民運動がおこらないのか。飼い馴らされたといえば大げさですが、まさか「北九州の公害問題は婦人会にまかせておけ」といって人まかせですませるつもりなのでしょうか。それとも、きれいな空気を吸う権利を放棄してしまったのでしょうか。私たちが自由に吸える市民の空気を、企業に売り渡してしまったとでもいうのでしょうか。(1)

ここで、いらだたしげに指摘されているように、戦前の沈黙の時から戦後の行動可能な時期になっても、完全に安全になるまでのかなりの期間、この地の男性たちは、女性たちに環境運動を任せてだんまりを決め込んでいたのである。日本国の重工業化の中心的役割を果たしてきた北九州のまん中で、戦後、か弱く「蟷螂《とうろう》の斧」を振り上げたかに見えた女性たちの反公害運動であるが、依然として、そのような環境運動を遂行することに厳しい社会環境があった中で、たゆみなく運動を継続できた要因を知るヒントに次のようなエピソードがある。一九六八年に汚染度日本一であった「死の海」として報道されたこともあった洞海湾の水質改善に向けての運動も展開していた戸畑区の婦人会会長今村千代子さんは、水質審議会洞海湾部会が地元の視察に来て人びとの意見を聴取したときに参考人の一人として発言している。今村さんは、一日も早く汚濁防止水域に指定されることを望むと述べ、さらに委員たちに対して、企業にこれ以上廃液を流さないよう働きかけてほしいとの願いを伝えている。委員たちは、新聞記者に対して「婦人会代表の訴えには打たれた。これまでの現地部会で住民の声といえば対立意識をむき出しにしてとげとげしかった。婦人たちのは、控えめな要求であるだけに切実だと思う」との感想をもらしたということである（四方 一九九一、一二三頁）。「柔よく剛を制す」との昔からの表現を想起させる場面である。巧まずして、水質審議会の委員たちの心にしみ通るような訴えになったのは、この女性が、別の時に新聞記者に語っているように、三〇年前にはクルマエビが捕れた海が、今ではフナが二、三分で死んでしまう海に変わってしまったことを心から嘆き、何とか、海を取り戻したいと望んだことによって可能であった。労働運動や政治運動などの組織的運動に慣れた男性たちの、集団をたのんで交渉相手を声高に攻撃する方法に比べて、女性たちの静かな訴えは、穏やかな環境を維持する作業に、何と適合的であることだろうか。

北九州市は、一九八七年、環境庁（当時）が企画したイベント、全国一〇八の「星空の街」の一つに選ばれる栄誉を得ている。北九州市の空から降下煤塵を減少させ、星空の見える街に変える方向づけは、戸畑区の婦人会の環境運動とその後の公害学習運動に受け継がれた「青空がほしい」との女性たちの強い思いが、すでに、一九五〇年に基礎を築いていたのである。

戦前の足尾鉱毒事件における女性たちの行動が、一つは首都圏のエリート女性たちによる支援行動としてであり、他の一つは被害地の女性たちの実力行使としての座り込み行動であったのに対し、この例は、後者と同様に、被害地の女性たちの運動である。しかし、北九州では女性たちは製鉄所前に座り込みをする代わりに、公害問題の化学的面や物理的面を学習し、それをもとに行政と粘り強く静かに交渉を続け、ついに明治期以来約八〇年間失っていた青空を取り戻し、死の海と化した洞海湾を生き物の棲める海へと復活させたのである。

② 大分県臼杵市への大阪セメント進出をめぐる女性たちの行動

この例では、男性の強い支持を背景に、女性たちが足尾鉱毒事件での被害地の女性たちの座り込みを上回るような、大胆で行動的な工場進出反対運動を展開している。

大分県臼杵《うすき》市が大阪市に本社のある大阪セメントから進出の打診を受けたのは、国内の自治体内が挙げて新産業都市指定を受ける陳情を政府に対して展開した一九六〇年代が終わろうとする一九六九年春であった。この時期、大分県は、新産業都市指定を受けて農業県から工業県への転換をはかり、長い海岸線を埋め立てて臨海工業地帯の造成を進めていたが、その中にあって臼杵市には地場産業の小規模食品会社と鉄工会社がある程度であり、全国的な新産業都市ブームから取り残された状態であった。セメント会社の方から進出の話を持ってきたのであるから、臼杵市はただちに同意して、二カ月後には、工場用地用の埋め立ての第一候補地の漁業権放棄を臼杵市漁協との間で取り決めている。この埋め立て候補地への造成補助金支出を県が公共性が薄いとして拒否したために第二の候補地とされたのが、漁業者の集落である風成地区に近い海岸地帯である。

風成地区に対する説明会が市によって実施されたのは同年一〇月である。この種の会合は反対意見もなく終わるのがこの地区では通例だったが、セメント工場用地の予定地に建っている小学校を移転してついでに改築することとの説明とあわせて行われたこの時の説明会の成り行きは違っていた。出席したのは、出漁中の夫の代理の女性たちが多かったが、彼女たちの意見は、セメント工場が来るからといって小学校が移転する必要はない、セメント工場の進出に絶対反対ということでまとまっている。風成地区の女性たちによる環境行動の第一歩であった。筆者が、一九七四年に、この時の運動の中核部分にいた女性に話を聞いたとき、最初の説明会の時から反対した理由を次のように語ってくれた。

大阪セメントが来れば、小学校が公害の真っ只中になるから移るという説明があった。移転すれば板知屋地区は臼杵に行くから残りは分校になって教育程度が下がる。セメントで、隣の津久見市のように公害も起きる。下の子供が小児ぜんそくだから心配だった。このきれいな海を汚したくないとも思った。(2)

津久見市にはセメント工場が進出しているが、そのセメント粉塵公害については、風成の人びともこれまでに知る機会があり、その先例があったことで、確信をもって反対に踏み切ることができたということであった。この女性は高校卒の学歴を有していたので、子どもの通う小学校が移転することで教育水準が低下するおそれのあることが工場進出反対の動機となったのであった。風成地区には漁業家庭が多いが、この女性の夫は教師であって組合運動にも熱心だという、夫婦ともにこの地域としては高学歴の家庭であった。

主人はセメント工場反対にすごく協力してくれた。「俺のボーナスつぎこんでもいいから、ハイヤーで帰ってこい」と言ってくれた。他の家でも、主人が働いて奥さんが動いたから闘争資金が続いた。儲ける人（夫）はドンドン儲けてくれて、「節約してためたから、頑張ってくれ」と漁に出ている主人たちから手紙が来たりした。総会でその手紙を読み上げた。とても励ましになった。夫や子供が働いて妻が運動したから四年も五年も続けることができた(3)。

北九州の女性たちが、夫から、自分の立場がなくなるからと運動をやめるよう要求されながらも「青い空」への渇望に支えられて運動を継続したのに比べて、家庭内での支持という点で、風成の女性たちは恵まれていたのである。

女性が運動する利点も、彼女たちは知っていた。

男が漁に出ていないから女が頑張ったこともある。女が出ると、市もやわらかく出る。男が出て何べんワイワイ言っても駄目。女が「すいませんけど」と座っていると、男は手が出せない。女は手を出されると泣く。泣かなければと思うから泣く。機動隊の中には涙ぐむ人もいたが、命令を上から受けると「おばさん、すみません」と言いながら手を出すが、あまり荒くはしない(4)。

ここで若い機動隊員が示した態度は、北九州の環境運動の中心にいた女性の水質改善への思いをこめた訴えに、男性で構成されている水質審議会の委員たちが感動を受けたのと同じ感情に動かされていると見ることができよう。ただし、風成の女性が座っていたのは、安定した陸地のビルの会議室ではなく、風に激しく揺れる海上の筏の上であった。海上埋め立てのための測量用筏に乗って測量を実力行使で阻止しようとしたのである。

わたしは「海は判決が出るまではわたしたちのもの。海はまだ売っていないから、筏からのけられたら海におりる」と言って筏に乗り込んだ。他の女性たちも「自分も海におりる」と言いながら一〇人ほどが筏に乗り込んだ。二月で、雨が土砂降りだった。四日三晩の最後の日、機動隊が六杯の船に二〇〇人くらいでやってきて筏に乗り込み、わたしたちをごぼう抜きにした。わたしともう一人の女性が一つの筏に乗っていたが、もう一人の女性が海に飛び込んだ。機動隊は救命具をつけていたのに誰一人引き上げようとしなかった。勇気のない人たちだ(5)。

氷雨をまともに受ける冬の海での座り込みは、海に慣れた漁業者の男性でさえもしりごみしそうな難行である。海に飛び込んだ女性は、風成の男性たちによって小舟にひきあげられると、気を失っている（松

下 一九七二、二二二頁)。男性たちは、「おとこし(男衆：筆者傍注)は手を出すな」との女性たちの制止にしたがって、ともに筏に乗り込むことは極力避けながら、しかし、小舟に乗って筏の周辺に待機していたのである。男性たちの励ましは、筏の上で疲労していく女性たちにとって勇気の源泉でもあった。女性たちと男性たちの役割分担に、男性の側から醒めた見方を加える人もいた。

風成の女たちが果してどれほどの価値を持ったか。男の使役だった。海に飛び込んだり、筏に乗り込むのは男ではまずい。男の役割は、機動隊に対して「おまえたちは女たちを見殺しにするのか」と怒鳴る役割だった。そして、この問題を国会に持っていくのは、フンドウキン(地元の醤油会社。臼杵ご三家の一つ)社長の役割だった。(6)

あらゆる現象に関して、見る人によってとらえ方の違う可能性があるからには、こうした見方があっても不思議はない。しかし、この男性の見方には、第三者的視点が強く出ている。風成の女性たちは、男性が直接行動に出ることの危険性を直観的に知っていたからこそ、測量を実施する側と接触する行動は自らが引き受け、男性たちには事件を見守り監視する役割を与えたのである。

風成の女性たちが夫や子どもたちへの愛情と澄んだ海を維持したい願いに支えられて、自らの命を的にしたような激しい行動に出たのに対して、進出工場は、それでも測量を遂行し、六月には工事を着工していく。女性たちは、労働運動の経験のある風成の男性の案によって、この時も、工事用の砂利を満載したトラックの前を手を挙げて交代に横断して通行を渋滞させるという実力行動に出ている。それでも結果としては工事は着工される。しかし、一九七〇年五月に風成地区の漁業者が臼杵市漁協と臼杵市を相手どって起こした漁業権確認請求訴訟で、翌年七月に、漁業権放棄の無効、埋め立て認可を取り消す、との原告・漁業者の勝訴判決が出たことによって、結果として工場進出の可能性は縮小した。女性たちの決死の行動は、進出企業にとっては顧慮に値しないことだったようであるが、しかし、女性たちとその夫や子どもなど家族たちにとっては家族が同志ともなった、いつまでも記憶に残る記念碑的な事件であった。

（2） 青森県の女性たちの環境運動-1——石油化学コンビナート建設計画をめぐって

前節で取り上げた女性たちの反公害・反開発運動は、全体のごく一部であるが、それぞれに特徴的な事例であるとともに、それぞれが、青森県の女性たちの反開発・反公害の運動と共通した面を持っている。随時、比較しながら、以下に、青森県の女性たちの環境運動についてみることにしたい。

青森県の反公害・反開発運動は、対象とする問題によって二期に分けられる。一つは、一九七〇年代初頭に発表された石油化学コンビナートを誘致するとした、むつ小川原巨大開発計画をめぐる運動であり、他の一つは、一九八〇年代になって具体化した核燃料施設建設をめぐる運動である。同じ地域への時期を異にする、内容的にもきわめて異なる二つの巨大な開発計画に対しては、全体としての環境運動の対応も、前章で述べたようにそれぞれ異なるが、女性たちの環境行動も、石油化学コンビナート建設計画の時期と核燃料施設建設計画の時とでは異なった面を多く示している。したがって、本節では、石油化学コンビナート建設計画に対する女性たちの行動を、次節では、核燃料施設建設計画をめぐる女性たちの行動を取り上げることにしたい。

青森県における、この二つの巨大な開発計画に対する女性たちの環境行動は、石油化学コンビナート建設計画についていては、主として六ヶ所村の女性たちが反対運動に参加していたのに対し、核燃料施設建設計画については、六ヶ所村以外の青森県の各地の女性たちの積極的な参加があったことと、時には全国各地の女性たちの参加もあったという点において大きく異なっている。しかし、参加した一人一人の女性たちの自らの環境行動への思い入れの強さ、あるいは、その行動の自らの人生の中での積極的な位置づけという点では、両者は等質である。

まず、石油化学コンビナート建設計画をめぐっての六ヶ所村の女性たちの行動は、開発計画が発表されて数年間の激しい行動が特徴的である。女性たちのそうした運動は、開発に伴って最も影響を受けることが考えられた開発地域内やその周辺の農家の主婦たちが核になっていた運動と、漁業への影響も懸念されたことで漁港のある泊部落で起こされた運動が代表的なものだと考えられる。

開発計画発表時点における主婦たちの行動――米内山義一郎氏の影響

一九七一年一〇月に、むつ小川原開発計画に着手した竹内俊吉知事が六ヶ所村に計画の説明のために訪れたとき、説明会場には県が選抜した〝村民代表〟百数十人が入場を許されただけで、残る数百人は会場外で半日近く待機しなければならないという奇怪な事態が発生した。説明を受ける権利を奪われた村民たちは待機している間に憤懣がつのり、ついには、説明を終わって帰ろうとする知事の車を取り巻いて抗議した。この時に先頭に立って知事に激しく責め寄ったのが、六ヶ所村倉内部落の主婦の木村キソさんをはじめとする農家の主婦たちであった。このときの気持ちと行動を、木村さんは、日教組大会に招かれたときに次のように述べている。

主人公であるべき村民が説明会に入れてもらえなかったのです。あまりの住民無視におこるのは当たり前で、知事は村民の猛烈な怒りの声のなかを逃げるようにかえっていきました。そのなかで知事の車に石をぶつけた人達もいましたが、それは反対同盟の行動ではありません。私たちはそんなことで知事に勝てるとはおもっていません。(7)

木村キソさんは、六ヶ所村尾鮫地区出身の沼辺せきさんに引率されて、六ヶ所村の娘たちとともに、昭和八（一九三三）年に和歌山県の紡績工場に半年の契約で集団就職している。彼女たちは、帰郷時期が近づいた昭和九年に、会社が、負担することになっていた帰途の旅費の支払いを拒否したために、ストライキに訴えるという歴史的な行動を起こしている。この時に、六ヶ所村出身の米内山義一郎氏が偶然行き合わせて彼女たちを支援し、帰郷旅費を要求どおりに獲得することに貢献したということである。沼辺さんと木村さんは、帰郷後、米内山義一郎氏が反開発運動を開始すると、行動をともにしている。彼女たちの行動が表面化した、知事の車に詰め寄ったときの運動の全体的な指揮者は米内山氏だったといわれている。(8)

木村さんの六ヶ所村における反公害・反開発運動開始のきっかけの中には、開発に関連して青森県が発表した住民対策要綱のひどさに驚いたことである。活動するには何らかの組織的基盤が必要であったため、木村さんは同じ倉内地区の田中ソノさんという女性と一緒に二五〇人ほどの署名を集めて、一九七一年九月、「主婦の会」を結成するに至る。「主婦の会」は、のちに、泊部落の「漁場を守る会」などとともに「六ヶ所村むつ小川原開発反対同盟」に結集していくが、木村さんは、この反対同盟の副会長を引き受けている。木村さんは、日教組大会や国際婦人デー、母親大会などにも出席してむつ小川原開発によって六ヶ所村の人びとの生活や人間関係がどのように変わったかの報告を繰り返す。こうした積極的な行動の後ろには米内山氏の指導があったのではあるが、しかし、幾星霜を乗り越えてきた女性の心からの訴えは、参会者たちに大きな感動を与えている。

木村さんは、女性の環境運動への参加について次のように述べる。

六ヶ所でも実際に反対運動に歩くのは婦人の方が多いのです。一つには男はでかせぎに行っていて家にいなかったり、働き手としてあまりに忙しいことがあげられます。その点、婦人は、一家の台所を任せられ、母親として子どもの将来を深くかんがえさせられることが多いのです。よくお母さんたちが、じぶんたちの代には開発されてもやっていけるが、子や孫の代のことを考えるとじっとしてはいられないといいます。また、男のひとたちは婦人にくらべてうまい話にのりやすく、えらい人から圧力をかけられやすいようですが、婦人にはあまりそういうことがないようです(9)。

ここで述べられている女性の運動参加の理由は、先に取り上げた他の地域での女性の反公害・反開発運動の理由と共通している。男性が仕事で長期不在であることが女性を強くしている点は風成の女性たちと共通しているし、男性は権力からの圧力に相対的に弱いと指摘している点は、北九州の女性の嘆きに共通し、子どもや孫など次世代、次々世代への強い思いが彼女たちを行動に駆り立てる点は、いずれの事例にも共通している。

木村さんたちに影響を与えた米内山義一郎氏は、六ヶ所村の富裕な網元兼商家の生まれだったが、青年期に、周囲の農業者たちの極端に貧困な状況を知る過程で農民運動に入り込んでこれを指導する。その運動は、米内山氏の中では、のちの反むつ小川原開発運動の指導に結びついていく。人望が厚く、反むつ小川原開発運動では、彼が指導しているからという理由だけで農漁業者が参加してくるほどであった。一九七一年夏ごろから、彼は、六ヶ所村の開発問題の学習会を村内で開いたが、木村キソさんと沼辺せきさんが、そこに参加している。沼辺せきさんよりも若い木村さんが、かつての労働者としての闘いの経験を生かし、弁の立つ筋金入りの主婦運動家として、開発反対運動の女性たちの中核部を形成する一人となっていったものであろう。

しかし、農業者たちが東京から乗り込んだ不動産会社に農地を売り、漁業者は漁業補償金を入手するなど、開発計画の具体化に伴い、それまでに手にしたことのない多額の金額を手にする村民が増えると、反開発運動は弱体化していく。開発に反対であることを村長として表明した寺下力三郎氏は次の村長選挙で落選、米内山義一郎氏からは農漁業者が離反するなど、開発反対派を囲い込む開発賛成派の力が強まる過程で、木村さんたちの運動は歴史の表面から姿を消していく。

鹿島臨海工業地帯の住民との交流——女性たちが過半数を占める視察経験

大分県風成地区での反開発運動にも共通することであるが、六ヶ所村の巨大開発計画を食い止めるための先鋭な運動のかなりの部分は女性たちによって実行されている。開発計画が明らかになった翌年の一九七二年三月一〇日から四月二八日までの間に、開発対策費として六ヶ所村が村費で企画した茨城県鹿島工業地帯への第二次視察団が四班に分けて派遣されているが、そのメンバーの中に女性が占めた比率は、のべ三九人の参加者中二二人と、かなり高い(10)。

主婦としては言いだしにくい約一週間も「家を空ける」行動をあえて実行するほどに、女性たちの石油化学コンビナートの公害および開発に伴う農漁業など地域の産業や地域社会への影響に関する懸念が大きかったということを示していよう。

この視察団は、各班が、帰村後に、彼らを鹿島の実態の視察に送りだした六ヶ所村の対策協議会会長であり村長である寺下力三郎氏あてに報告書を提出し、また、調査報告会も公開で行っている。提出した報告書の第一班の分は木村キソさんが執筆しているが、そこに現地での三日半にわたる勉強と視察の日程が記されている。それによると、鹿島地域の視察・訪問の他に、記録映画「三里塚」および「水俣病」を観る時間、「開発」と公害、「開発」と農業、「開発」と住民、「開発」と政党、「開発」とマスコミなどの「開発」をさまざまな側面から切り取って講師が講義する時間、田子の浦の住民運動の話の時間、そしてまとめの討論の時間などと、工業化と開発がひきおこした公害問題や生活と地域の破壊に関する基本的なことが学べる日程になっている。

鹿島で反開発運動をしている人びととの間で交わされた質疑応答も、六ヶ所村からの視察団にとっては、とくに貴重な情報だったと思われる。少し引用しておこう。

質問（六ヶ所村参加者――以下同様）農工両全で出発した鹿島臨海工業地帯で、本当に農業経営は可能か。
回答（鹿島地域参加者――以下同様）意欲があり努力をしても社会的・環境的にできなくなることが問題。べつの言い方をすれば、農業や農民をつぶすことがすなわち「開発」の完成ということだろう。
質問　鹿島開発はして良かったか。
回答　良くない。物質的にやられ、精神的にやられ、しない方が良かった。
質問　公害がひどいと聞いている。公害防止は可能か。
回答　企業は安いコストで利潤を追求しているから公害は防げない。
質問　むつ小川原開発に賛成した方がいいと思うか。
回答　みなさんが決めることだが、住民のために開発されるのではない。真に人間らしく生きようとするなら反対せざるを得ないのでないか。
質問　県や開発公社は信用できると思うか。
回答　絶対に信用できない。かれらが本当のことを言ったことはない。
質問　いま六ヶ所村で反対しているが、正しいだろうか。
回答　正しい。しかし、問題はむしろこれから先。いまの段階では、反公害というのも良いが、問題は、公害さえないなら開発はいいものかどうか、ということ。そういう意味で、「開発」そのものについて、あらゆる角度からの勉強を初めていただきたいと思う。(11)

こうした鹿島地区の住民の実際の経験にもとづいた発言は、その後の六ヶ所村での反対運動の方向に影響を与えている。たとえばこの時期に、十和田工業高校の教師たちが、むつ小川原巨大開発に関する現地調査を実施しているが、その中に、鹿島視察から帰ったばかりという倉内地区の中年の主婦が、鹿島を見たことで、巨大開発は農業者にとってマイナス効果をもつことを認識したという趣旨の発言がある。

私は開発には最初から反対であった。しかし、企業のための開発には反対しようという言葉はきらいであった。企業が良くなることは住民が良くなることでないかと考えていたからだ。しかし、鹿島に行って見て、この考えが甘い事が分かった。鹿島では良い人はすごく良い。御殿のような家に住んでいる。企業の社員住宅は鹿島を一望に見渡す高台に素晴らしい建物がある。しかし、土地を追われた農民は実にみじめだ。代替地に並んだ農家は、軒下まで草ボウボウで、農民は働く意欲を失い農業はやれる状況でない(12)。

第一班引率者の沼辺せきさんも、木村キソさんとともに、米内山義一郎氏の影響を受けた女性である。村役場の女性職員として鹿島視察に参加した沼辺さんは、昭和九年の和歌山県の紡績工場における帰途旅費支払いを求めた女子労働者たちのストライキに木村キソさんとともに参加しており、一九七一年に六ヶ所村で米内山義一郎氏によって開かれた開発問題学習会のメンバーであった。この沼辺せきさんについても、木村キソさんと並べて、六ヶ所村の反開発運動では最も戦闘的な反対運動家との指摘がある。寺下力三郎氏が開発推進を標榜する候補者と争って村長選に敗れたとき、沼辺さんは「賛成派村長のもとで仕えることをいさぎよしとせず、と退職してしまった」ほどに筋金入りの女性であったというのである。[13]一方で、一九七二年に村役場の職員として六ヶ所村の女性を引率して鹿島を訪問した沼辺さんについて、「もの静かな、それでいて意志の強い老婦人」との描写もある。[14]これらの指摘からは、労働運動など組織的運動の経験を持ち、村役場の職員という仕事につき、村民の引率者としての任務を与えられるだけの能力の持ち主という、六ヶ所村では数少ない民主的な考え方と教養を備えた知的な女性の姿が浮かび上がってくる。農家や漁家の女性たちに混じって、沼辺せきさんのようなタイプの女性の反開発行動もあったことは、記録しておくに値する。

漁業婦人たちの環境運動

開発初期の女性たちの運動のもう一つの核は、六ヶ所村では唯一の漁港集落である泊地区にあった。風成の主婦たちと共通する力強い行動力を持つ漁業家庭の主婦たちも加わって、小型船のオーナー、漁協組合員、婦人会、教師などによって「泊漁場を守る会」が結成されたのは、倉内地区で「主婦の会」が作られる少し前のことである。「泊漁場を守る会」の女性会員の活動を、寺下村長時代とその後について見てみよう。

寺下村長時代の女性の活動については、鹿島視察第二次調査団の参加者を取り上げる。第二班に泊地区からの参加者が女性二人と男性二人の計四人含まれていたが、この時に鹿島視察に参加した泊の二人の女性のうちの中村せつさんは泊地区に作られた反開発運動組織「漁場を守る会」の呼びかけ人の一人であり、同会で進めていた開発に関する学習会に参加していた女性である。[15]昭和三九年頃に、泊も原子力発電所が建設されたら野辺地から平沼までの道路は六間道路になり、女の人は畑仕事もしないでスカートをはいて遊んでいることができると聞いて最初は喜んだものだったが、石油コンビナートの公害問題のことがわかってくるにつれて疑念が湧いてきたのが、きっかけだったという。中村せつさんは帰村後、東北民主教育研究集会で「地域住民の学習と教育」と題した講演をしている。そこでは、自分自身を「これまで、僻地だといやしめられてきて、またその中ででも家庭を守り子供を育てるという大きな仕事を守り通してきた、女として母親として主婦として」と規定している[16]。

中村さんがここで述べたことの主要な点は、六ヶ所村は、住んでいる人にとっては決して僻地ではないということである。「海は澄んで空の青さが海にとけるような清々しさ」「自分たちで採った新鮮な野菜を食べる安心」「東京では一〇万円なくては暮らせないとしても、六ヶ所では五万〜六万円で暮らせる」「老人にも磯で海草を採る、ワカメを干すなどのそれぞれの仕事があり収入がある」などの具体例によって、形だけの豊かさの大都市の人間が六ヶ所村を僻地とみなすことに反論している。その主張の第二点は、県の開発計画や住民対策が、すべて「工場の設置、土地の売却と交換に高校をたてる、職業訓練校を設置する」というものであることの疑問点である。工場建設や、そのために土地を売るということとの交換条件でなくては、以前から住民が望んでいた高校の建設や総合病院の建設も企画しない、中間自治体である青森県に対する主婦の素朴ながら鋭い指摘がなされている。

中村さんの話は、「生活者として開発を告発しているという点で際立って見えた[17]」と評されるほどに生活に根ざした説得的な発言であったようである。その、問題の本質を指摘する鋭い感性は、「泊漁場を守る会」で、石油化学コンビナートについて学習会を続ける中で磨かれていったものと考えられる。

次に、寺下村長が村長選で石油化学コンビナート建設推進派の候補者に敗れた後の、「泊漁場を守る会」における女性の行動や考え方について見ておこう。法政大学社会学部の金山行孝教授のゼミナールが、一九七二年以来、六ヶ所村の調査実習を毎夏実施して、毎年作成してきた報告書の中に、反石油化学コンビナート建設にかかわった泊地区の女性への聞き取り記録がある。「泊漁場を守る会」で長い期間にわたって女性会員の中心的位置にあった橋本ソヨさんへの聞き取り記録である。金山ゼミの一九七五年度から一九八六年度まで一〇回近く行われている橋本ソヨさんへのインタビューの中で、橋本さんは、七五年と七六年には「泊漁場を守る会」所属で紹介されており、八一年度から八三年度は「泊漁場を守る会会員」と並べて「六ヶ所を守る会会員」として紹介され、八四年度から八六年度まででは、単に、「泊住民」の身分で記録されている。むつ小川原巨大開発が発表され、六ヶ所村村内が不動産業者の荒っぽい手口の土地買収で動揺を大きくしつつあった七五年度や七六年度に、橋本さんは金山ゼミによる学生のインタビューで、開発について次のように答えている。

この開発は、下部の住民は何も知らなかった。反対なら反対なりに、賛成なら賛成なりにどんどん話をする人や地元の指導者を送りこみ、皆で話し合いをすれば良かったと思う。そうすれば、こんな骨肉相食むような状態にはならなかっただろうに。その場が一つもなかった。工場や会社に勤めて、スカートをはいて、ネクタイを締めて、海や畑に行かなくても良い生活が幸福な生活と皆が言うが、押し寄せてきた文化生活とは、一体何だっただろう？　電化製品を全部揃えて珍しいものを並べて優越感に浸るのが文化生活か。

この六ヶ所村は山の幸、海の幸に恵まれた美しい所。何物にも代えがたい。八戸の工場の密集を見ると、開発して豊かになるよりもこのままでよい。道路や高校は、開発と引換えに作るものではない。会社が来てもどうやって勤めるのか。鹿島だってそうだが六ヶ所は皆教養もなく、コンピューター等の高度な技術になったら一人も就職できないし、機械一台で何百人の肉体労働を可能にするのに。(18)

ここで披瀝されているのは、〈女性はスカート、男性はネクタイを着用する〉ことに象徴される都市的生活が六ヶ所村の住民にとって幸福な生活とはいえないこと、六ヶ所村の山と海の幸に恵まれた生活の貴重さ、そして、現存する幸せを強引に擬似的幸せの都市的生活に変更させようとして村民の生活道路や高校の建設を開発の取引材料にしようとする開発推進者たちへの批判である。中村せつさんの発言とかなり重なる部分もあり、二人ともに、鋭く開発の本質を指摘しているのである。

しかし、このインタビューがなされた一九七五年九月という時は、約二年前の一九七三年一二月二日の村長選挙で、開発に反対していた現役の寺下村長が開発推進を標榜する古川村長に敗れ、反開発運動の先行きは見えにくくなっていた頃である。そうした事態をふまえて、橋本さんは、女性と男性の運動の違いについても、明快に述べている。「目先の利益に惑わされず皆の幸福を考えれば、こんな世の中は来なかったはずだ。こういう事については男より女が強い。なぜなら、男は選挙の事とか腹の中で色々と考えるが、女に取引はない。取引のおかげで世の中が歪んでしまった(19)」

男性たちが、橋本さんの言葉で言えば「目先の利益」で動いて離合集散を無原則に繰り返している傍らで、橋本さんは、「最後まで反対を貫い」て偏屈呼ばわりされたりもしている(20)が、一九八六年度のインタビューでは、「反対運動を昔したことにたいしては六ヶ所を守るためにみんなで頑張った良い思い出」[21]と述べている。

石油化学コンビナート建設に反対する運動は、村長自らが建設反対を表明した寺下村長在職中に燃え上がるように激しく展開され、その中で、農家、漁家の女性たちも時と場所によっては、男性を上回る活動的な行動を示したが、村長選挙における敗北は、女性たちの反対運動にも全体の反対運動にも水をかけることとなったのである。

（3） 青森県の女性たちの環境運動 - 2――核燃料施設建設をめぐって

概　況

青森県における女性たちの環境運動が再度力強く展開されるようになるのは、石油化学コンビナート建設計画が挫折したことの埋め合わせとして核燃料サイクル施設進出計画が出現したのちのことである。そこには、時代と、進出する危険施設の性格とを反映して、従来の女性たちの環境運動になかった新しいタイプの運動も現れている。一方で、馴染みのあるタイプの運動も展開されており、青森県内の女性の環境運動は、大きなうねりとなって反核燃運動に結集した。

女性たちの反核燃運動を分類してみると、地域的には、六ヶ所村内部の運動、六ヶ所村外・青森県内の運動、全国レベルの運動に、三大別できるものと考える。このうち、六ヶ所村外の青森県内の運動は、さらに、弘前地域、津軽地域、八戸地域、三沢地域など、いくつかの地域ブロックに分けられる。また、そ

表7-1　女性運動家の反核燃運動の分類

主たる運動者	運動の中心地	運動方法
漁業者	六ヶ所村・泊	座り込みなど実力行使，選挙運動
農業者	六ヶ所村・豊原	有機農業，ミニコミ発行，産直運動
	六ヶ所村外	農協婦人部の活動として
労働団体	三沢	労働運動の一環として
研究者	八戸，弘前	訴訟，講演，執筆，イベント，放射能測定
主婦・市民	弘前	学習会，イベント，定期的なデモ行進
自由業	六ヶ所村	写真家としてなど
生協活動家	青森市	生協運動の一環として

の運動の主たる担い手のタイプで分けてみると漁業者、農業者、労働団体、研究者、主婦・市民、自由業、生協活動家などに分けることができる。まとめてみると**表7-1**のようになる。表の分類は暫定的なものであるが、しかしこの限りでも、青森県内の女性による反核燃運動は、多様な主体により多様な運動方針で展開されてきていることが示されている。一九八〇年代半ば頃から、こうした反核燃運動が、県内ほぼ全域にわたって繰り広げられてきたのである。インタビューでの発言を通して、実態に迫ることにしたい。

漁業婦人たちの反核燃運動

まず、反石油化学コンビナート行動においても突出していた漁家の女性の運動について取り上げよう。前回の場合もそうであったように、漁業といえば六ヶ所村では泊地区であるので、漁家の反核燃運動も、泊地区を中心に展開された。十数年前に、反開発運動を経験した中からの参加もあったが、多くは、そのころは、若く、無関心であり、今回初めてこうした運動に参加する人びとであった。一九八五年に男性たちの反核燃組職として「核燃から漁場を守る会」が結成されると、女性たちは「核燃から子供を守る母親の会」を結成した。のちに「カッチャ軍団」と呼ばれるようになる主婦パワーを全開した女性たちの反核燃組織である。その結成のいきさつを、「核燃から子供を守る母親の会」初代会長の若松ユミさんは次のように語る。「わたしが中心になって昭和六一年頃に組織しました。男の人達の『核燃から漁業を守る会』がその少し前に作られていました。とくべつな事件がきっかけでした。チェルノブイリの事故です。原子力のおそろしさが、ぴんと来ました。弘前にできていた『放射能から子供を守る母親の会』の人達が六ヶ所村に来たとき、六ヶ所村にもこういう組織がないと力にならないからと勧められて、じゃあ、そうするかな、と二〜三日後に組織しました[22]」。母親たち五〇人ほどで発足し、最も多いときには一五〇人ほどが会員になったというから、約一一〇〇世帯四二〇〇人(一九八八、昭和六三年時点)の泊地区では一大勢力であった。結成後の行動も精力的である。「許可をもらって街宣車で上北から下北まで街宣してまわりました。『核燃から子供を守る母親の会』です。チェルノブイリでは被曝者が何万人も出ました。子供を持つ母親としては、子供の被曝が多く、甲状腺に蓄積することを聞いて、心配でたまりません[23]」と、街頭宣伝車に乗って、自分でマイクを握り、原子力施設が近くに来ることの危険性を母親として訴えてまわっている。その行動は、ただちに妨害を受けるが、この時点では、母親たちは一歩も引き下がらない。

六ヶ所農協に嫁が勤めていたが、上役に呼ばれて、あなたの姑がTVで反対を訴えているから明日からやめて下さいとやめさせられました。わたしだけではありません。核燃に反対している他のカッチャたちの息子や父ちゃんにもいろいろな影響があったと聞いています。それでも、誰も抜けませんでした[24]。

誰も妨害や嫌がらせに負けずに、活動を続ける。チェルノブイリの事故のことやフラソスのラ・アーグの再処理工場のことなどを書いたチラシを、費用は自己負担で作り、一五人ほどの母親たちで手分けして六ヶ所村内に三〇〇〇から四〇〇〇部配付する。一年間ほど、こうした宣伝活動を続けたが、配付したときに嫌な顔をする人はいても、全体としては悪い反応ではなかったということである。こうした活動の過程で「核燃から子供を守る母親の会」の会員は増えていった。

しかし、核燃凍結を標榜して土田浩氏が村長選挙に立候補したとき「核燃から子供を守る母親の会」には転機がきた。土田氏の凍結宣言を信じることのできなかった若松さんを除く、会のリーダーのほとんどは、土田氏支援を表明した。若松さんは、信条を守るために三年半ほど務めてきた会長を辞任することを決める[25]。一九八九年のことである。「核燃から子供を守る母親の会」の新会長には、村議経験者中村留吉氏の妻の中村およねさんが就任する。こののち、「核燃から子供を守る母親の会」と泊の男性たちの組織の「核燃から漁場を守る会」とは土田村長の誕生に大きく貢献することとなる。

新会長の中村およねさんは、一九七二年に、鹿島視察第二次調査団に泊からもう一人の女性の中村せつさんと参加した経験を持つが、土田村長選出後、子息が夫の後を継いで村会議員になる。法政大学社会学部の金山ゼミは、一九九四年度に「核燃から子供を守る母親の会」会長の中村およねさんにインタビューしている。金山ゼミの報告書には、インタビュー結果が次のように記されている。

「核燃から子供を守る母親の会」の会長だが活動は行っていない。村民は核燃に対して気持ちでは反対であるが、雇用の面では便利なので自分から村民に呼びかけるようなことはない。皆、生活が大事で生活しなければならないということだ。「一万人訴訟原告団」と「上十三地方住民連絡会議」には土田村長が当選するまでは入っていたが、現在は入っていない。土田村長が当選する以前は無我夢中で反対運動をしていたが、当選してからは村民の立場に立って考えてくれる土田村長を信頼し、安心しているからである(26)。

以上は、漁業婦人たちの反核燃組織の変遷を、その組織の結成者であり、初期の段階のきわめて活動的な反核燃運動のリーダーであった女性の聞き取りと、その女性の後任としてリーダーとなった女性の聞き取りを比較して瞥見したものである。ここには、一九七〇年代に、泊の女性の反開発行動のリーダーであった橋本ソヨさんが「男の取引きで歪んだ社会が作られる」と語った事態が、男性の取引に加担せず、自らの直観に従った女性を運動の中で孤立化させる形で、再び繰り返されている。

農業女性たちの反核燃運動

農業女性たちの反核燃運動には、性格の異なる二つのタイプの運動がある。一つは、農協婦人部が行った反核燃運動であり、他の一つは、都会からUターンしてきた農家出身の女性が、農業に再び従事しながら個人として開始した反核燃運動である。

① 農協婦人部の反核燃運動

まず、農協婦人部の反核燃運動を取り上げよう。一九九〇年春まで農協婦人部会長であり、後進の婦人部リーダーに、一貫して目標にしている女性として名指しされるほどの力量と人望を備えた津軽地方で長年農業に従事してきた女性の話を聞いてみよう。その女性、長谷川蓉子さんは、農協婦人部の運動の基本姿勢に関わる活動について次のように述べている。[27]

農協婦人部の女性たちは農業をしている女性たちです。食物を生産する立場での自分たちの役割は何だろうというところから、「本物を食べる運動」として始め、それと違うものは排除してきました。それが基本となるとの考えでした。中でもわたしたちは農薬をかける立場ですが、農薬散布の一番の被害者は自分自身です。農薬を減らすことと、有機栽培の開始に早くから取り組みましたが、なかなか根づきませんでした。婦人部は朝市で農薬をほとんど使わない農産物を売ったりしていました。こういう運動の中で、生協や消費者団体との結びつきができました。昭和四六〜四七年頃からでした。婦人部の中に、非常に前を見ることの出来る人がいましたので、産直運動などもずいぶん早い時期からしていました。[28]

この発言は、中央の行政や大企業などからは、何かといえば後進地域とみなされ、そのような扱いを受けている青森県であるが、婦人農業者たちは意欲的で、創造性さえたびたび発揮していることを示している。都市の消費者団体との交流の機会も男性農業者に比べて多い婦人農業者たちは、男性農業者たちとは異なる視点で、農業そのものの本来あるべき姿を考えることができ、その一つのあり方として、消費者とのパイプを太くすることにも積極的だったのである。こうした先取性は、反核燃運動において農協婦人部が農協青年部とともに起爆剤でもあり牽引車でもある役割を果たしたことにつながっていく。
反核燃運動の前史に、青森県むつ湾と原子力船むつの関係をめぐって、農業団体の中で婦人部のみが反対運動をした経験がある。魚を「海の食品」ととらえて、「本物を食べる運動」という婦人部の基本理念にもとづいて、漁協婦人部と共闘したのである。長谷川蓉子さんは、そのことについて、このように語る。

漁協婦人部から、陸奥湾の魚が汚染されるから、共闘してくれないかと手紙がきました。その時、副会長をしていましたからもう一人の副会長と三役で「もっと早く気づけば良かった」と話し合いました。婦人部でカンパを開始しました。青年部も農協も、その時は、俺たちのすることでないと言っていました。(29)

農協婦人部はむつ市まで出掛けたり、原子力問題に詳しい東京大学小野周氏の講演会を開催するなどして、人工放射能に許容量はないという信念を身につけていく。この経験が、六ヶ所村に核燃施設が来る話を知ったときに生きている。ただ、六ヶ所村の核燃施設に関しては、「六ヶ所村の農協婦人部が『布団をかぶって寝込みを決めた』ので暫く動けなかったが、農協青年部が動きだしたので、六ヶ所村はそのままにして、まわりで動くことにした(30)」。消費者団体からも、手紙で要請が来るし、カンパは送ってくるなどの働きかけがあったことも、農協婦人部には大きな刺激となったということだが、六ヶ所村婦人部だけは、結局、最後まで動いていない。六ヶ所村を含む上北の農協婦人部は「交付金をもらってしまった」「電気料金を安くしてもらっている。返せないし、義理を欠く」などと言って、婦人部の中で最も消極的であった。[31]

他の婦人部は「二〇何年も言い古してきた自然食運動が婦人部運動の根っこにあったので、婦人部の人達はわたしたちが面食らうぐらいに走り回ってくれました。日頃の教育が大事だなあと思いました」[32]

こうして、一九八九年、農協青年部とともに農協婦人部の活動が大きく反映して、保守の地盤といわれてきた青森県から反核燃を標榜した候補者を参議院に送り込むことに成功する。婦人部としては、それまで表向きは選挙はタブーであって動かなかったが、「いのちと大地を守る会」を結成し、長谷川蓉子さんが会長となって、婦人部から自発的に加入した人々が選挙運動をしている。婦人部三万人という数は、それだけで大変な力となる人数である。地域の商工会や婦人会は非協力、労働団体が協力的という、従来の農業運動の協力関係とは違う流れの中での活動であった。しかし、青森県内に生じたかつてない社会的、政治的な変化は中央の政治家グループや電力業界の注目するところとなり、〈青森の農協婦人部つぶし〉がこのパワー・エリートたちの計画に組み込まれる。九一年の県知事選に、反核燃候補と対抗するべく、中央の主だった自民党系代議士数十人が青森県に繰り込んで陰に陽に、核燃施設推進を標榜している現職候補者の応援をする態勢を組み、現職の北村知事の四選を実現させた。この時を境に、長谷川蓉子さんをはじめとする反核燃運動を中心的に推進した女性の多くが農業関係の役員を退くのである。婦人漁業者として反開発の行動を一貫させた橋本ソヨさんの指摘は、ここにも当てはまるのである。

②　Uターン女性が一人で始めた反核燃運動

次に、農業女性たちの二つのタイプの運動の後者の運動について取り上げよう。たった一人で反核燃運動を始めたのは、六ヶ所村豊原地区の開拓農家出身の菊川慶子さんである。菊川さんは学校卒業後、上京して首都圏で就職し、結婚していたが、九〇年三月に、反核燃の決意を抱いて六ヶ所村に家族ぐるみでUターンし、両親の家のすぐ近くに住み、無農薬で野菜や花を育て、それで生計をたてながら反核燃運動を続けている。むつ小川原開発問題のときには、すでに上京していてまったく無関係に過ごしている。その菊川さんが反核燃のために帰村したのは、チェルノブイリ事件の示唆が大きい。

六ヶ所を見捨てることができませんでしたし、六ヶ所村の核燃が世界の核問題の要のようにも思えました。たとえば、再処理がメインになっていますが、フランスでもイギリスでも環境破壊が起きています。六ヶ所でトラブルを起こさないなどとは思えません。遠くから通っていたのではわからないことがありますから住み込もうと考えました。(33)

住み込むといっても、もともと出身者であるから、まったくのよそ者とは違うし、六ヶ所村から出たことのない住民よりは地域による拘束は小さい。一方で、首都圏に住んでいたときもPTA活動や日本の歴史を考える市民グループなどの運動の経験があり、その人脈はUターンののちにも維持している。六ヶ所村のような閉鎖的な社会的性格の強い地域社会で、内部から反核燃運動を進めるために必要な条件を、菊川さんは備えていたのである。

それにしても、その活動ぶりには目を見張らせるものがある。九一年四月には、農協青年部や婦人部も団体加入している「隣接農漁業者の会」を結成し、菊川さんは事務局を引き受ける。同じ年の五月には

「ネットワークみどり」という六ヶ所周辺の女性たちを集めたグループを発足させ、弘前大学の学生たちの協力を得ながら、水と松葉の放射能の測定運動を開始する。団体加入が主力なために動きが鈍っていた「隣接農漁業者の会」の活発化をはかって、農業用トラクターを使ったトラクターデモを九四年夏に敢行したり、全国キャラバンを九四年秋に実施するなど、次々と新たな方法を考案して実現し実行していく力は男性も及ばない。菊川さんの持続力を示すものの一つに、九〇年二月以降、月一回ミニコミ誌「うつぎ」を発行していることがあげられる。六ヶ所村に住んでみて情報の伝わり方がよくないことに気づいて始めたものだという。読者は村内三割、村外が七割である。このミニコミ誌の、本稿執筆時の最新号のタイトルを紹介しておこう。「沿岸諸国から抗議相次ぐ――高レベル廃棄物運搬船　仏出港――むつ小川原港でダイ・イン」、「雪だるまと一緒に渋谷でドングリを配った」、「搬入中止を求めて」、「地震対策で科技庁交渉」、「ホンネで語ろうわが村」、「とゆーわけでお次は菜の花キャンプなのヨ」、「連載その③　関電へのキャニスタープレゼント」、「パナマ・キャンペーン報告その②　島田恵」、「六ヶ所村の自慢料理」、「今月の予定」（菊川　一九九五）。月刊『うつぎ』は、核燃問題をめぐって、つねに的確にホットなニュースを伝えているのだが、それでも、菊川さんの人柄を反映して、一般の告発誌とは違うおっとりした暖かみのある紙面作りになっていることは、ここに紹介した最新号の記事のタイトルからも読み取ることができよう。

毎号掲載される「六ヶ所村の自慢料理」という六ヶ所村で採れる農作物や海産物を利用した料理の紹介欄は、六ヶ所村で生活しながら反核燃運動を進める菊川さんの原点を示していると思える。月刊『うつぎ』は、女性たちの間に読者を広める効果を持っているが、女性たちの間に共感が広がるということは、男性たちの間に共感者を増やすことにも効果的なのである。

反核燃運動は現在、九一年の知事選以降次々と選挙戦に敗北する一方で、核燃施設は次々と完成して操業開始するという状況にあって、青森県全体としては九〇年当時とは対照的に停滞している。その中にあって、知事選敗北以後にUターンしてきた菊川さんは、全体としての沈滞ぶりをゆっくり活性化させつつ、粘り強く反核燃運動を続けているのである。菊川さんの一連の行動は、都市と農村とを結ぶ条件を備えた女性が、自らの発想にもとづいて社会運動を遂行していると言い換えることができるものだが、その行動は、今後の都市と農村の相互関係の望ましいあり方を先取りしているものだともいえるだろう。

農漁業者以外の青森県の女性たちの反核燃運動

最後に、漁業者や農業者以外の女性たちの反核燃運動について述べておこう。農協婦人部の反核燃運動の箇所で、六ヶ所村の婦人部だけは反核燃運動をしなかったことについて触れたが、反核燃運動に組織的に参加した女性たちの中で六ヶ所村に在住するのは泊地域の漁業婦人だけである。

農漁業者以外の女性たちの反核燃運動は、青森県の西と東で、それぞれに展開されており、西は、弘前市の主婦たちのグループ、東は、八戸市の大学教員の女性を中心とする運動である。前者は、早い時点で、六ヶ所村に進出する核燃料施設が青森県全体にとっても脅威であることを認識して、弘前市内での勉強会や講演会の開催、主婦と子どもたちによる反核燃デモなどの市民的運動を地域社会規模で展開し、反核燃運動が全県規模になった時に弘前地域の運動の求心的機能を担っている。

これに対して八戸市の運動の中心的存在の大学教員の大下由宮子さんは、米国の大学で教鞭を執った経験もある国際的な感覚を持った女性であり、その反核燃運動の展開のしかたはなかなかに個性的である。(34)八四年に六ヶ所村への核燃施設立地が新聞に出てから内容を知りたくて同僚の理科系の教員に尋ねたところ、「これはやばいんですね」と言われてびっくりし、「社交界でのおつきあいのあった弁護士夫人たちの呼びかけを受けて、弁護士さんたちとともに『死の灰を拒否する会』を作ったこと」(35)が最初の反核燃行動であった。社交界という言葉で表現されるような、地方の名士や名士夫人とのつきあいが日常的な世界で生きていた女性なのである。ついで一九八五年二月二一日に、新聞に同僚の女性と二人で反核燃の意見広告を出している。こうして、大下さんが、実は、活発な反核燃運動家であることが判明してくると、それまで大下さんをもてはやしていた地元の社交界の対応が変わってくる。たとえば、次のようなことがあった。

以前は田舎のマスコミの寵児だったけれど、八六年の新聞労連大会に講師で呼ばれたときに、東奥日報が明らかに推進の立場を取っていることを県民の投書の採用内容で指摘したら、その後は、県庁もマスコミも講演を頼んで来なくなった。(36)

華やかでスケールが大きいことから、女性たちの反核燃運動の中で、大下コールは大きかった。一九八七年に弘前の主婦たちで作った「放射能から子供を守る母親の会」のアイディアで新聞に意見広告を出したのち、意見広告に結集した女性たちの連帯のしるしとして「りんごの花の会」が作られるが、このときのアピール文を大下さんが書き、県庁でそれを読み上げている。その後、「ストップ・ザ・核燃署名」「核燃阻止訴訟」「脱原発・反核燃青森県ネットワーク」と大きな反核燃行事の中で、大下さんは、重要な位置を占めている。

一九九一年の県知事選における反核燃運動候補の敗北に始まる反核燃運動の全県的な退潮の中で、六ヶ所村にUターンした菊川慶子さんとは、異なる方法でではあるが、大下さんも粘り強い。その粘りの最大のものは、一九九五年二月の青森県知事選挙への立候補であった。筆者はテレビの報道で見たのだが、その選挙演説の第一声は、よく通る声で「青森県に核燃はいりません」と発せられた。降りしきる雪の中で、堂々と大声で演説する姿は、候補者調整に男たちが手間取って遅くなりすぎた時期に立候補を引き受けた大下さんの強さを明示していた。得票結果は組織的支援が大々的になされた当選者の木村守男氏の三二万三九二八票に対して五万九一〇一票と少なくはあったが、確信して大下さんの反核燃知事出現を支持した青森県民の数である。

青森県の女性たちの反核燃運動は、男性たちに主導された反核燃運動が全体として低調傾向に転化した中で、ここに見てきたように、相対的に力を維持している。そのはかりしれぬ底力は、パンドラの箱に残る〈希望〉の力である。近年では、反原子力運動における女性の位置を高く評価する男性研究者の指摘も現れている（長谷川 一九九二）。女性の環境運動の意義が大きいことは本章でも述べてきたことであるが、しかし、だからといって、環境運動は女性たちだけ、あるいは男性たちだけと、単純に性別で分けて、そのどちらが有効かなどということを論じてよい性質のものでもない。ここでは、むしろ、取り上げた事例が示している女性たちの運動の特性が、男性たちの特性ともども相補的に活用されるならば、きわめて有効であることを指摘しておきたい。

【注】

(1) 今村(一九七〇、一三四頁)。

(2)〜(5) 大分県臼杵市風成地区、Y.K.さん(女性)への、一九七四年一〇月二〇日付の聞き取りから。

(6) 大分県臼杵市風成地区、T.H.さん(男性)への一九七四年一〇月二二日付の聞き取りから。

(7) 木村(一九七二、七四頁)。なお、木村キソさんおよび後述する沼辺せきさんの活動に関しては、鎌田慧氏の『六ヶ所村の記録(上・下)』(一九九一、岩波書店)で取り上げられている。

(8) この箇所の米内山義一郎氏と木村キソ、沼辺せきさんとの関係については、主に上之郷(一九八一)の記事に依拠している。

(9) 木村(一九七二、七六頁)。

(10) 典拠は、石川(一九七三、二一〇〜二一一頁)の表である。なお、石川氏だと思われる人物に対しては鎌田慧氏の『六ヶ所村の記録』におけるコメント(二五七頁)も参考にされたい。

(11) 石川(一九七三、二一九頁)に引用された鹿島第二次視察団調査報告書の、木村キソさん執筆の「鹿島開発の問題点(討論)」より。

(12) 十和田工業高校分会(一九七一、五頁)。

(13) 上之郷(一九八一、一七〇頁)。

(14) 石川(一九七三、一三〇頁)。

(15) 中村留吉(一九七四、一一頁)。

(16) 中村せつ(一九七四、六頁)。

(17) 馬場（一九八〇、三四頁）。

(18) 法政大学社会学部金山ゼミナール（一九七五、五八頁）、九月二日のインタビューより。〔補注。飯島論文のこの引用においては、一九九八年の初出時より、原資料の文言から多少変更されているが、本書においては初出時の引用をそのまま再掲する（船橋記）〕

(19) 前掲法政大学金山ゼミナール（一九七五、五九頁）。

(20) 法政大学社会学部金山ゼミナール（一九八三、三八頁）、八月二八日インタビューより。

(21) 法政大学社会学部金山ゼミナール（一九八六、二七頁）、九月四日インタビューより。

(22)〜(25) 六ヶ所村泊地区の若松ユミさんへの一九九二年九月一二日の聞き取りから。

(26) 法政大学社会学部金山ゼミナール（一九九四、二九頁）。

(27) 青森県農協婦人部副会長佐野房子さんへの聞き取りから。質問者は長谷川公一氏ら。一九九一年九月五日実施。長谷川公一氏の「精神的な支えだった先輩は」との質問に対して佐野さんは次のように答えている。「前会長の長谷川蓉子さんを目標として今まできました。私が若妻部会の研修会に来たとき、長谷川蓉子さんは、いまの私の年代の四〇代半ば過ぎだったとおもうのですが、県の理事で、そのとき見て、ああ、農家のお母さん方にもこういう素晴らしい人がいるんだなあと。出来るものならああいう存在になってみたいものだというのが、印象でした。ですから、長谷川さんが、ずっと、私の目標でした」。

(28)〜(32) 一九九〇年度までの青森県農協婦人部会長長谷川蓉子さんへの筆者らの聞き取りから。一九九〇年九月二日付。

(33) 菊川慶子さんへの筆者らの聞き取りにもとづく。聞き取り実施日は、一九九二年九月一四日、九三年九月一一日、九四年八月八日。

(34)〜(36) 大下由宮子さんへの筆者らの聞き取りから。聞き取り実施日は、一九九一年九月四日。

【文献】

石川次郎　一九七三『語られなかった〈開発〉――鹿島から六ヶ所へ』辺境社。
今村千代子　一九七〇「青空がほしい――北九州の公害反対運動」『ジュリスト』臨時増刊四五八号、一三〇～一三四頁。
上之郷利昭　一九八一「史録・むつ小川原――現代のモヘンジョダロを残して潰えた壮大なる野望」『諸君』五月号、一四三～二〇一頁。
菊川慶子　一九九〇～九五　月刊『うつぎ』一～五二号。
木村キソ　一九七二「むつ小川原原発反対運動と私たち」『季刊　国民教育』一四号、七二～七八頁。
古在由直・長岡宗好　一八九二『渡良瀬川沿岸被害原因調査に関する農科大学の報告』栃木県内務部発行。
四方洋　一九九一『煙を星にかえた街――北九州市の挑戦』講談社。
島田信子　一九三七「序」永島與八『鉱毒事件の真相と田中正造翁』（復刻版）、明治文献。
津田仙編　一八九二『農業雑誌』四四七号。
十和田工業高校分会　一九七一『むつ小川原開発地域調査』。
中村せつ　一九七四「講演　地域住民の学習と教育」『教育文化』五月号、六～一〇頁。
中村留吉　一九七四「地域住民の学習と教育」『教育文化』五月号、一一～一八頁。
長谷川公一　一九九一「反原子力運動における女性の位置――ポスト・チェルノブイリの『新しい社会運動』」『レヴァイアサン』八号、四一～五八頁。
馬場仁　一九八〇『六ヶ所村　馬場仁写真日記』ＪＰＵ出版。
法政大学社会学部金山ゼミナール　一九七五～九六『むつ小川原開発調査報告書（各年度）』。

松下竜一　一九七二『風成の女たち――ある漁村の闘い』朝日新聞社。
松本英子編　一九〇二『鉱毒地の惨状』毎日新聞社。
Mies, Maria and Vandana Shiva, 1993, *Ecofeminism*, Spinifex Press.

〔付記〕本書に収録した飯島の第三・七・八章は、一九九八年に上梓した『巨大地域開発の構想と帰結――むつ小川原開発と核燃料サイクル施設』（舩橋晴俊・長谷川公一・飯島伸子編、東京大学出版会）より再録した。

建設中の東通原発１号機（2004 年 4 月，長谷川撮影）

東通村には，東京電力と東北電力が所有する原発 20 基分の敷地がある。完成したのは，東北電力の東通原発 1 号機（写真）のみ。ほかに 3 基の建設計画があるが，福島第一原発事故の影響で不透明である。広大な敷地がどのように利用されるかもまた不透明である。

第八章　日本の地域開発史における六ヶ所村開発の位置づけ

飯島　伸子

（1）六ヶ所村問題への視角

地域開発と地域社会破壊の関係を示す代表例として

六ヶ所村で、一九七〇年代初頭のむつ小川原巨大開発（石油化学コンビナート建設計画）に端を発し、八〇年代以降からこんにちまで続く核燃料サイクル施設建設に至る一連の地域開発によって引き起こされた社会的問題の数々は、日本で発生してきた公害問題や環境問題の歴史に位置づけるだけでは不十分である。六ヶ所村の問題は、日本における公害・環境問題史と地域開発史の双方の中に位置づけて考えることで、その問題点や本質が、より明確になる事柄だといえよう。たとえば、日本の公害・環境問題史の中の代表的な事件としての、二つの水俣病事件やイタイイタイ病事件、各地の深刻な大気汚染による喘息などの健康被害事件が示すような被害は、むつ小川原巨大開発計画によっても、核燃料サイクル施設建設によっても、現時点まで、（補注①）幸いなことに発生していない。しかし、六ヶ所村の住民は、ある意味では、より深刻な被害をこの開発によって受けている。

六ヶ所村に対する石油化学コンビナート建設計画が深刻な健康被害をはじめとするさまざまな公害・環境問題を発生させなかったのは、発生源となる工場が進出しなかったといういきさつのためである。石油化学コンビナートが建設されなければ、当然すぎることとして、それに伴う健康被害をはじめとする公害問題は発生しない。しかし、石油化学コンビナート建設計画が挫折して公害問題からは逃れられても、その一方で六ヶ所村住民は、第三章で取り上げたように、開発に付随した社会的・精神的・文化的・経済的影響を著しく受けて、それまで築いてきた人間関係が破壊され、見方によっては地域社会の破局ともいうべき経験をするという、より巨大な影響にさらされている。

さらに、石油化学コンビナート計画の挫折ののち、青森県が、石油化学コンビナート用に買い占めた広大な面積の土地が荒野となって放置されている事態の改善を図ろうとして、業種を問わず進出企業を探し求めた結果、日本のどの地域も引き受けようとしない核燃料サイクル施設が進出することになったのは、第一章において詳述したところである。六ヶ所村住民は、開発の前半期に拒否した大工業よりもさらに大きな危険性が懸念される施設を、石油化学コンビナート建設計画の失敗を糊塗しようとする県政によって押しつけられたのである。核燃料サイクル施設の進出をめぐっては、石油化学コンビナート進出の際の住民間に生じた対立関係が再度現れ、「古傷を深くえぐる」状況が現れた。六ヶ所村住民は、六ヶ所村に対して計画された二つの巨大な地域開発計画によって、二度にわたって地域社会が崩壊しかねないようなゆさぶりをかけられたのである。つまり、六ヶ所村の事件は、地域開発が引き起こした社会問題の代表的な事例として捉えられなければならない。

ここに述べたことを要約すれば、次のようにまとめられよう。六ヶ所村開発を住民の側から歴史的に位置づけると、巨大なあるいは危険な施設を村民の合意を得る前に誘致する計画が国や県によって一方的に企画され、住民の反対の声を、国と県およびその関連組織が協力して押しつぶして実行しようとした〈石油化学コンビナート〉、あるいは実行しつつある〈核燃料サイクル施設〉事件であり、社会問題である。

公害・環境問題史に占める重要例として

他方、六ヶ所村の問題は、公害・環境問題史の中にも位置づける必要がある。すなわち、日本の多くの地域開発地で発生した公害・環境問題の先例を知った住民たちが、被害発生を深く懸念して反対運動を開始したことで問題化したのであるから、その位置づけは、公害・環境問題史の中にも求められる。事実、石油化学コンビナートが進出しようとした一九七〇年代当初の六ヶ所村における反開発運動は、反公害運動として開始されている。

また、核燃料サイクル施設に関しても、今のところは公害問題の発生が確認されていないにしても、農漁業者たちの利害に密接にかかわる放射能汚染が顕在化した場合の〈風評被害〉の発生のおそれは拭えない。被害が発生していない現時点でも、影響は生じている。「放射能が検出されたならば、たとえ微量でも産品の購入をストップする」と大都市の消費生活協同組合が明言していることも、農漁業者にとって大きな精神的負担となっている。

ただ、こうした例を除くならば、明確な公害被害の発生は、現在の段階では確認されていない。（補注②）石油化学コンビナート建設計画に応じて、ただ一つ進出した国家石油備蓄基地によっても、タンク群から石油が漏出したり、火災が発生したり、悪臭を流したりして住民に被害を与えたという事件は起きていないようである。また、核燃料サイクル施設による放射能汚染などの問題発生も報告されていない。第七章で、六ヶ所村に首都圏からUターンしてきた女性の反核燃料施設進出運動について取り上げた中でも言及しているが、この運動団体が発行している機関誌には毎号のように、女性たちの運動として実施している放射能測定結果が紹介されている。その数値による限りは、今のところ、六ヶ所村住民の生活環境が放射性物質によって深刻に汚染されている事態は生じていない。

しかし、一九九四年一二月二八日に起きた三陸はるか沖地震は、この施設が地震の影響を大きく受けた際の危険性が予測できないものであるとの認識の必要性をあらためて考えさせるものであった。六ヶ所村としても、原子力防災計画は一通りは立てているが、その計画は、核燃料施設自体に原因があって発生した比較的に小規模の事故に伴う放射能漏れの範囲で考えているようである。核燃料サイクル施設以外に原因があって発生する大災害、たとえば一九九五年一月一七日に発生した阪神・淡路大震災のような活断層のずれなどによる大地震の事態は想定されていない[1]。災害発生時や公害発生時の直接的な責任主体である核燃料施設の事業体は、三陸はるか沖地震による影響は、核燃料サイクル施設に関しては発見されていないことを発表しているが、研究者や運動家たちによって、核燃料サイクル施設内外に、この地震がもたらした目につくほどの段差や亀裂が多数生じていた実態は、部分的にではあるが把握されているのである(長谷川 一九九五)。起きないことを願うものではあるが、阪神・淡路大震災のような大災害が発生すれば、六ヶ所村が深刻な被害を受けることになる危険性は決して小さくない(補注③)。

以下に、地域開発史と公害・環境問題史という二つの史観のもとに、六ヶ所村の開発とその事業が引き起こしてきた社会問題の歴史的検討を試みる。

（2） 六ヶ所村問題の特徴

国策並みの二つの巨大開発

六ヶ所村で実施された二つの巨大な開発計画は、石油化学コンビナート建設にしても、核燃料サイクル施設建設にしても、ともに、国策に準じる扱いを受けて遂行されたという特徴を有している。

ここでは、まず、第二次世界大戦後に国家と産業界の期待を担って急速な膨張を遂げた石油化学工業と六ヶ所村の開発との関係を見ることにしよう。

石油化学工業は、世界的にも「幼稚産業（Infant industry）の時代から重要産業の一つとしてその成長が強く期待され、政策的見地からも強くその育成が計画され」（渡辺 一九七二）たスター工業であった。日本においても、第二次世界大戦後、欧米を模倣して開始され、化学工業の最終段階の重要産業として国や産業界の大きな期待を受けて急成長している。石油化学工業に特化して成長をはかる基礎固めは、通産省が決定して開始された石油化学第一期計画の「石油化学工業育成対策」と「旧軍燃料廠（四日市、岩国、徳山）の活用について」の閣議了解だったといわれる（小野 一九七二）。旧軍燃料廠跡地は、利権絡みであることが話題を呼びながらも、四日市は昭和石油と三菱グループに、徳山は出光興産に、岩国は三井石油化学へと払い下げられ、一九五〇年代の後半には、このうちの岩国と四日市で石油化学コンビナートが稼働開始している。

石油化学コンビナートは、育成方針の策定においても、用地の払い下げの方法においても、まさに国策としての優遇措置を受けて、戦後も間もない一九五六年に、外国から導入した技術にもとづいて始められた。発足する前からスター産業としての扱いを受けていた石油化学工業は、開始後、めざましい発達を示す。発足数年後の一九六〇年には、化学工業の総生産量の六・二%しか占めていないが、一〇年後の一九六九年には二八・九%という急成長ぶりを示したのである。この時点で、主要産品のエチレンの生産量は、アメリカに次いで世界第二位という驚異的な伸長結果を示している。

こうした急激な発達が、歓迎されない副産物を生み出したこと、その一つが公害問題の多発であること、そして、四日市の公害喘息患者が、四日市の石油化学コンビナートから排出される有害ガスが原因で発生したことは、四日市公害裁判などを通して周知の事実となった。その石油化学コンビナートを、一九七〇年代に、国と青森県は、六ヶ所村に進出させようとしたのである。国策工業を誘致しての地域開発計画の策定であった。しかし、折からの石油ショックの発生によって石油化学工業の時代は終焉を迎え、六ヶ所村に進出する石油化学工業会社は皆無となる経緯をたどり、その過程で、六ヶ所村住民が地域社会の崩壊ともいうべきほどの辛酸に直面させられたことは、すでに述べてきたとおりである。六ヶ所村に対するむつ小川原巨大開発は、産業としてピークを過ぎた時期の国策としての石油化学コンビナート建設を進めたことによって、予測しない方向に事態が展開し、いずれにしても住民は、その影響を多大に受けることになったのである。もっともおいしい部分は太平洋ベルト地帯と称された太平洋沿岸の主要地域に率先して提供し、僻地とみなしていた青森県に対しては、盛りを過ぎて将来の見通しが暗くなったころに遅ればせの機会を与えているのである。

そこには、国の側の、国策産業の差別的な分配の意図さえ感じられるのであるが、しかし、国の意図がどうであったにせよ、石油化学コンビナートが進出した地域ではどこでも深刻な公害問題が多発していることを考えるならば、六ヶ所村は石油化学コンビナートによる公害被害だけは受けずにすんだのである。

現代の足尾事件としての六ヶ所村問題

六ヶ所村問題は、現代の足尾事件ともいうべき特徴も備えている。六ヶ所村と足尾、地理的にも、問題化した時期においても、発生源の業種においても、大きく異なって見えるこの二つの事件の共通点はどこにあるのだろうか。

① 足尾事件の公害・環境問題史における位置づけ

足尾銅山が引き起こした公害問題は、戦前の日本社会の土台を揺るがすほどの大社会問題であったと位置づけられているが、六ヶ所村問題は、戦後の日本社会の土台を揺るがすほどの大社会問題としては認識されていない。つまり、被害者運動の規模や力という点では両者は類似していないと見られている。しかし、六ヶ所村問題は、地域開発史と公害・環境問題史の中に位置づけて見るならば、戦前における足尾事件にも匹敵する重みを持つ事件なのである。

戦前の公害問題は、三大基幹産業によって代表される。すなわち、鉱山業と繊維・紡績業、製鉄業の三産業が引き起こした公害問題だけでも、戦前日本の公害問題の大半を占めているほどである。この中の鉱山業が足尾事件に関連する産業である。鉱山業は、江戸時代にかなりの生産高を上げており、その時点ですでに公害問題も発生させていた歴史を有する。明治時代の開国にあたって産業基盤が確立していたのは、三大基幹産業の中では江戸時代に実績のあった鉱山業であった。そして、この鉱山業が、明治時代に公害発生源産業として最大のものとなるのである。

明治時代に四大鉱害事件と称された公害問題が発生しているが、それは、足尾銅山の鉱害事件、別子銅山の亜硫酸ガス事件、小坂鉱山の亜硫酸ガス事件、そして日立鉱山の亜硫酸ガス事件の総称であり、中でも有名なのは足尾銅山の鉱害問題である。足尾銅山の鉱害問題といえば、知られているのは、この銅山の近くに水源を持つ渡良瀬川が銅山から下流に運んでいく鉱毒が原因で、流域の栃木、群馬、茨城、埼玉の四県に鉱害被害が広く発生し、栃木県出身の代議士の田中正造が被害農業者たちとともに激しく足尾銅山の「鉱業停止」を求め、反公害行動を展開したことであろう。

しかし、足尾銅山の鉱害問題によっては、松木村と谷中村という少なくとも二つの村が廃村にされている。渡良瀬川下流に位置していた谷中村は、栃木県と国によって、川が運んでくる鉱毒被害の受け皿として廃村候補地に選ばれたのである。この谷中村の悲劇に関しては、国・県の強制撤収に反対した田中正造や谷中村住民の廃村拒否運動の記録が多くの出版物に紹介されており、公害史の専門家でなくとも知っている事実である。一方、松木村の廃村の事実は渡良瀬川下流の谷中村の廃村の問題に比べるならば、後世にも同時代人にも、ほとんど知られていない。谷中村は、鉱毒絡みで貯水池とするために強制撤収される前後の経過が、国会議員田中正造の活躍によって同時代の人々にも広まったのであるが、松木村の方は、足尾銅山の山元の村であったことによる社会的拘束性の強さや、足尾地区の切り立った崖に挟まれた峡谷にひっそりと位置していた地理的条件なども影響したためか、その犠牲は同時代の人びとにさえ、あまり知られることなく終わっている。

松木村は、足尾銅山が古河家に買い取られて明治一〇年に操業を再開するまでは、肥沃な土壌に恵まれて高い農作物収穫と養蚕による現金収入のある豊かな農村であったが、足尾銅山の操業とともに、不運にも、高濃度の亜硫酸ガスの通路にあたる位置に立地していたことから、短期間のうちに農作物の収穫は激減し、蚕も死に絶え、住民自身にも喘息のような健康障害が発生し、集落全体が事実上、消滅させられるような被害を受けることになる。その過程で、足尾銅山に被害発生を訴えるが相手にされず、田中正造に相談に出かけたりもするが効果的な方法が得られず、最終的には全員が村を出て日本各地に移住するのである。足尾銅山の操業再開からわずか二〇年余で、六〇〇年にわたる歴史のある村が消失したのである（飯島 一九八二・一九八四）。松木村跡地には、現在、数基の墓石が残っているが、墓石には苔もついていない。明治時代に受けた亜硫酸ガスの影響で、通常であれば苔むす墓石の表面に、今に至っても苔さえも生えていないのである。

足尾事件は、こうして、国策産業としての鉱山業の、その中でも重要な位置にあった足尾銅山によって引き起こされた大規模な公害が、被害者や多数の支援者による反公害運動があっても解決されることなく、むしろ、被害者たちが生活基盤を根こそぎにされ、故郷を奪われて問題が強引に終結させられる経過をたどった、戦前の代表的な公害問題である。しかも、この時点で対策が取られなかったことによって、およそ一〇〇年後の第二次世界大戦後になって、再び、渡良瀬川流域に足尾銅山が発生源である農業被害が発生し、公害問題化している。（補注④）

② 六ヶ所村問題と足尾事件——パワー・エリートの対応における共通性

では、六ヶ所村が、ここに略述した足尾公害事件と共通するのはどういう点だろうか。

基本的な共通点は、問題の発生源と国策との密接な関係に求められる。足尾事件も六ヶ所村問題も、発生源は、かたや鉱山業、かたや石油化学工業や原子力産業と業種は違うものの、いずれもその時期の国策産業であり、国家的な超重要産業である。国策産業に対しては、その工業が、地元の住民によって理由は何であれ「攻撃」されるようなことがあれば、国家的一大事としてパワー・エリートが擁護に乗り出すのが歴史的な通例であるが、足尾事件においても六ヶ所村問題においても、そうした対応が明確に見られる。

足尾事件では、被害農業者の数千人規模での上京示威運動を筆頭に、被害者側の行動は、戦前としては驚異的に大規模であった。例示するならば、田中正造代議士が帝国議会において繰り返し足尾銅山の責任を問う質問を行い、数種の新聞が長期連載も含めて大きく取り上げ、足尾の被害者を支援する弁護士や思想家、宗教家、新聞記者などのエリート層の人びとによる支援組織が講演会や集会を開催し、こうした動きに触発された大学の学生たちが大挙して被害地を訪問するなどである。それでも、政府は、加害源の足尾銅山に対する擁護を続け、同銅山に対して公害防止対策を求めたのはただ一度であり、それも、政府機関の鉱山監督局による手加減で、公害防止工事として不十分な工事を合格させてしまい、その後、一層、被害は増大している（飯島編 一九七七）。

では、六ヶ所村の例に戻ろう。六ヶ所村では、一九七〇年代のむつ小川原巨大開発をめぐっては、六ヶ所村外からの支援運動は、のちの反核燃料サイクル施設建設運動に比較すれば少なかったが、それでもかなり活発であり、六ヶ所村内部での反公害・反開発運動も、きわめて激しく展開されている。足尾事件における田中正造に匹敵するのは六ヶ所村出身の社会党代議士の米内山義一郎氏であり、その指導を受けた女性たちをはじめとして積極的な反公害・反開発行動があったことは第七章でも述べたとおりである。男性たちも、最初に反開発発言を村の代表として行った寺下力三郎村長をはじめとして、開発予定地内の各集落や開発予定地からははずれていても漁業への影響が懸念された漁業集落を中心に、これも果敢な反公害・反開発行動が展開された。六ヶ所村外からも、全国的に反公害運動が高揚していた時期であったことを反映して支援運動がなされており、東北の目立たない村での反開発運動であっても中央のマスメディアが報道するほどに注目されている。しかし、それでも開発計画は変更されることなく、開発予定地の用地買収も、第三章で述べたような住民たちの生活や人間関係の変容を伴いつつ、着々と進められた。コンビナート進出計画が挫折した直接の原因は、住民の反開発運動によるものでなく、国際的なエネルギー事情によるものである。そのことは、すでに随所で指摘されていることである。

一九八〇年代の六ヶ所村への核燃料サイクル施設建設に関しては、進出する核燃料サイクル施設は業種としては電力産業であるが、日本における電力産業が一〇電力による独占態勢であること、原子力産業は、その中でもまさに現代日本の国策産業としてさまざまの優遇措置がなされていることの問題点については第五章などで指摘していることである。六ヶ所村が進出する側にとってきわめて有望な立地条件を備えていた要素も考慮する必要がある。国内各地で立地を断られた結果、電力業界にとっても財界にとっても、六ヶ所村は残された数少ない候補地であった。そのうえに、人口密度の低い過疎地であり、広大な面積が用意でき、優良な港の建設が可能で海外・国内各地との物流にも便利である。しかも、フランスのコタン半島に匹敵する「核の三角地帯」（Zonabend 1992）という原子力関連施設の集積地である点などの条件を備えた候補地であるだけに、進出の必要度は石油化学コンビナートの時よりも強く、その結果、事件をめぐる問題構造は足尾事件のそれに、さらに近づいてくる。

一九九一年の県知事選挙にあたって、核燃料サイクル施設計画を推進する候補者を当選させるために政府閣僚が続々と青森県入りして応援演説その他、集票のために手段を選ばず行動した例や、マスメディアを通して核燃料施設の安全性や地域振興への貢献の情報を一方的に与えるために国庫からの多額の支出を惜しまないなど、国策産業ならではの扱いが核燃料サイクル施設に対してなされている。朝日新聞がスクープした記事によると、「地元新聞社やテレビ、ラジオ局に、科学技術庁と通産省資源エネルギー庁から過去一〇年間に一八億円を超える『広報予算』が支出されている。原子力政策関連の広報予算の中で、一県のメディアにこれほど集中的に支出されるのは例がない」とあり（朝日新聞一九九五年五月二日付）、国家機関が核燃料サイクル施設の育成のために、多大な援助を行っていることが示されている。この記事では、反核燃の声が高まるにつれて科学技術庁や資源エネルギー庁が支出する広報費用は急増している事実も示されている。

石油化学コンビナート建設計画をめぐっては村内の反対運動が中心であったのに対して、核燃料サイクル施設に関しては、村内よりも六ヶ所村以外の青森県内で反対運動が大きく展開された点は違うが、広汎に起こされている反対運動にもかかわらず、国と自治体、それに事業主体が一体となって、事業の遂行を継続する点は、足尾事件の再現を見るようである。六ヶ所村問題と足尾事件、この二つの、戦後と戦前を代表する工業・地域開発による最大の地域社会破壊事件は、国策産業によって引き起こされたことと、国策産業に対する国を挙げての支援がなされ、問題の実像がその陰で隠蔽されていく点において酷似し、共通しているのである。

③　六ヶ所村問題と足尾事件――被害の構図の共通性

足尾事件と六ヶ所村問題には、ここまでに述べた他にも次のような共通点がある。

足尾事件では、先に略述したように、足尾銅山に原因する公害問題によって、二つもの村が廃村になっているが、六ヶ所村でも、開発予定地に指定されたいくつもの集落が事実上の廃村となっている。住人は、六ヶ所村村内の二つの地域をはじめとする数カ所に分散して移転しているが、この廃村化と分散した移転のしかたにおいて両者は類似し、共通点を有しているとともに、第三章でも述べたようなふるさと喪失に伴う移転住民の精神的苦痛の問題がある。

さらに、開発予定地から比較的にまとまった数の村民が移転した新住区では、県が、そこでの雇用を約束していた石油化学コンビナートへの進出企業がなかったことから、開発以前よりも長期にわたる出稼ぎ者が多く出て、ゴースト・タウン化した時期がある。この現象も事実上の廃村化現象である。

その他、開発が引き起こした被害規模において、何回も繰り返された加害行為があった点において、被害地が過疎地とみなされている地域であることにおいて、製品が都市住民の生活向上に有用である一方で開発地域現地の農村地域住民の生活は著しく破壊されるという関係がある。このようにして、その問題構造において、六ヶ所村問題は、現代の足尾なのである。

(3) 地域開発の主体確立への教訓として

六ヶ所村は、いわば現代の足尾として、国策としての巨大開発によって翻弄されてきた。しかし、巨大開発のきっかけをなした石油化学コンビナート進出計画に関しては、この村に開発計画が及ぶより以前の一九六〇年代半ばに、日本国内の他の地域で、進出計画が、住民の反公害・反開発運動によって食い止められている。日本における最初の本格的な公害未然防止運動として歴史的な評価を得ている静岡県三島市・沼津市民と清水町民による快挙である。

この地では、石油化学コンビナートを構成する大企業が進出を予定した地域の住民と自治体とが協力して開発計画を全面的に拒絶し、最終的にその進出を阻止している。静岡県の二市一町の石油化学コンビナート進出阻止の住民運動は、豊かな自然環境に恵まれている故郷を、石油化学コンビナートを戦後のトップを切る形で操業して深刻な公害の町と化した四日市市の轍を踏んではならないという信念に支えられて、多くの妨害をのりこえて目的を貫徹したのであったが、そのことによって、六ヶ所村村民が数年後に経験することになる地域社会の崩壊ともいえるような被害を回避することができたのである。

三島市・沼津市・清水町と六ヶ所村は、同じく国策としての石油化学コンビナートの進出計画の対象地とされながら、結果が示す明暗の差は大きい。この二つの地域の命運を分けた要因は何だったのか。他にも、いくつもの要因はあるが（飯島 一九六八）、もっとも重要と思われるものを一つだけ示すとすれば、自治体の首長の対応に対照的な特徴のあることが指摘できる。静岡県では、工場進出予定地とされた三島市・沼津市・清水町のすべての自治体の首長が反石油化学コンビナート宣言を出したのに対し、六ヶ所村でも、当初は、寺下力三郎村長が反公害・反開発を明確に表明しているが、そうした意志を表明した首長は、六ヶ所村の地域開発に関しては寺下氏だけであった。次の村長選挙では、開発推進を標傍した対立候補者に、寺下氏はわずかな票差で敗退することになる。青森県知事は、そもそも、当該地域開発計画の推進者であったから石油化学コンビナートの進出反対などは論外であった。

静岡県のこの二市一町の反石油化学コンビナート進出運動を展開した住民たちは、六ヶ所村村民が経験したような開発に伴って発生する地域社会の社会的・文化的面や人間関係の面での変質や悪化については、先例もないことであり、予測してはいなかった。それでも、反公害・石油化学コンビナート進出反対運動の過程で、運動の中心にいる人びとに対して試みられたさまざまな形の妨害によって、開発を推進する側の経済的・政治的・社会的力の大きさについては思い知らされてはいる。この運動が画期的な成果を勝ち得たのは、多方面に及ぶ妨害によっても運動が分裂せず、しかも三つの自治体当局をも住民運動の目的に引き寄せることができたことによってであった。六ヶ所村の場合は、村長は当初から開発に全面的に反対する態度を明確に表明したが、その村長は次の選挙では開発を推進することを表明した候補者に取って代わられ、県知事は当初から開発推進計画の先頭に立っている。

地域の生活者にとって望ましくない地域開発の進行をくい止める最後の切り札が、自治体首長の手中にあることを考慮すれば、六ヶ所村住民が、むつ小川原巨大開発計画の推進によってさまざまな被害を受けることになった事態に対して、自治体首長の責任は大きい。地域開発とは、その地域で生活する人びとのためのものであって、決して国家のためや、他の地域のためのものではないことを、一九六〇年代の三島市・沼津市・清水町の人々とそれぞれの首長は、明確に認識していたのである。六ヶ所村と青森県の当事者首長の大半には、その認識は欠如していた。

しかし、「原発ノー」の結論を圧倒的多数で示した一九九六年八月の新潟県巻町における住民投票にも示されているように、自治体住民のための開発計画でない計画は、今後、次第に実現が困難になるであろう。時代は、その方向へ動きはじめている。六ヶ所村と、青森県のこれまでの開発への対応を検討してきて指摘したいことは、まず、自治体自身が、核施設を集中的に引き受けてしまった事態を、国策と大都市優先施策に利用されたものであったと位置づける認識、次に、今後は、自治体主体の地域振興を追求する姿勢に切り替えることが重要だということである。

おわりに

六ヶ所村の地域開発によって発生した問題を、日本の地域開発史と公害・環境問題史の中に位置づけて、それぞれの代表的な事例と比較してみた。地域開発によって影響を受けた地域は、ここで取り上げた事例の他にも多数あり、本格的な検討のためには、それらの事例の中の歴史的意味の大きなものとの比較分析もさらに行うべきであろうが、本稿は、日本における地域開発史と公害・環境問題史の中で最も代表的と筆者が考える事例との比較のみに終わっている。たしかに、足尾銅山が引き起こした公害事件と静岡県三島市・沼津市・清水町への石油化学コンビナート進出に対する住民運動の阻止運動の成果とは、日本の公害・環境問題史と日本の地域開発史とを代表する例であるが、しかし、六ヶ所村の問題と部分的にであれ共通した社会的特徴を持つ事例は、他にもかなり存在する。それほどに、六ヶ所村の開発は、日本における開発地域に発生してきた、そして今なお、発生しているさまざまな問題を、一手に引き受けている地域なのである。

【注】

（1）一九九一年五月刊行の六ヶ所村防災会議『六ヶ所村原子力防災計画（六ヶ所村地域防災計画・原子力防災編）』で見る限りでは、大災害は想定されていないように読める。

【補注】

①② 本稿執筆の一九九八年時点。

③ 飯島の一九九八年当時の懸念は、東日本大震災による福島第一原発事故によって現実のものとなったといえる。六ヶ所村の核燃料サイクル施設においても、本書第一章七二頁に記したように、三月一一日には、高レベル放射性廃棄物貯蔵管理センターの外部電源が約三時間三〇分喪失状態になる、使用済み貯蔵プールの水約六〇〇リットルが溢れ出るなどの影響があった。四月七日の余震では、再処理工場、高レベル放射性廃棄物貯蔵管理センター、ウラン濃縮工場で、一一時間から一五時間にわたって、外部電源が失われる状況になった（長谷川記）。

④「一九四六年には、渡良瀬川沿岸に広がる水田や麦作が、群馬県毛里田村（現太田市毛里田地区〔補注者〕）を中心に、六〇〇〇町歩にわたって、足尾銅山に起因する鉱毒被害を受けた」（飯島『環境問題の社会史』有斐閣、二〇〇〇年、一〇七頁）こと、および一九七三年一〇月一二日の「足尾銅山から、今でも洪水時に大量の鉱毒流出のこと、環境庁による渡良瀬川合同調査連絡会の調べで判明」（飯島編『新版 公害・労災・職業病年表 索引付』す

いれん舎、二〇〇七年、三五六〜八頁）に対応する記述と思われる（長谷川記）。

【文献】

飯島伸子　一九六八「石油化学コンビナートの進出と広汎な公害反対運動の展開――『緑と水』の三島・沼津地区における石油コンビナート反対運動」『技術史研究』四三号。
飯島伸子編　一九七七『公害・労災・職業病年表』公害対策技術同友会。
飯島伸子　一九八二「足尾銅山山元における鉱害」国連大学『人間と社会の開発プログラム研究報告』UNUP-400。
飯島伸子　一九八四「地域社会の破壊――足尾の事例」飯島伸子『環境問題と被害者運動』学文社。
小野英二　一九七一『原点・四日市公害一〇年の記録』勁草書房。
長谷川公一　一九九五「三陸はるか沖地震、阪神・淡路大震災から何を学ぶのか」『週刊金曜日』六四号、一六〜一八頁。
渡辺徳二　一九七二『石油化学工業』〔第二版〕岩波書店。
Zonabend, Françoise, 1992 *La Presqu'île au Nucléaire*, Éditions Odile Jacob.

〔付記〕本書に収録した飯島の第三・七・八章は、一九九八年に上梓した『巨大地域開発の構想と帰結――むつ小川原開発と核燃料サイクル施設』（舩橋晴俊・長谷川公一・飯島伸子編、東京大学出版会）より再録した。

六ヶ所村の風力発電機（2004年4月，長谷川撮影）

風の強い六ヶ所村と東通村は，日本有数の風力発電地帯でもある。核燃料サイクル施設の周囲にも，多数の風力発電機がある。

第九章　日本の原子力政策と核燃料サイクル施設

長谷川　公一

はじめに――核燃料サイクル施設問題の重層性

六ヶ所村の核燃料サイクル施設問題は、多層的・重層的にとらえられなければならない。

本書では、第一・二・三・四・六・七・八章が焦点をあててきたように、地域社会レベルでの文脈を重視してきた。核燃料サイクル施設が内包する問題群は、地域住民の健康や生活・地域経済への影響、当初謳われたような開発効果の有無（第三・四章）、地域権力構造の変容（第六章）などのような六ヶ所村周辺レベル、東通村やむつ市・大間町の原子力施設誘致の動きなどとも深く連動し、下北半島全体のレベルに及ぶとともに、そもそも青森県全体の開発政策と深く結びついている（第一章）。再処理工場の運転開始によって、岩手県沖や宮城県沖など、三陸沿岸全体の放射性物質による汚染も懸念されている。

他方で、六ヶ所村の核燃料サイクル施設は、むつ小川原開発政策の当初から「国策」としてすすめられており、日本の原子力政策、エネルギー政策と密接に連関している（第五章）。本章では、日本の原子力政策という観点から、また国際的な文脈から、六ヶ所村の核燃料サイクル施設の問題点を論じていきたい。さらに、二〇一一年三月一一日に起こった福島第一原発事故は、推進一辺倒だった日本の原子力政策に根本的な反省と政策転換を迫っている。福島第一原発事故をふまえて、核燃料サイクル施設をどのように考えていくべきかをあわせて検討する。

（1）海外主要国の再処理政策

六ヶ所村の核燃料サイクル施設の問題、とりわけ再処理工場の稼働の是非を考えるために、まず再処理をめぐる海外の状況を簡単に確認しておこう。日本の再処理政策は、海外の主要国との対比の中で、その特質が明らかになるからである。なお「原子力ルネサンス」と喧伝されてきた一九九六年以降の主要国の原子力政策と原子力発電の実態、それらへの福島第一原発事故の影響については、長谷川（二〇一一a）で論じた。

イギリス

再処理工場は、使用済み核燃料の中から使用可能なウラン、プルトニウムを取り出す施設だが、大規模な商業用再処理施設は、世界全体でも、フランスのコタンタン半島にあるラ・アーグ再処理工場（年間八〇〇トン〔ＵＰ２〕と年間一二〇〇トン〔ＵＰ３〕の使用済み核燃料の処理能力をもつ）とイギリスのセラフィールドにあるソープ再処理工場（使用済み核燃料年間一二〇〇トンの処理能力をもつ）のみである。

ソープ再処理工場は、一九九四年に試運転を、九七年から営業運転を開始したが、二〇〇五年四月に一万八〇〇〇リットルの高濃度のプルトニウムを含む放射性溶液を漏洩させる配管破断事故を起こし、二〇一一年七月末現在停止したままである。ソープ再処理工場は、日本など各国との再処理契約が切れる二〇一〇年に閉鎖予定だったが、現時点では正式な閉鎖は発表されていないものの、このまま閉鎖されると見られている。実質的な営業運転期間は八年弱だった。

ソープ再処理工場を所有していたイギリス核燃料公社（ＢＮＦＬ社）の経営が行き詰まったことから、この会社の債務を引き受け、稼働を終えた原子力発電所の解体と使用済み核燃料の管理にあたっているのが、二〇〇五年四月一日に設立された政府の外郭団体、原子力廃止措置機関（ＮＤＡ）である。ソープ再処理工場は〇五年四月以降、原子力廃止措置機関が所有している。

イギリスの高速増殖炉は、スコットランドにドーンレイ高速増殖炉原型炉があり、一九七六年から運転していたが、事故続きで、安全性の問題から九四年三月末に閉鎖した。

フランス

六ヶ所村の再処理工場がモデルとした、フランスのコジェマ社のラ・アーグ再処理工場は、周辺地域での白血病の罹患率の上昇や海洋の放射能汚染などが指摘されているが、(1)ほぼ順調に操業を続けている世界で唯一の商業用再処理工場である。

しかしフランス政府も、一九九八年二月に、トラブル続きで運転休止が多かった高速増殖炉スーパーフェニックスの閉鎖を決定し、同増殖炉を廃炉にした。ラ・アーグ再処理工場でも、ソープ再処理工場でも、発電用の商業用原子炉から出た使用済み核燃料も、核兵器から取り出された使用済み核燃料も混合して処理している。政府機関であるフランス原子力庁は、アメリカのエネルギー省とともに、軍事用・民生用双方の核エネルギーの開発にあたっており、軍事利用と非軍事利用の間に明確な線を引いていない。フランスが再処理政策に固執している背景の一つは、アメリカやロシアから独立した核兵器開発路線を維持したいという軍事的な理由である。

ドイツ

ドイツは、長い間日本と同様に、使用済み核燃料の全量再処理を義務づける政策をとっていたが、一九九四年五月の原子力法改正で、再処理義務を解除した。その契機となったのは、経済性の低下と反対運動を理由として、一九八九年六月に、バイエルン州のヴァッカースドルフに建設中だった再処理工場の建設が中止されたこと、一九九一年三月に、四度の火災事故などを起こし八六年七月から建設が中断していたカルカーの高速増殖炉の閉鎖が決定されたことである。

二〇〇〇年六月には、社会民主党と緑の党の連立政権と主要な電力会社四社との間「脱原子力合意」が成立し、ドイツのすべての原発は、稼働から三二年間で閉鎖されることになった（ただし各原子炉ごとに定める残存発電量を電力会社内で移転できるものとした）。ドイツでもっとも新しい原発が営業運転を開始したのは一九八九年四月だから、二〇二一年頃が全原発が閉鎖される目安の年となった。この合意をふまえて二〇〇二年二月に改定された原子力法は、法律の目的が、従来の「原子力推進」から「原子力発電の計画的な終焉と安全規制」に改められ「脱原子力法」と呼ぶべき内容になった。同法に、原発の新規建設の禁止とともに、盛り込まれたのが、二〇〇五年七月一日以降、再処理を全面的に禁止する条項である。ドイツは再処理政策から、ワンス・スルー（once-through）方式と呼ばれる、使用済み核燃料を地中に直接処分する政策に転じた。

ドイツの政策転換によって、非核保有国で再処理政策を維持しているのは、日本のみとなった。

二〇〇五年から〇九年までのキリスト教民主同盟と社会民主党との大連立政権（基本的な意見を異にする原発については棚上げにした）を経て、二〇〇九年に自由民主党との保守中道連立政権として、原発推進政策を掲げるメルケル新政権が発足した。メルケル政権は、二〇一〇年九月に、原発の稼働期間を三二年から、一九八〇年代以降に運転を開始したものについては一四年間、八〇年代以前に運転を開始したものについては八年間運転期間の延長を認めることにした。しかし福島第一原発事故をふまえて、直後の二〇一一年三月一四日には方針を転換、老朽化した原発など八基の運転停止を命じた。社会学者ウルリッヒ・ベックや環境政治学者ミランダ・シュラーズなどを含む「安全なエネルギー供給のための倫理委員会」を設置し、その答申をもとに、ドイツの連邦議会・下院は、六月三〇日、二〇二二年末までに、国内の原発一七基をすべて閉鎖する脱原子力法案を、与野党の賛成多数で可決した。七月八日には連邦参議院も通過し、同法案は成立した。もっと早い閉鎖をもとめて反対した左派党を除いて、野党の社民党、緑の党も賛成した。約二〇年に及ぶ、原発の是非をめぐるドイツ国内の政策論争は、福島第一原発事故を契機に、基本的な合意に至った。

アメリカ

アメリカでは、初の商業再処理工場ウェストバレー再処理工場（処理能力年間三〇〇トン）が一九六三年に建設され、六六年に操業を開始したが、七二年には操業を停止し、一九七六年には再開を断念し閉鎖された。一九七一年に建設が開始されたサウス・カロライナ州のバーンウェル再処理工場（処理能力年間一五〇〇トン）は、一九七五年にほぼ完成したものの、一九七六年一〇月共和党フォード大統領の再処理三年間凍結の政策により凍結された。さらに採算性と核不拡散・安全性を理由に、民主党カーター政権下の七七年に商業用再処理の凍結・高速増殖炉の開発延期が発表された。その後レーガン政権が一時凍結を解除したものの、一九八三年一二月に両再処理工場とも正式に閉鎖された。再処理路線はアメリカでは八〇年代前半には完全に放棄された。

原子力復活に熱心だった息子のブッシュ政権は、二〇〇六年二月にグローバル原子力パートナーシップ構想（Global Nuclear Energy Partnership）と呼ぶ、国際協力にもとづく新たな核燃料サイクル計画を発表したが、民主党オバマ政権は、この構想に消極的で具体的な進捗は見られない。

（2）再処理工場の問題点

異常なまでの硬直性

フランスやイギリスも高速増殖炉から撤退しているため、高速増殖炉を含む核燃料サイクル計画を一貫して堅持し続けているのは民主主義的な先進国の中では日本のみである。高速増殖炉の開発をすすめているのは、ほかにロシア、中国、インドであり、ロシアとインドは再処理も行っている。

日本では、一九五六年に策定した最初の原子力開発利用長期計画（以下、原子力長期計画）以来、約五年おきに、二〇〇〇年まで九次にわたって、原子力長期計画が策定されてきた。同計画は、二〇〇五年の第一〇次の改定以降は、「原子力政策大綱」と名前を変えている。

核燃料サイクルの確立による増殖炉の実用化は、一九五六年の最初の原子力長期計画でも最終的な目標とされていた。とりわけ第三次の一九六七年策定の原子力長期計画は、「今日に至るわが国原子力政策の基本路線を定めたもので、『国策』として機能し続けている。この後の長期計画はこの基本路線を調整する手直し程度のものだと主張しても過言ではあるまい」とされる（原子力未来研究会 二〇〇三）。計画が大幅に先送りされてきたことと、青森県大間村に建設予定だった新型転換炉（ATR）の中止（一九九五年）

を除くと、日本の原子力政策は、四〇年余りにわたって基本的に維持されてきた。フランスを除く、他の民主主義国家のいずれもが再処理政策から撤退したり、大幅に縮小しているにもかかわらず、またその後の経済環境の激変にもかかわらず、さらには高速増殖炉原型炉もんじゅのナトリウム漏れ事故（一九九五年）により、高速増殖炉の実用化にはメドが立たなくなってきたにもかかわらず、驚くべき原子力政策の一貫性・安定性である。他国に例を見ない、異常なまでの硬直性ともいえる。

しかも後述のように、その硬直性は、再処理以外の選択肢を十分に検討してこなかったという一面性と履歴効果によるものである。筆者は、二〇〇三年一〇月一一日、青森市で開かれた原子力委員会と原子力資料情報室共催の公開討論会の折に、再処理と直接処分ではどちらが経済的にすぐれているのか、直接処分のコストを、原子力委員会はどのように見積もってきたのかをたずねたが、近藤駿介参与（二〇〇四年一月から原子力委員会委員長）から返ってきたのは、「日本では直接処分のコストを計算したことがない。再処理以外の選択肢は検討したことがない」という返事だった。

「原子力政策大綱」を審議した新計画策定会議が、全量再処理、一部再処理、全量直接処分、当面再処理せず中間貯蔵という四つのシナリオを明示し、これらのシナリオごとに総費用などを試算するまで、日本では、公式には、代替的な政策を比較検討したことがなかった（ただし二〇〇四年七月に経産省は、一九九四年段階で、再処理と直接処分のコストを比較していたことを認め、「試算隠し」と批判された）。

日本の再処理政策は、このような代替的な政策の比較検討という合理的なプロセスを欠いた、きわめて異常な、教条的な硬直性を特色としてきた。

再処理政策の四つの難問

日本の再処理政策および六ヶ所村の再処理工場は、このほか、どんな問題を抱えているだろうか。主要なものは、以下の四点である。

第二は、再処理工場の現在の試験操業が直面し、イギリスのソープ再処理工場が露呈させたような、再処理の技術的未完成、技術的な不安定性という課題である。

第三は、批判者の側が当初から指摘してきたような、クリプトン85、炭素14、トリチウムなどの放射性物質が除去されないまま大気中や海洋に放出され、三陸沿岸を含み広域に及びうる日常的な環境汚染と年間被曝線量の過少評価の可能性である（核燃サイクル阻止一万人訴訟原告団 二〇〇八）。

第四は、再処理して取り出したプルトニウムの使い途がない、という余剰プルトニウム問題である。

第五は、経済性の問題である。

ここでは社会科学との関連の強い、おもに第四と第五の問題について検討していきたい。

余剰プルトニウム問題のジレンマ

ドイツ・イタリアとともに第二次世界大戦の敗戦国で、非核保有国の日本は、核兵器への転用が疑われないように、一九九一年に余剰プルトニウムは持たないとする原則を発表し、一九九七年には国際原子力機関（IAEA）に通知する形で国際的に宣言している。日本が保有するプルトニウムの量は一九九四年から公表されており、二〇〇九年末で三四・一九三トン（プルトニウム重量）であり、そのうち英仏の再処理工場に合計二四・一三トン分が保管されている。(2) 海外で保管している分は、英仏でMOX燃料に加工し、日本の軽水炉で燃やす予定である。

軽水炉でＭＯＸ燃料を燃やすことは和製英語で「プルサーマル」と呼ばれる。高速増殖炉もんじゅの一九九五年の事故とそれ以降の運転休止により、再処理して回収されたプルトニウムはほかに利用する術がないために、プルサーマル燃料として燃やしている。政府は当初、一九九〇年代後半から関西電力・東京電力で二基ずつプルサーマルを実施し、二〇〇〇年過ぎには一二基程度で実施するとしていた。

しかし、軽水炉はそもそもＭＯＸ燃料を燃やすことを前提に設計されてはいないため安全性への疑問がひろがったこと、もんじゅ事故後、動燃再処理工場のアスファルト固化施設での事故（一九九七年三月）が続き、福島・福井・新潟の三県知事が慎重な姿勢を示したこと、九九年九月にＭＯＸ燃料の品質データについてイギリスのＢＮＦＬ社による改竄問題が表面化したこと、九九年九月末に起こったＪＣＯの臨界事故を契機に、原子力発電に対する批判や不安がさらにひろがったことなどが影響し、プルサーマルがようやく実施されたのは、二〇〇九年一二月、九州電力の玄海三号機においてである。その後、伊方三号機、福島第一原発三号機、高浜三号機でも実施されている。この四機で燃やされるプルトニウムの量は、年間一・四トン程度と推定される。

六ヶ所村の再処理工場が仮に順調にフル稼働すれば、八〇〇トンの使用済み核燃料を再処理して、全プルトニウム量で年間八トン、そのうち、プルサーマルで燃やす核分裂性のプルトニウム約五トンが回収される予定である(3)。

少しでも余剰プルトニウムの量を抑えるために、軽水炉の設計段階で予定になかったプルサーマルを実施し、ナトリウム漏れ事故などトラブル続きの高速増殖炉もんじゅを運転するというのは、本末転倒であ

使用済み核燃料受け入れ施設（1998年9月，長谷川撮影）

各地の原子力発電所から六ヶ所村に運ばれた使用済み核燃料は，再処理されるまでの間，貯蔵プールで冷却される。

る。そもそも再処理をしなければプルトニウムはできないからだ。電気事業連合会の計画では、二〇一五年までに、建設中の大間原発を含め、計一六～一八基の原子炉でプルサーマルを実施し、年間四・四～五・四トンのプルトニウム（大間原発を含め五・五～六・五トン）を燃やす予定である。(4)

六ヶ所村の再処理工場の稼働が遅れているために、余剰プルトニウム問題が表面化していないという皮肉な状況にある。

プルトニウムの使い途がない以上、使用済み核燃料を全量再処理し、かつ余剰プルトニウムは持たないとする、日本政府の原子力政策の二つの大原則は、両立させることが難しい。ではどちらを優先し、どちらを下位におくのか。このジレンマに直面して、政府は原子炉等規制法を一九九九年六月に改正し、発電所以外の場所に中間貯蔵施設をつくり、使用済み核燃料の「中間貯蔵」という名目のもとに、全量再処理の原則をなし崩し的に空文化してきた。むつ市に建設されている五〇〇〇トン分の中間貯蔵施設（二〇一〇年八月着工、一二年七月から操業開始予定）は、そのための施設である。

仮に六ヶ所村の再処理工場が稼働したとしても、その処理能力はウラン換算で年間八〇〇トン（U《ウラン》と表記する。以下同）であり、二〇一〇年度、五四基の原発の稼働を前提とした予想される使用済み核燃料の年間発生量一〇〇〇トンUの八〇％である。また再処理工場は稼働率一〇〇％で推移するとは限らない。再処理工場の操業開始が遅れるならば、あるいは再処理工場の稼働率が低迷するならば、それだけ中間貯蔵施設の必要性は高まることになる。

再処理工場の経済性――総費用は約一四兆円

電力中央研究所出身で東京大学大学院工学研究科教授（当時）の山地憲治氏らが参加する原子力未来研究会は、原子力政策の「経済的合理性」を重視する観点に立って、日本の再処理政策の硬直性・閉鎖性と経済性を批判してきた。「出口なき前進か、再生への撤退か」という副題のレポート（原子力未来研究会 二〇〇三）は『原子力eye』への掲載が中止になり、しかもその後の連載が中止になったほどの衝撃を与えた。

山地氏らは、六ヶ所村の再処理工場をめぐる三つの基本シナリオ、細かくは次の五つのシナリオを提起した。計画どおり運転（選択肢A1）、運転開始後、短期間で運転中止（選択肢A2）、一時延期その後運転（選択肢B1）、一時延期その後キャンセル（選択肢B2）、即キャンセル（選択肢C）である。経済面、社会・政治面、環境・安全面、技術開発面の四点から総合的な政策評価を行い、一時延期その後キャンセル

（選択肢B2）がもっとも優れているとして、ホット試験（ウラン試験）開始を最長二年まで一時凍結・延期すること、「時のアセスメント」やステークホルダー間での本音での議論の場の設定などを提起した。しかしこの問題提起は十分検討されることなく、二〇〇四年一二月からウラン試験が開始され、再処理工場内部の放射能による汚染が始まった。

山地氏らは、試験運転開始後の廃止措置費用を二・四兆円と仮定し、計画どおり三〇年間運転した場合（選択肢A1、使用済み核燃料二万四〇〇〇トンを処理）の総事業費（減価償却費〔建設費二・二兆円を一五年間で償却するとして約一五〇〇億円／年〕・利子税等〔五〇〇億円／年〕・運転経費〔トン当たり一億円として、八〇〇億円／年〕・超ウラン元素などの廃棄物処理処分費〔トン当たり二・三億円として、一八四〇億円／年〕・廃止措置費用〔二・四兆円〕の合計）を約一四兆円と試算している。

ウラン試験の運転を開始した時点で総費用は二・四兆円。短期間で運転中止（選択肢A2）の場合は、運転期間によって、五年間の運転なら四・八兆円（二・四兆円＋年間事業費二八〇〇億円／年＋廃棄物処理処分費一八四〇億円／年）、一〇年間の運転なら七・一兆円、二〇年間なら一一・七兆円となる。しかもこれは一〇〇％フル稼働で、無事故を仮定した試算である。

電気事業連合会が二〇〇三年一一月に、使用済み核燃料を国内で再処理する総費用は一八兆九一〇〇億円という試算結果をはじめて公表した。

原子力長期計画を改定する原子力委員会新計画策定会議（近藤駿介原子力委員会委員長）が政策決定の実質的な場となり、二〇〇四年六月から一一月にかけて同会議は、全量再処理、一部再処理、全量直接処分、当面貯蔵という四つのシナリオについて、総費用などを試算した。

①エネルギー安全保障、②資源の有効活用、③地元青森県との信頼関係の維持、④経済性などの観点から四シナリオが比較検討され、経済性では直接処分が優位だが、政策変更コストを加味すると再処理の方が優位になるとして、再処理路線を維持することになった。この策定会議の審議過程については、伴（二〇〇六）が詳しい。

（3） なぜ日本は核燃料サイクル路線に固執するのか

では経済性が低いにもかかわらず、日本政府はなぜ核燃料サイクル路線にこんなにも固執してきたのだろうか。六ヶ所村の再処理工場は一体何のため、誰のためのものなのだろうか。

第一の理由は、使用済み核燃料の行き場の確保という側面である。

日本の電力会社は、原発立地点に対して使用済み核燃料はできるだけ速やかに運び出し、原発敷地内に長く保管することはしないと説明してきた。実際、福島第二原発、関西電力の高浜原発など、古い原発は使用済み核燃料の貯蔵容量が限られ、保管場所が逼迫しつつある。六ヶ所村の再処理工場は、使用済み核燃料の保管場所としての意義をもっている。いわば原発立地点対策としての再処理である。

実際、二〇一一年三月の福島第一原発事故では、定期検査のため停止していた四号機の格納容器内の貯蔵プールで、大量の使用済み核燃料が冷却されており、三月一五日六時一四分には原子炉建屋が大きく損傷し、九時三八分には火災が生じている。ただしこの建屋損傷と火災の原因は、一二月末時点でも十分に明らかにはされておらず、東京電力は、何らかの理由で、三号機から流入した水素によって爆発したと考えている。

しかし使用済み核燃料の行き場の確保のためであれば、必ずしも再処理をするには及ばない。むつ市に建設しているような中間貯蔵施設を新設し、中間貯蔵するという選択肢がある。またドイツですすめているように、原発敷地内やその近くでのサイト内貯蔵・サイト近傍での貯蔵をすすめるという方策がある。使用済み核燃料も極力移動させない方がリスクが低いからである。

第二の理由は、第一の理由と密接に関連するが、原発増設路線を維持していくための再処理・核燃料サイクルの必要性である。二〇一〇年六月に改訂されたエネルギー基本計画で、二〇二〇年までに原発九基、三〇年までに一四基以上の新増設が必要であるとされたように、「原子力ルネサンス」が国際的な動きだとして、また温暖化対策を口実に、福島第一原発事故までは、日本では原発推進路線が息を吹き返していた。原発新増設の際の最大のネックの一つが、使用済み核燃料の処理策である。使用済み核燃料が順調に再処理され、プルトニウムも順調に費消されていくことが、推進側が描いてきた大前提だった。

しかし福島第一原発事故前にも、電力需要の低迷に対応して原発の新増設も不要ではないか、過剰設備ではないか、原発はコスト高であると指摘する声が、電力会社内外で強まりつつあった。一九九七年まで日本では沸騰水型炉と加圧水型炉がほぼ毎年一基ずつ運転開始してきたが、巻原発に関する住民投票で反対多数となった翌年の九七年以降、原発の運転開始が伸び悩むようになってきた。九七年以降、二〇一〇年末までの一四年間に運転を開始した原発は、七基にとどまる。運転開始のペースは、約半分に落ちたことになる。同じ時期に、東海一号機、浜岡一・二号機、新型転換炉ふげんが閉鎖され、高速増殖炉もんじゅが長期休止となった。欧米の影響で電力自由化を求める声も強まり、それに対応して、電力会社も発電コストの増大に敏感になるようになり、原発の増設意欲の低下が指摘されていた。

実際、関西電力は、一九九三年二月に運転を開始した大飯原発四号機を最後に、一八年以上にわたって、新増設計画を持っていない。発電電力量に占める原子力発電比率が四二％と九電力会社内でもっとも高いからでもあり、関西電力管内の最大電力需要三三〇六万キロワットは、二〇〇一年八月に記録したものだからでもある。工場の海外移転などによって、電力需要が伸び悩んでいるのである。

このように原発新増設の必要度は、福島第一原発事故前から疑問視されていたが、福島第一原発事故以降、もはや原発の新増設は困難ではないか、という認識が急速にひろがりつつある。

第三の理由として、本書の旧版および長谷川（一九九六）で指摘したのが、二〇〇一年の省庁再編まで核燃料サイクルを所管してきた科学技術庁や原子力委員会にとっての自己維持性という側面である。科学技術庁は、予算の半分以上、人員の半数近くを原子力関係が占めてきた。核燃料サイクル路線が中止されることは、同庁の存在意義の半ばが失われることを意味した。

しかし省庁再編で、科学技術庁は文部省に吸収され文部科学省となり、もんじゅ事故やＪＣＯ事故などを契機に、核燃料サイクル・放射性廃棄物の所管も経済産業省の資源エネルギー庁に移行することになった。原子力の安全規制に関する権限は、経済産業省に新設された原子力安全・保安院に移行した。文部科学省に残った原子力に関する権限は、大学・研究機関などの研究用原子炉、ラジオアイソトープなどにかかわるものに限定されることになった。

日本の原子力推進体制は、商業段階は通産省（現経産省）、実験段階は科学技術庁という二元体制を特色としてきたが、省庁再編後、経産省が一元的に主導するものに代わった。その意味では、所管官庁自体の自己維持性という側面は大幅に低下した。

原子力政策の決定過程においても、原子炉の新増設については、総合資源エネルギー調査会の主導性が増し、総合資源エネルギー調査会がほぼ三年ごとに策定するエネルギー基本計画（二〇〇三年策定、〇七年第一次改定、一〇年第二次改定）の比重が増すことになった。

原子力委員会にとっては、核燃料サイクルを政策的に推進することが委員会の実質的な課題であるという側面はむしろ強まっており、その意味での自己維持性は継続している。なお原子力委員会の委員長は発足以来、科学技術庁長官が兼務してきたが、省庁再編後は民間人となった。このことも、原子力委員会の地位の低下を示している。

省庁再編にともなう原子力行政の変化については、長谷川（二〇一一b）で簡単に論じた。

青森県当局との信頼維持のための再処理

第四の理由は、青森県当局との信頼関係維持のための再処理という側面である。青森県当局は核燃料サイクル施設の受け入れを決めた北村正哉県知事時代から、「原子力発電のごみ捨て場」となるという批判に対して、ウラン濃縮「工場」と再処理「工場」を理由に、「地域振興」や「産業構造の高度化」に役立つとしてきた。

しかし第一章でも述べたように、ウラン濃縮工場も停止が相次ぎ、稼働率が大幅に低迷し、コスト高となっている。仮に再処理が中止になれば、核燃料サイクル計画は崩壊してしまう。核燃料サイクル施設の残された主要機能は、高レベル放射性廃棄物貯蔵管理センターと低レベル放射性廃棄物埋設センターとなり、名実ともに「原子力発電のごみ捨て場」化する。いわば青森県当局と政府・電力会社との信頼関係を維持するための再処理という側面である。

実際、二〇〇四年九月二四日の新計画策定会議（第八回）に招かれた三村申吾青森県知事は、「青森県は、あくまでも国策として全量再処理されることを前提に六ヶ所再処理施設に使用済燃料を受け入れているものであり、万が一でもこれらが再処理されないとすれば、一体だれがどこで保管するのでありましょうか」「県民の間には、なぜ今ごろになって原子力委員会が突然に直接処分も含めて検討することとしたのか、このことに強い不信感が生まれており、私としてもその事態に困惑しているところであります」と発言した。[5] その折、一九九八年七月に、青森県、六ヶ所村と日本原燃が取り交わした「覚書」にも言及したが、そこには「再処理事業の確実な実施が著しく困難になった場合には、青森県、六ヶ所村及び日本原燃株式会社が協議のうえ、日本原燃株式会社は、使用済み核燃料の施設外への搬出を含め、速やかに必要かつ適切な措置を講ずるものとする」と明記されている。

新計画策定会議では、政策変更コストを加味すると再処理の方が優位になる、これまでの政策との一貫性・継続性が重視されるべきだとして、再処理路線が維持されることになったが、青森県知事のこの発言は、会議の動向に大きな影響を与えたとされている。

しかし、電力自由化論に立つ八田達夫氏のように、青森県に巨額の違約金を補助金という形で国が払ってでも、ウラン試験を強行して再処理施設を放射能で汚染してしまう前に、再処理を中止すべきだという意見が、当時産業界に近い経済学者から公然と語られるようになっていた（信濃毎日新聞二〇〇四年七月六日付「使用済み核燃料施設　政府責任で稼働中止を」）。当時政権党だった自民党の中からも、河野洋平衆院議員のように、六ヶ所村の再処理工場を稼働させることには意義が乏しく、使用済み核燃料は中間貯蔵すべきだという批判が出始めた（東奥日報二〇〇四年五月一〇日付「竹内、河野両氏に聞く／再処理工場操業の是非」）。

また新計画策定会議で伴英幸委員（原子力資料情報室）が強調したように、さらに後述するように、青森県民が本当に、再処理工場の稼働を望んでいるのか、という問題がある。青森県当局の見解と、六ヶ所村の村民の意向や青森県民の意向との乖離は、新計画策定会議ではあまり検討されていない。

核武装の潜在能力を担保する――再処理の隠れた動機

第五の理由であり、新計画策定会議で政策変更コストとしてもう一つ浮かび上がってきたのは、これまでは表面化してこなかった、将来軍事転用可能な、核にかかわる国際的な権益を確保しておきたいという思惑である。

殿塚猷一核燃料サイクル開発機構理事長（当時）は、新計画策定会議の第四回および第七回の会議で、「国家戦略」という視点を強調し、日本が非核兵器保有国で唯一再処理を国際的に認められていることは、「国際的に認められた貴重な既得権とも言うべきものであり」、「このステータスというものを放棄していいのか」と提起した。(6)「大げさに言えば、国家としてのDignityもこの中にはあるんだというぐらいの判断をすべき国際的既得権である。そして、一度失えば二度と戻らない権利でもある」と述べている。(7)

一九五五年に日米原子力協定が結ばれ、「原子力の平和利用」のための研究が本格的に始まったが、アメリカで濃縮したウランを用いた最初の日本の原発、敦賀一号機の運転開始（一九七〇年三月）を前に、一九六八年日米原子力協定は改定された。六八年の協定では、①アメリカは、「共同決定」の名のもとに日本の再処理に関して拒否権をもち、②使用済み核燃料を再処理のために英仏に移送する際にも、その都度、日本側は移送量や移送先などを、アメリカ政府に申請し許可を得なければならないという規定になっていた（「個別同意方式」という）。一九八八年に再改定された日米原子力協定でようやく認められたのが「包括同意方式」と呼ばれる、一定の枠内であれば、アメリカ政府が個別に規制権を行使せずに、事前に一括して再処理等に承認を与える方法である（二〇一八年まで認められている）。六ヶ所村の再処理工場がいよいよ運転開始となった段階で、アメリカ政府から「待った」がかかるようなことはないことになった（遠藤 二〇一〇）。現在でも、韓国は包括同意を認められておらず、韓米原子力協定の改定交渉における大きな課題となっている。それだけに日米原子力協定の改定交渉に関与して苦労した日本側関係者には、「一度失えば二度と戻らない権利」であるという意味づけが強かった（新計画策定会議第七回会議における神田啓治京都大学名誉教授の発言。「私だけで今までにワシントンに五十数回交渉に行きました」。そのような「説明の努力が全然評価されていない」）。

しかしこのような思惑は、将来軍事転用可能な、核にかかわる国際的な権益を確保しておきたいという思惑でもある。単なるエネルギー政策やエネルギー安全保障にとどまらない、安全保障政策として核燃料サイクルを位置づける見方である。ドイツが撤退したために、非核保有国で、ウラン濃縮・再処理・高速増殖炉などの技術の保有を認められているのは日本のみである。その権益保持のためには、六ヶ所村の再処理工場は「たとえ形だけでも試運転をし続ける必要がある」のである（吉岡 二〇一一、四一頁）。新計画策定会議の委員でもあった吉岡斉氏は、ウラン濃縮工場も、高速増殖炉もんじゅも同様だと指摘している。「核兵器については、NPT（核不拡散条約〔引用者〕）に参加すると否とにかかわらず、当面核兵器は保有しない方針をとるが、核兵器製造の経済的・技術的ポテンシャルは常に保持するとともに、これに対する掣肘をうけないように配慮する」。二〇一〇年一一月二九日に外務省が公開した一九六九年九月二九日付の極秘文書「わが国の外交政策大綱」は核兵器についてこのように記している。(8) 余剰プルトニウムを持たないことへの配慮をはじめ、日本の再処理路線はこの文章ときわめて整合的である。歴代の内閣も、核兵器について「自衛のための必要最小限度の（中略）範囲内にとどまるものであれば、憲法上はその保有を禁じるものでない」という解釈をとってきた。(9) 日本が核兵器を持たない国内法的な根拠は、原子力基本法と国会決議した非核三原則であり、国際法的な根拠は、核不拡散条約への加盟と日米原子力協定である。

日本政府が核燃料サイクル路線に固執する動機に、「核武装の潜在能力」を担保する狙いがあることは、これまでは、海外から疑いの目を向けられているという視点からのみ扱われ、日本側にもそのような意図があることは全国紙ではあまり報じられてこなかった。しかし福島第一原発事故後は、日本側の意図にかかわらせての報道が目立つようになってきた。

朝日新聞（二〇一一年七月二一日付）は、中曾根康弘首相が、レーガン大統領（ともに当時）との間で、日米原子力協定の改定に努力した背景に、このような狙いがあったと報じている。読売新聞社説（二〇一一年八月一〇日付）は、菅首相の「核燃料サイクル見直し論」を批判する中で、核燃料サイクルによるプルトニウムの商業利用は「潜在的な核抑止力としても機能している」と安全保障上の意義があることを明言した。読売新聞の社説が核燃料サイクル計画のもつ「潜在的な核抑止力」としての機能に言及したのははじめてである。(10)

ドイツが再処理路線を最終的に破棄したのは二〇〇〇年六月の「脱原子力合意」の折だが、一九八九年六月のヴァッカースドルフ再処理工場の建設中止決定、一九八九年一一月のベルリンの壁崩壊、一九九〇年一〇月の東西ドイツ再統一、一九九一年三月のカルカー高速増殖炉の閉鎖の決定（八六年七月から建設が中断していた）、一九九四年五月の原子力法の改正による再処理義務の解除、一九九五年一二月のＭＯＸ燃料加工工場の閉鎖決定など、再処理・プルトニウム利用路線からの転換が、ヨーロッパにおける冷戦終焉の進展とともに進行してきたことが想起される。

経済性を超えたところで、またエネルギー政策以外の観点から、核燃料サイクル計画、再処理の意義を評価しようとすれば、その評価軸は、「核武装の潜在能力」を担保することの是非という論点である。六ヶ所村の再処理工場の閉鎖決定のために必要な政治的条件の一つは、「核武装の潜在能力」を担保することを明確に断念することである。

（4） 福島第一原発事故の衝撃

東日本大震災と「原発震災」

二〇一一年三月一一日一四時四六分、三陸沖を震源とするマグニチュード九・〇の巨大地震が発生、主に津波被害によって、東日本の太平洋側沿岸を中心に、死者・行方不明者が二万人に迫る大災害となった。戦死者をのぞくと一九二三年九月の関東大震災（死者・行方不明者約一〇万五〇〇〇人）に次ぎ、一八九六年六月の明治三陸大津波（死者・行方不明者二万一九五九人）とほぼ同規模の、明治以降三番目に死者・行方不明者の多い大災害となった。

とりわけ全世界に衝撃を与えたのは、地震と津波により、東京電力の福島第一原子力発電所の一号機から四号機で全電源喪失状態となり、冷却機能が失われ、一号機と三号機では水素爆発が生じ、建屋が吹き飛び、運転中だった一～三号機では炉心溶融（メルトダウン）が生じ、大量の放射能汚染を生じさせたことである。定期点検のために停止していた四号機でも、大きな爆発音とともに建屋が損傷し、火災が生じた。日本政府は、四月一二日、国際原子力事象評価尺度の暫定評価をチェルノブイリ原発事故に匹敵するレベル七と発表した。一号機から三号機分だけで、チェルノブイリ原発事故で大気中に放出された五二〇万テラベクレルの一割を超える約六三万テラベクレルの放射性物質が放出された（ヨウ素換算、原子力安全委員会発表）。

福島第一原発事故は、大地震と大津波と人災による、国際的にも例をみない複合的な原発事故である。地震学者石橋克彦氏が一九九七年以来警告してきた「原発震災」がまさに現実のものとなってしまった。しかも世界ではじめて、一号機から四号機まで、四つの原子炉がほぼ同時に危機的な状況に陥り、作業員は高濃度の放射線のもとで困難な作業を強いられている。

また事故発生から四カ月以上が経って、ようやく安定的に冷却することができるようになっただけで、目標とする一〇〇度以下の冷温停止まで、さらに三～六カ月を要する見込みである。

さらに、放射能によって汚染された水を大量に流出・放出し、海洋汚染を起こした。四月二日から六日までの五日間に海洋に流出させた高濃度汚染水は推計五二〇トン（含まれる放射能の総量は約四七〇〇テラベクレル）に達する。四月四日から一〇日にかけては、計一万三九三トンの低濃度汚染水を放出した。四月四日から一〇日の放水は、国内の漁業関係者から、また韓国・中国・ロシアなどから厳しい非難を受けた。

過小評価のつけ――政府の責任

現時点まで十分に確認されていない、地震動による重大な損傷の可能性を脇におくと、全電源喪失の直接的な契機は、東電、原子力安全・保安院、原子力安全委員会のいずれもが、近年寄せられたさまざまな警告を無視して、津波の影響を過小評価していたことにある。

とりわけ事業者である東京電力とともに、原子力安全委員会の責任はきわめて大きい。日本では、外部電源や非常用発電機の電源機能が八時間以上失われることはないとして、全電源喪失状態を想定する必要はないとしてきたからである。一九九〇年に定めた原発の安全設計審査指針には「長時間にわたる全交流動力電源喪失は、送電線の復旧又は非常用交流電源設備の修復が期待できるので考慮する必要はない」と明記されている(11)。

想定の必要がないとされてきたために、日本の原発は、全電源喪失状態に対処するマニュアルを持っていなかった。事故直後に、ベント(格納容器を守るための非常用強制排気)や海水注入の遅れが指弾されたが、根本原因は、全電源喪失状態が想定しなくてよいとされ、対処するマニュアルもなかったことにある。

原子力安全委員会は、国際原子力機関(IAEA)の提案を無視して、避難範囲を過小評価するという過ちも犯してきた。日本の防災指針は、一九九九年のJCO臨界事故後も、八～一〇キロメートルまでの避難範囲しか想定してこなかった。JCO事故などをふまえて、二〇〇七年五月に改定したが、その折も、IAEAが、五～三〇キロメートルの緊急防護措置計画範囲を提案しているにもかかわらず、日本では「十分な裕度を有している」として形だけの見直しにとどめた。

避難指示が後手後手に回り、対象区域が泥縄的にどんどん拡大していったのは、一〇キロメートルまでの避難範囲しか想定してこなかったからである。

政府が、放射性物質の拡散を予測するSPEEDIなどを活用し、早期に的確な指示を出していたら、福島県飯舘村のような二〇キロメートル圏外のホットスポットに住む住民はじめ相当数の人びとが無用の被曝を避けえた可能性が高い。政府がパニックを恐れて情報を出し渋り、「ただちに影響はない」とのみ繰り返してきたことの責任もきわめて大きい。

結局一二月末時点でも、福島県の総人口の約七・五％にあたる約一五万人が、故郷を追われるようにして、いつ戻れるかもわからないまま、長期にわたる避難生活を余儀なくされている。四次避難、五次避難……と避難先を転々とさせられる、子どもへの影響の不安、また仕事や学校の都合で家族が引き裂かれる、生活再建への不安など、巨大な悲劇が生み出されている。

「人体実験」

政府と東電は一〇〇〇億円規模の基金をつくり、全福島県民を対象に、これから三〇年間にわたって被曝の影響調査を行うことにした。低線量被曝の「人体実験」が長期間にわたって進行することになった。すでに水道水、薬物野菜、茶葉、海産物、牛肉などからも政府の基準を超える放射性セシウムが検出され、大騒ぎになっている。二〇一一年産米の安全性が大きな焦点となっている。子どもを屋外で遊ばせてよいのか、学校のプールに入れてよいのか、給食は安全なのか等々、福島県だけではなく、隣接県でも不安は大きく、ジレンマがある。

合理的な根拠のない「風評被害」と、外部被曝・内部被曝のリスクを避けるための合理的な防衛的行動との間の線引きは、「専門家」の間でも評価が分かれ、必ずしも容易ではない。福島原発事故後、政府・電力会社・マスメディアの報道の信頼性は大きく損なわれ、国民は、どの情報を信用してよいのか、途方にくれている。

どこにいても、何を食べるにしても、何をするにしても、放射能汚染に怯えながら暮らす、汚染のリスクに対して自己決定しながら暮らす、新しい時代が始まった。東日本では「無邪気な屈託のない笑みは、三月一一日で消えた」といってよい（長谷川 二〇一一b、三頁）。

菅・野田政権と原子力政策の転換

福島原発事故まで、民主党政権も原発推進的な政策を続けてきた。とくにベトナムなどへの原発輸出に官民一体で取り組むなど、自民党政権時代以上に、菅政権も原発推進的だった。

しかし福島原発事故を契機に、菅首相は、エネルギー基本計画の白紙からの見直しを表明、東海地震の予想震源域の上にある浜岡原発の運転停止を命じる、定期点検後の原発の運転再開にストレステストの条件を課すなど、慎重な姿勢に転じた。七月一三日の記者会見では、日本の首相としてははじめて「原子力に依存しない社会をめざす」と明言した。しかし閣内合意も得ておらず、たちまち「個人的見解」と後退した。いつまでにどのようにして実現するのか、次の内閣にどのように継承するのか、代替エネルギーの確保をどうするのか、などをまったく詰めないままの唐突な記者会見だった。

しかし八月二六日の退陣表明までに、新たな成長に向けた国家戦略の一つとして「革新的エネルギー・環境戦略」を掲げ、「エネルギー基本計画を白紙から見直し、原発依存度低減のシナリオの作成や原子力政策の徹底検証を行う」と明記したこと、再生可能エネルギー固定価格買取法を成立させたこと、原子力安全委員会と原子力安全・保安院を統合し、環境省の外局として「原子力規制庁」をつくることにしたことなどは評価されてよい。高速増殖炉もんじゅを含め、六ヶ所村の核燃料サイクル計画も見直すことになった(12)。

野田新政権が、菅政権の原子力見直し路線をどこまで継承するのかはやや不透明だが、九月二日の組閣後の記者会見では、野田首相は、質疑への応答で「寿命が来たら廃炉、新規は無理」として、一四基の新規建設は「現実的には困難だ」と述べた(13)。

一四基の中でもとくに大間原発、上関原発の建設の是非が今後焦点となろう。

核燃料サイクルの見直しが新たな焦点に

今後のもう一つの大きな焦点は、高速増殖炉もんじゅを含め、六ヶ所村の核燃料サイクル計画をどうするかにある。

核燃料サイクルの前提は、原発の拡大にある。菅政権を引き継いで、野田内閣も、寿命が来た炉から順次閉鎖していき新増設しないのであれば、核燃料サイクルは意義を失うことになる。

福島事故後も、読売新聞社説や日経新聞社説は、エネルギーの安定的な供給のために、原子力発電は不可欠であるとして、核燃料サイクルの継続を含め、推進の旗を振り続けている。とくに前述のように八月一〇日付の読売新聞社説は、核燃料サイクルの「核抑止力」としての意義を強調している。これに対して、朝日新聞は、七月一三日の社説で、福島事故までの原発容認的な姿勢から、「原発ゼロ社会」の提言へと転換した。これまでの社説を振り返って、原発の危険性への感度が足りなかったことも反省している。八月二日付の毎日新聞社説も、「原発の新設は無理」としたうえで、「既存の原発には危険度に応じて閉鎖の優先順位をつけ、減らしていこう」と提案し、高速増殖炉もんじゅの開発と核燃料サイクルの中止も明言している。

原発を減らしていくことを前提に、福島原発事故の悲惨な現実をふまえて、核燃料サイクルの継続の是非を、あらためて国民的に討議すべきである。

韓国が求める再処理

そのときに立ち戻るべきは、高速増殖炉計画からは英仏ですら撤退していることであり、高速増殖炉計画を断念し、原発を減らしていくのならば、なお再処理に固執する理由は、核武装能力を技術的に担保することと以外にはないということである。

現在、韓米原子力協定の改定をめざしている韓国は、アメリカから「包括的事前同意」を得て、再処理に踏み出そうとしている。

二〇〇九年一二月、韓国は、フランス、日本などを抑えて、李明博大統領自らのトップセールスで、アラブ首長国連邦（UAE）への原発輸出に成功、二〇〇億ドルで受注し、四基の建設・運営を請け負うことになった。韓国はこの成功を受けて、二〇三〇年までに原発八〇基の輸出をめざしている。

原発輸出によって「超一流国家」への道を歩もうとする韓国は、二〇一六年頃には各原発の貯蔵プールに貯えている使用済み核燃料が満杯になることを理由に、韓米原子力協定（七四年に制定され、二〇一四年に満了となる）の改定で、乾式再処理（硝酸水溶液等を使わずに使用済み核燃料を溶解する方法、核兵器への転用がより困難になる）をアメリカに認めさせようとしている。一〇年一〇月から予備交渉が始まり、韓国は二〇一二年までに包括的事前同意を取り付けようとしている。核不拡散法上の「核兵器の取得、使用の禁止」などの要請と、濃縮・再処理施設の禁止を謳った一九九二年の朝鮮半島非核化に関する南北共同宣言の存在を理由に、アメリカは慎重な姿勢を示している。このことは再処理の可否が単なるエネルギー問題ではなく、機微な技術をめぐる安全保障問題であることを端的に示している。

「原子力に頼らない下北半島づくり」を

では、核燃料サイクルから撤退し、再処理工場を中止したのち、青森県当局との信頼関係の再構築のためにはどうすればよいのだろうか。

この点に関して第一に想起すべきは、再処理工場が営業運転を開始しないことによって、トリチウム、クリプトンなどの放射性物質が環境に放出されることがなくなり、海洋汚染の可能性もなくなることである。青森県産の農産物や三陸沖の海産物が風評被害を受けることもなくなるのである。青森県民および六ヶ所村民の不安感は以下のように高かった。

青森県民を対象とした青森県政策推進室の郵送方式によるアンケート調査でも、「あなたは、核燃料・原子力施設の安全性に不安を感じますか」という問いに「はい」と回答した人の割合は、八一・六％にのぼった（二〇〇三年九月～一〇月に実施、対象者一八歳以上の男女三〇〇〇人を無作為抽出、回収率四四・八％）。同じ調査で「はい」と回答した人は、二〇〇〇年には八六・八％だった。青森県民の八割以上が安全性に不安を感じているのである。

六ヶ所村民を対象とした船橋研究室の調査結果（二〇〇三年九月実施）については、本書第四章および巻末資料2を参照してほしい。「核燃施設は危険であり、環境を汚染する可能性が高い」について、「そう思う」は三一・二％、「どちらかといえばそう思う」は三七・三％だった（二〇〇三年七〜九月に郵送留置法によって実施。配布数五〇二通、回収数三一一通、回収率六二・〇％）。

第二は、国も関与して、県および地元市町村と協働して「原子力に頼らない下北半島づくり」をすすめることである。野田新首相の「新規は無理」という発言にしたがえば、大間原発も、東電の東通一・二号機、東北電力の東通二号機の建設も中止されることになる。下北半島は日本有数の風力発電の適地でもある。風力発電の建設に大きなポテンシャルを持っている。青森ひばなど、森林資源の活用も図るべきである。バックエンド対策のために想定されていた約一九兆円の一部は、このような観点から、原子力に頼らない下北半島づくりのために活用されるべきである。

【注】

（1）再処理工場のあるラ・アーグ周辺の住民による「怒れる母たち」の講演会資料（二〇〇二年四月）。（http://www.greenpeace.or.jp/campaign/nuclear/plutonium/ikahaha_koenroku_htm〔以下いずれも、二〇一一年八月末閲覧〕）

（2）「我が国のプルトニウム管理状況」（原子力委員会資料、二〇一〇年九月七日付）。（www.aec.go.jp/jicst/NC/iinkai/teirei/siryo2010/siryo48/siryo5.pdf）

（3）使用済み核燃料に含まれるプルトニウムの総量（全プルトニウム量）は約一%である。普通の原発でも燃えやすい核分裂性のプルトニウムの量は、約〇・六%である（http://kakujoho.net/rokkasho/pu_amnt.html）。

（4）電気事業連合会「六ヶ所再処理工場回収プルトニウム利用計画」（二〇一〇年九月一七日）。（http://www.fepc.or.jp/about_us/pr/sonota/__icsFiles/afieldfile/2010/09/17/plu_keikaku.pdf）

（5）新計画策定会議第八回（二〇〇四年九月二四日）議事録。（http://www.aec.go.jp/jicst/NC/tyoki/sakutei2004/sakutei10/siryo5.pdf）

（6）新計画策定会議第四回（二〇〇四年七月二九日）議事録。（http://www.aec.go.jp/jicst/NC/tyoki/sakutei2004/gijiroku/gijiroku04.pdf）

（7）新計画策定会議第七回（二〇〇四年九月三日）議事録。（http://www.aec.go.jp/jicst/NC/tyoki/sakutei2004/sakutei08/siryo11.pdf）

（8）二〇一〇年一〇月三日のNHKスペシャル「〝核〟を求めた日本」の放映を契機に、当時の前原誠司外相の指示により、佐藤栄作首相（当時）による非核三原則の表明（一九六七年）から、一九七〇年のNPT条約署名までの時期の核保有論の議論について調査がなされ、公開された外務省の内部文書の一つが「わが国の外交政策大綱」（http://www.mofa.go.jp/mofaj/gaiko/kaku_hokoku/pdfs/kaku_hokoku02.pdf）である。

「『〝核〟を求めた日本』報道において取り上げられた文書等に関する外務省調査報告書」（http://www.mofa.go.jp/mofaj/gaiko/kaku_hokoku/pdfs/kaku_hokoku00.pdf）は、この大綱について、次のように説明している。この大綱を作成した外交政策企画委員会は「外交政策立案機能の強化を目的として、外務省の幹部が、重要外交課題に関して自由な見地から総合的に議論を行っていた委員会。昭和三〇年代から四〇年代にかけて活動したとの記録が残っている」「一九六九年七月から九月にかけてこの外交政策企画委員会は四回開催され、大綱の内容につき議論がなされている。その第一回（七月一八日）及び第二回会合（八月二九日）には愛知揆一外務大臣

（当時）が出席し発言もしており、外務大臣の下で大綱が作成されたことが明らかである。すなわち、我が国が核兵器を保有することの是非に関する外務省内の当時の議論は、外務大臣も了知していたことがうかがえる」。

なお筆者は、この大綱の存在を「核情報」（http://kakujoho.net/）によって知った。

（9） 一九七九年三月一六日、参議院本会議における吉田正雄議員に対する大平正芳首相の答弁（「第八七回国会参議院会議録第九号」三頁）。

（10） Gsearch Database Service を利用して、一九八六年九月一日から二〇一一年八月一五日までの読売新聞社説を「核燃料サイクル」で検索したところ、五三件の社説が選び出されたが、核燃料サイクル計画のもつ「潜在的な核抑止力」に言及したのは二〇一一年八月一〇日の社説のみだった。「核燃料サイクル」and「安全保障」に言及している社説は三本あった（「エネルギー安全保障」に言及したものはほかに一〇本）。新計画策定会議が核燃料サイクルを堅持する方針を決めたことを歓迎した社説（二〇〇四年一一月一五日付）では、「日本は、エネルギー資源に乏しい。国土も狭い。それだけに、国の安全保障上も重要な政策、と再確認された」と表現している。

高速増殖炉開発、核燃料サイクル、プルトニウム利用については、朝日新聞社説は一貫して慎重論をとってきたのに対し、読売新聞社説は一貫して推進的である。

（11） 原子力安全委員会「発電用軽水型原子炉施設に関する安全設計審査指針」（一九九〇年八月三〇日）。（http://www.nsc.go.jp/shinsashishin/pdf/1/si002.pdf）

（12） 長谷川（二〇一一b）の結論では、核燃料サイクル計画も中止することとともに、脱原子力社会への抜本的な転換が必要であること、温室効果ガスの排出量の増大という問題はあるものの、エネルギーの効率利用と天然ガス火力発電所の利用率の引き上げによって、今すぐにでも原子力発電所の閉鎖が可能であること、次第に火力発電所分を再生可能エネルギーによって置き換えていくべきことを提言した。移行期間を含めて、二〇二〇年などのように、向こう一〇年程度をめどに、年限を区切って、すべての原子力発電所を閉鎖することは日本でも十分に可能である。予想される地震の規模、活断層との関係、三〇キロ圏までの「避難人口」の大きさ、原子炉の運転期間、過去のトラブルの歴史などをふまえ、優先順を付けて順次閉鎖していくべきである、と提言した。

(13) 野田内閣総理大臣記者会見（二〇一一年九月二日）。(http://www.kantei.go.jp/jp/noda/statement/201109/02kaiken.html)

【文献】

遠藤哲也 二〇一〇『日米原子力協定（一九八八年）の成立経緯と今後の問題点』(http://www2.jiia.or.jp/pdf/resarch/h22_Nuclear1988/2_Nuclear1988.pdf〔二〇一一年八月閲覧〕)。
核燃サイクル阻止一万人訴訟原告団 二〇〇八『六ヶ所再処理工場 忍び寄る放射能の恐怖――暴かれた22μSvの虚構』。
原子力未来研究会 二〇〇三「どうする日本の原子力――混迷から再生へ［№2］六ヶ所再処理プロジェクト決断への選択肢――出口なき前進か、再生への撤退か」『原子力eye』四九巻一〇号（掲載中止）(http://park.itc.u-tokyo.ac.jp/yamaji/atom/docs/rokkasho.pdf〔二〇一一年八月閲覧〕)。
長谷川公一 一九九六／二〇一一a『脱原子力社会の選択 増補版――新エネルギー革命の時代』新曜社。
長谷川公一 二〇一一b『脱原子力社会へ――電力をグリーン化する』岩波書店。
伴英幸 二〇〇六『原子力政策大綱批判――策定会議の現場から』七つ森書館。
吉岡斉 二〇一一『原発と日本の未来――原子力は温暖化対策の切り札か』岩波書店。

あとがき

二〇一一年三月一一日、東日本大震災が発生し、引き続いて、東京電力福島第一原子力発電所の一号機から三号機で炉心溶融をともなうような過酷事故が発生した。停止中だった四号機も危機的な状況となった。同原発の事故は、地震被害、津波被害と複合した、地震学者の石橋克彦氏が警告してきたような「原発震災」の様相を呈している。東日本大震災も天災と人災が複合した面を持っているが、とくに福島原発事故は、事故原因に関する調査が進むにつれて、人災という性格が強いことが一層明らかになりつつある。福島原発事故は、原子力政策のあり方、原子力防災対策のありかたについて直接的な見直しを要請しているが、同時にそれにとどまらず、現代日本社会のあり方に対しても根本的な反省を迫るものであり、広範な学問分野に大きな課題を投げかけている。とりわけ計画当初から批判が強かった核燃料サイクル計画の意義について、根本的な再検討を迫るものである。

筆者らは、長年のあいだ、社会学（なかでも、環境社会学）に依拠しながら、青森県におけるむつ小川原開発と核燃料サイクル施設問題の調査研究に従事してきた。そして、その成果を、すでに、次のタイトルでとりまとめている。

船橋晴俊・長谷川公一・飯島伸子編『巨大地域開発の構想と帰結――むつ小川原開発と核燃料サイクル

施設』一九九八年、東京大学出版会。

この旧著において、原子力政策のあり方、地域開発と住民運動のあり方、日本社会の政策決定のあり方などについて、多角的な解明に取り組んだ。それらのテーマは、福島原発事故に向き合うときに考えなければならない中心的な課題に、まさに重なり合うものである。旧著は数年前から在庫がなくなっていたので、福島原発事故以前から加筆した原稿による再版の企画に取り組んでいたが、福島原発事故を契機に構想を練り直し、新版として本書を刊行することとした。旧著に比べて本書は、福島原発事故と青森県における核燃料サイクル施設との密接な関係を見据え、日本の原子力政策全体の問題点をより掘り下げて考察しようとするものである。

このように、本書はある部分においては、旧著の再版という性格を有するものであるが、旧著刊行後の継続的調査の成果を反映するとともに、福島原発事故を見据えて新たな書き下ろしを大幅に追加している。本書の各章が、旧著の各章とどのような関係にあるのかを次に提示しておきたい。

序章「むつ小川原開発と核燃料サイクル施設の歴史を解明する視点」（舩橋晴俊）は、民主主義と地域開発のあり方、政策決定のあり方、地域格差の解明という基本的視点に関して、旧著の「序論」（舩橋）を継承するものである。ただし、原発震災の関連において核燃料サイクル施設の問題点をより掘り下げて検討するために、全面的に書き換えている。

第一章「巨大開発から核燃基地へ」（舩橋晴俊・長谷川公一）は、旧著の一章「むつ小川原開発問題の経過と概要」（船橋）および二章「核燃料サイクル問題の経過と概要」（長谷川）を統合しながら継承するものである。むつ小川原開発期を対象にした前半（船橋担当）は旧著の記述を簡略化し、核燃料サイクル施設建設期を取り扱う後半（長谷川担当）は、直近の一〇年間の動向についての追加的記述を含め、大幅に加筆した。

第二章「開発の性格変容と計画決定のありかたの問題点」（船橋）は、旧著の四章「開発の性格変容と意志決定過程の特質」（船橋）の問題意識と視点を継承しながら、全面的に加筆改稿した。

第三章「大規模開発下の地域社会の変容」（飯島伸子）は、筆者が、後述のように二〇〇一年に病没されたという事情があり、他の飯島担当章と同様に、旧著の八章（飯島）をそのまま再録している。

第四章「開発による人口・経済・財政への影響と六ヶ所村民の意識」（船橋）は、旧著の六章「開発過程と人口、経済、財政の変化」（船橋）の問題関心を引き継ぐものであるが、旧著刊行後の地域社会の変化をふまえて全面的に改稿するとともに、二〇〇三年実施の六ヶ所村村民意識調査のデータ分析を新たに追加したものである。

第五章「原子力エネルギーの難点の社会学的検討——主体・アリーナの布置連関の視点から」（船橋）は、本書における書き下ろしであり、旧著には対応の章がない。

第六章「地域社会と住民運動・市民運動」（長谷川）は、旧著の七章「六ヶ所村の地域権力構造と開発過程」（長谷川）および一〇章「核燃反対運動の構造と特質」（長谷川）を統合しながら継承し、改稿を行ったものである。

第七章「女性の環境行動と青森県の反開発・反核燃運動」（飯島）は、旧著の一一章をそのまま再録している。
第八章「日本の地域開発史における六ヶ所村開発の位置づけ」（飯島）は、旧著の一二章をそのまま再録している。
第九章「日本の原子力政策と核燃料サイクル施設」（長谷川）は、旧著の三章「国際的な視点からみた核燃料サイクル計画と日本の原子力政策」（長谷川）のいくつかの論点を継承しつつ、福島第一原発事故をはじめとするその後の状況をふまえ、全面的に加筆改稿した。

本書は、旧著と比べて原子力政策に力点を置いているため、旧著の一定部分（五章「大規模開発以前の地域社会」〔石毛聖子・藤川賢〕、九章「地域社会の変容と再構築」〔石毛聖子・藤川賢〕）を割愛せざるを得なかった。本書の舞台となっている青森県と六ヶ所村の地域社会のあり方についてより理解を深めるためには、旧著のこれらの章もあわせて参照することが有益であると考える。

本書の刊行は、数多くの方々の協力と教示に負っている。旧著刊行以後も、青森県の各地域、とりわけ、六ヶ所村、青森市、むつ市、弘前市、八戸市、東通村、大間町などにおけるさまざまな立場の方々に、繰り返し、聞き取りに協力いただき、大量の資料の提供を受けた。また、青森県にとどまらず、全国各地で原子力政策にかかわるさまざまな方々からも話を聞かせていただいた。むつ小川原開発と核燃料サイクル施設のあり方や是非をめぐって、青森県内でも県外でも、それぞれの方々が属する組織の立場、さらには、個人としての考え方は、きわめて多様であり、また、時に厳しく対立している。これら、立場の異なる方々から、それぞれに率直なお話を聞かせていただいたことは、稀有なことであり、それなくして、本書の刊行はあり得なかった。調査にご協力いただいたすべての方々に、深甚なる感謝を捧げたい。

本書の基盤となった青森県における社会調査は、六ヶ所村で長年にわたって、社会調査を続けてこられた法政大学名誉教授の金山行孝先生の活動と蓄積に多くを負っている。金山先生は法政大学社会学部のゼミ生とともに、一九七二年度から一九九九年度までの二八年間にわたって調査を続け、膨大な資料を集積されたが、二〇〇一年三月の定年退任とともに、それら資料を当研究グループへと託し、それら資料の使用という便宜を提供していただいた。また、一九九〇年代前半においては、本書の準備のための共同研究には、東京都立大学（当時）人文学部の飯島伸子先生も参加されており、法政大学社会学部船橋研究室、東北大学文学部長谷川研究室、東京都立大学飯島研究室のあいだで、学生・院生も参加しつつ共同研究を実施することができた。その成果が一九九八年刊行の旧著であった。しかし、飯島先生は二〇〇一年一一月三日、病のために、まだ六三歳で逝去された。もしお元気であったならば、近年の動向とりわけ原発震災について新たな論考を発表されたであろう。だが、それはかなわぬことであるので、旧著の諸労作を再掲して、共同研究の証とする。ここにあらためて、金山先生、飯島先生の学恩に、深謝申し上げたい。

当グループの青森県現地調査は一九九〇年から続けられ、その最初の成果は一九九八年には旧著に結実した。その過程では、上記三大学の多数の学生・院生が調査に従事した。さらに、法政大学船橋研究室では、二〇〇二年以降、二〇一一年に至るまで、毎年、一〇名前後の学部生と院生の参加を得て、現地調査を続けてきた。その一環として二〇〇三年九月に、六ヶ所村村民意識調査も実施した。一九九〇年以来、現地調査における資料収集と聞き取りに奮闘したすべての学部生・院生に、深く感謝している。

旧著刊行以来、筆者らは、エネルギー政策と地域社会についての調査を継続し、その過程で従事した下記のような研究プロジェクトが、本書を準備するものとなった。

- 二〇〇一～二〇〇三年度文部科学省科学研究費（基盤研究（C・1））（課題番号一三六一〇二三五）「社会制御システム論にもとづく環境政策の総合的研究」（代表・舩橋晴俊）
- 二〇〇四～二〇〇六年度文部科学省科学研究費（基盤研究（C））（課題番号一六五三〇三四五）「環境破壊の社会的メカニズムと環境制御システムの研究」（代表・舩橋晴俊）
- 二〇〇七～二〇一〇年度文部科学省科学研究費（基盤研究（A））（課題番号一九二〇三〇二七）「公共圏の創成と規範理論の探究――現代的社会問題の実証的研究を通して」（代表・舩橋晴俊）
- 二〇〇四年度国際交流基金日米センター・米国社会科学研究評議会、安倍フェローシッププログラム「グリーン電力をめぐる政治と市民社会」（代表・長谷川公一）
- 二〇〇七～二〇〇八年度文部科学省科学研究費（基盤研究（B））（課題番号一九四〇二〇三三）「持続可能な都市形成に与えるソーシャル・キャピトルの効果の国際比較」（代表・長谷川公一）

有斐閣の四竈佑介氏、松井智恵子氏は、本書の刊行にご尽力くださり、適切な助言をしていただいた。本書の刊行はもっと早期に企画されていたものだが、諸般の事情で遅延せざるを得なかった。だが、福島原発震災は停滞から脱け出させるような衝撃を与えた。この間、忍耐強くおまちいただいた両氏に厚くお礼申し上げたい。

日本におけるエネルギー政策と地域社会の関係のあり方は、今後の震災復興と日本社会の未来構想にとって、柱となる領域である。筆者らは、今後も、この領域で、さまざまな課題に取り組んでいくつもりである。その一ステップとしての本書が、福島原発震災後の日本社会の将来のありかたに対して、なんらかの示唆を提供できることを願うものである。

二〇一二年二月二日

船橋晴俊
長谷川公一

事項索引

●あ 行

青森県
——の経済活動水準 142
——の県内純生産 143
——の財政構造 146
——の産業構造 143
——の人口動態 141
——の選択 198
青森県議 113
青森県人口 142
青森県世論 15
青森県庁 24-27, 30, 31, 97, 107, 333
青森県内企業への発注 145
青森県農協中央会 57
青森県農業を守る連絡共闘会議 56
青森県むつ小川原開発公社 24, 25, 28
青森県労働組合会議（県労） 51
青森国際ウランフォーラム 246
青森市 228
青森ひば 346
青森弁護士会 234
あかつき丸 247
秋田新幹線 74
アクティブ試験 38, 72, 91, 102, 145, 154
朝日新聞の世論調査 100
足尾銅山鉱害事件 257, 304-307, 309
鰺ヶ沢町 91
新しい社会運動 228
天ヶ森射爆場 49
アメリカ合衆国 230
亜硫酸ガス事件 305, 306
安全協定 214
安全なエネルギー供給のための倫理委員会 322
イギリス核燃料公社（BNFL 社） 319, 326
池子米軍住宅建設反対運動 224
意志決定 188, 189
一万人訴訟 →核燃サイクル阻止一万人訴訟原告団
移転した住民 126, 127, 130, 132, 134
西表島 41
インド 323
ヴァッカースドルフ再処理工場 321, 338
ウェストバレー再処理工場 322
「動き出した核燃料サイクル」 99
失われた 10 年 37
臼杵市 262, 292
うつぎ 288
ウラン試験 38, 329
エコ・フェミニズム 256
エネルギー・環境会議 73
エネルギー基本計画 73, 331, 333, 342
エネルギー供給 199
——における経営問題 202
エネルギー供給制御システム 191
エネルギー自給率 39
エネルギー省（アメリカ） 320
エネルギー政策 2, 5, 7, 33, 173, 199, 202, 318
——のアリーナ 202, 203
エネルギッシュおばさん通信 55
大分県 262
大江工業 67
大阪セメント 262
大間原発 76, 150, 327, 343
大間町 318
奥尻島 41
女川原発反対運動 226

●か 行

海域調査　53, 59
外在的アリーナ　188, 189
下位自治体の従属　15
下位の行政組織　15
開発計画　11
開発幻想　232
開発工事依存型経済　152, 159, 160, 167
開発賛成　130
開発地域内住民　122, 123, 129
開発独裁　59
開発の性格変容　16, 86
開発の歴史　16, 20
開発反対　130
開発反対運動　11
開発反対派　32
開発用地底　133
開発予定地内の住民　122, 125, 126
開発をめぐる人間関係の対立　133
外部主体　94
　──への依存性　200
科学技術庁　44, 309, 332
閣議了承　28
格差　2, 8, 11, 13
　──の解消　204
核情報　348
核燃いらない青森市民の会　233
核燃から海と大地を守る隣接農漁業者の会　240
核燃から漁場を守る会　53, 59, 280
核燃から子供を守る母親の会（泊）　53, 280
核燃関連事業の生む雇用確保　166
核燃サイクル阻止一万人訴訟原告団　55, 61, 62, 233, 283, 325
核燃訴訟弁護団　234
核燃と原発に反対する女たちのデモ　54
核燃反対運動　11, 17, 32, 224, 236
核燃まいね　54
核燃問題情報　55
核燃料サイクル計画の見直し論　38
核燃料サイクル交付金　150
核燃料サイクル事業の安全性に関する専門家会議　48
核燃料サイクル事業の推進諸主体　160
核燃料サイクル施設建設阻止農業者実行委員会　56
核燃料サイクル施設の耐震性　116
核燃料サイクル施設の立地期　20
核燃料サイクル施設問題青森県民情報センター　55, 232
「核燃料サイクル施設」問題を考える文化人・科学者の会　55, 232
核燃料サイクル方式　39
核燃料サイクル見直し論　73
核燃料サイクル立地受け入れ過程　98
核燃料施設で働く人びと　135
核燃料施設の危険　134
核燃料税　149
核燃料物質等取扱税　148
核燃止めよう浪岡会　253
核のごみ　92
核のごみ捨て場　104
核不拡散条約（NPT）　336, 347
風成地区　263, 292
鹿島工業地帯　272
鹿島コンビナート　23
過剰期待　108
柏崎刈羽原発　37, 66
家族解体　128, 129
カダラッシュ　64
活断層　116
金山ゼミ　293
上十三地方住民連絡会議　283
上関原発　343
ガラス固化体　67, 78, 91, 114, 116, 149, 160
刈羽村　243
カルカー高速増殖炉　321, 338

環境アセスメント　31, 49
環境金融　204
環境負荷の外部転嫁　8, 184
環境負荷の空間的外部転嫁　184
環境負荷の時間的外部転嫁　184
環境問題　199, 202
関西電力　66
乾式再処理　345
韓米原子力協定　336, 344
危険　205
危険施設受け入れ型開発　86, 89, 92
危険施設立地　194
危険物質の増大　201
既成事実化　59
北九州　257, 259
逆連動　183, 185
旧軍燃料廠跡地　302
九州新幹線　74
行政組織　10
行政の自存化　14
強度の両価性　179, 182, 184
暁友会　32
漁業補償　32
巨大開発　111
キリスト教民主同盟　321
金権選挙　220
金銭フロー　10, 111, 112
倉内地区　269, 274
クリスタルバレー構想　63
クリプトン　325
グリーンピース・インターナショナル　226, 246, 247
グローバル原子力パートナーシップ構想　323
経営システム　174-177, 185, 188, 189
——と支配システムの相互規定　177
——と支配システムの両義性　172, 174
経営問題　177
計画思想　97
計画づくりの態勢　94
計画の論理　98
経済産業省　38
経済産業省幹部　71
経済情勢の変化　30
経済政策　29
経団連　63, 66, 108
決定権の格差構造　9
県議会　114
言語不通　109
原子力安全委員会　73, 340, 343, 348
原子力安全・保安院　65, 73, 332, 340, 343
原子力委員会　38, 332, 334
原子力委員会新計画策定会議　71, 102, 324, 329
原子力エネルギー　172
——の難点　17
原子力開発利用長期計画　323
原子力関連施設の集積地　308
原子力基地　35
原子力基本法　337
原子力施設依存型財政　152, 159, 167
原子力施設依存型の地域振興　5
原子力資料情報室　246, 247, 324
原子力政策大綱　323
原子力船むつ　35, 43, 44, 50, 51, 55, 75, 76, 228, 236, 285
原子力庁（フランス）　320
原子力の平和利用　335
原子力廃止措置機関（NDA）　319
原子力半島化　75
原子力複合体　10, 190
原子力防災計画　301
原子力未来研究会　70, 323, 328
原子力村　73
原子力ルネサンス　248, 319, 331
原子力をめぐる閉塞状況　198
原子炉等規制法　69, 327
現代の足尾事件　16, 304, 310
県庁と県民の対話　109
県農協青年部・婦人部　56

原発耐震指針　42
県論集約　100
ゴアレーベン　246, 248
公害・環境問題史　298, 300, 301, 313
公共圏　13, 14, 107, 110
　——の欠落　13
　——の貧弱性　14, 111
公共投資　4
工業用地の買収　124
鉱山業　304
構造化された場　147
高速交通ネットワーク　22
高速増殖炉　65, 320, 344
高速増殖炉もんじゅ　37, 65, 180, 234, 248, 324, 326, 336, 343
高知県東洋町　115
鉱毒地救済婦人会　258
広報予算　309
合理性と道理性の不足　12, 13
高レベル放射性廃棄物　68, 77, 91, 114, 116, 181, 196, 198, 214, 226
高レベル放射性廃棄物貯蔵管理センター　73, 90, 234, 333
公論形成の場　14, 15, 110
港湾工事　33
国際科学技術都市　37
国際原子力機関（IAEA）　39, 325, 340
国際原子力・放射線事象評価尺度　72, 339
国際熱核融合実験炉（ITER）　63
国際プルトニウム会議　246
国策産業　307, 309
国土開発　23, 107
国土総合開発審議会　22
国土庁　30, 31, 45
コジェマ社　320
コタンタン半島　135, 308, 319
国家石油備蓄基地　47
国庫補助金　147
固定価格買い取り制　203
湖底の村　133
雇用上のメリット　104
コンビナート　12

●さ　行

祭事　132
最終処分地拒否条例　114
再処理　324
再処理工場凍結論　249
再処理工場の操業　104
再処理工場の着工　152
再処理を考える青森国際シンポジウム　247
再生可能エネルギー　7, 202, 203
財政力の自立性　147
財団法人日本立地センター　101
最底辺劣位　197
サウンド・デモ　251
産業構造高度化論　147
産業廃棄物　63
三内丸山　75
三位一体改革　145, 148
三陸の海を放射能から守る岩手の会　72, 250
三陸はるか沖地震　301
三里塚　272
事業システム　173, 184-188, 200, 203
資源エネルギー庁　309
自己決定性　116
事故の危険性　180
自主財源の少なさ　146
地震　182
地震多発国　182
自治体首長の責任　312
死の灰を拒否する会　55, 233, 246, 290
支配システム　174-177, 185
支配者／被支配者　174
支配力　10
清水町　311, 313
市民運動　225

自民・社会・さきがけの連立政権　37
市民的公共圏　14
自民党科学技術部会　79
地元住民の排除　95
地元の主体　94
社会学の視点　172
社会制御システム　173, 184, 188
社会的意志決定　111
社会的共依存　103, 105, 106
社会的合意形成　185, 189
社会的需要　23
社会的人口移動　142
社会民主党（SPD）　321, 322
社会問題　177
ジャスミン革命　252
自由業的専門職層　231, 234
従属型開発　86, 88
収入役　210
集票マシン　218, 236
周辺部　8, 10, 151, 183
周辺部の周辺部　8
住民運動　11, 225
住民間に生じた対立関係　299
自由民主党（FDP）　321
住民対策大綱　26, 95
住民投票　249, 250, 313
住民投票条例　100
住民の反対の声　299
受益　11
　経済的な――　164
　――と受苦の分配　7
　――と受苦の見え方　187
受益機会　33
受益圏　178, 179
　――としての中心部　183, 184
　――の階層構造　177, 196
受苦　11
　――の解消　186
　――の費用化　186, 190, 193
受苦圏　178, 179, 191
　――としての周辺部　183, 184
主体群の布置連関　107
主体連関　112
首長選挙　111
需要予測　3, 12
準現地意識　230
上京示威運動　307
使用済み核燃料　330
使用済み核燃料中間貯蔵施設　76, 150, 327
小選挙区制　245
庄内地方　212
庄内酪農協組合　59, 212
情報公開制度　74
将来予測　96
女性たちの運動　300
女性の環境行動　17
助役　210
白神山地　75
新石垣島空港建設反対運動　224
新型転換炉（ATR）　323
新計画策定会議　334, 347
新産業都市　262
新市街地（千歳平）　30
新住区　127, 129, 134, 310
　――に移転した人びと　128
新全国総合開発計画（新全総）　2, 22-24, 29, 31, 95, 96
「真の費用」　193
　――の事前の潜在化と事後の顕在化　193
新むつ小川原開発基本計画　63
新むつ小川原株式会社　4, 95
水素爆発　339
出納長　210
ストップ・ザ・核燃百万人署名運動　56, 290
ストレステスト　342
スーパーフェニックス　320
スリーマイル島原発事故　180, 251

政界再編　245
生活設計　127
生活設計上の影響　126
生活様式　129
制御　174
制御アリーナ　173, 190
制御システム　189
——の中枢的担い手　189
制御中枢圏　191
政策決定アリーナ　172
政策判断　188
政策変更コスト　105
政治システム　174, 176
精神的な傷痕　122
正のストック　93
正のフロー　93
政府による政策変更　104
正連動　178, 203
関根浜　42, 44, 45, 47, 69, 76, 77
石油化学工業　302
石油化学コンビナート　130, 276, 302, 303, 310
石油化学コンビナート計画　3, 123, 127, 129, 134, 256, 267, 268, 298, 299, 308, 311
石油危機　29, 87
石油備蓄基地　33, 34, 88, 144, 158, 300
——の着工　156
セラフィールド　50, 245, 246, 319
潜在的な核抑止力　337, 348
戦前の公害問題　304
全電源喪失状態　72, 339, 340
専門家会議　98
専門知識の質　95
専門知の自律性　192
全量再処理　102, 105
総合資源エネルギー調査会　102, 333
総合的判断　189
総代　217
相対劣位　197
相馬村　57
ソープ再処理工場　247, 319, 325
村長　210
村内の人間関係　130

●た　行

第一次基本計画　28, 87, 88, 96, 97
大規模工業基地　22
——の構想期　20
大規模工業基地計画　3
大規模プロジェクト　22
代替的政策　201
第二次基本計画　12, 31, 97
大陸棚外縁断層　42
田子の浦　272
脱原子力合意　321, 337
脱原子力法　321, 322
脱原発・反核燃青森県ネットワーク　291
団塊の世代　251
第三次全国総合開発計画　31
地域開発　107, 120, 121
——が引き起こした社会問題　299
地域開発史　298, 301, 313
地域格差　8
——の拡大　201
地域間連携　204
地域公共圏の貧弱性　110, 113, 115
地域社会
——の分裂　200
——の変容　16
——への開発の影響　123
地域振興　201
——における経営問題　202
地域名望家　211, 221, 235
チェルノブイリ原発事故　11, 36, 53-55, 73, 89, 180, 224, 227, 230, 231, 237, 238, 251, 281, 282, 287, 339
地球温暖化の危険から将来世代を守る宣言　233
知事選挙　309
地層処分　78

知的洞察力　108
中間貯蔵　70, 327
中間貯蔵施設　69, 77, 115, 196, 331
中国　323
中心部　8, 9, 151, 183
中枢的制御アリーナ　192
中部電力　66
長期計画策定会議　103
朝鮮半島非核化　345
超長期にわたる危険性　181
直接処分　38, 321, 324, 334
陳情型の政治　148
ツイッター　252
通産省　45, 302
津軽　57, 279
津久見市　263
定常操業における汚染　179
低線量被曝　341
低農薬米　237
低レベル放射性廃棄物　91, 114
低レベル放射性廃棄物埋設センター　37, 61, 90, 234, 333
出稼ぎ　127, 128
電気事業連合会（電事連）　36, 39, 41, 44, 45, 48, 66, 70, 71, 80, 98, 99, 114, 196, 327, 347
電源開発株式会社　76
電源三法交付金　49, 57, 77, 237
電力会社　195, 330
電力小売り自由化論議　71
電力産業　308
電力自由化　70, 334
電力中央研究所　70
ドイツ　230
東欧の「民主化」革命　54
東海村　45
洞海湾　262
同化的再編　160, 161, 167
投機的土地買い　26
東京電力　340
——の原発トラブル隠し問題　37
東京都　204
東西ドイツ再統一　338
統率者／被統率者　174
動燃再処理工場　326
東北新幹線建設問題　59
東北新幹線の青森延伸　74
東北電力　66, 80, 223, 249
東北町農協　57
道理性の欠如　12, 13
時のアセスメント　329
特定非営利活動法人　74
徳之島　41
都市部への人口移動　151
土地買い　124, 125
土地（購入）価格　26, 28
土地の投機的買占め　111
土地売却の経緯　124
土地買収　30
土地ブローカー　124, 125
泊漁協　53, 56
泊漁場を守る会　270, 275-277
泊地区　275
豊原地区　287
トラクターデモ　288
トリチウム　325
ドル・ショック　29
ドーンレイ高速増殖炉　320

●な　行

内属的アリーナ　188, 189, 193
中曾根発言　35
長野新幹線　74
長良川河口堰建設反対運動　224
ナトリウム漏れ事故（もんじゅ事故）　37, 65, 68, 69, 180, 324, 332
新潟県中越沖地震　37,66
新潟県巻町（現新潟市西浦区）　65, 215, 235, 243, 249, 313
新潟市　235

新潟大学　235
二重基準　194-196
　——の連鎖構造　9, 172, 194, 196-198
日米原子力協定　335, 337
日本開発銀行　63
日本キリスト教婦人矯風会　257
日本原子力発電株式会社　66
日本原燃株式会社　58, 67, 68, 77, 80, 114, 145, 149, 154, 160, 162, 196, 214, 223, 334
日本原燃サービス株式会社　41
日本工業立地センター　21, 26, 43, 47, 95
日本消費者連盟　57, 238
日本政策投資銀行　5, 63
日本青年会議所　212
日本の原子力政策　9, 18, 190
日本弁護士連合会　233, 253
日本弁護士連合会公害対策・環境保全委員会　233, 234
人間関係
　——上の影響　128
　——の悪化　122, 128
　——の荒廃　131
　——の修復　136
沼津市　311, 313
ネットワークみどり　288
根強い不安感　164
農業者　121, 126
農協青年部　236
農協中央会　239
農協婦人部　236, 283-286
農地を売却した住民　127
農民政治連盟県本部（農政連）　56
ノーニュークス・アジア・フォーラム　247
野辺地町　27

●は　行

排除　11
廃村（化）　310
廃炉廃棄物　6, 113, 114
　——の処分場　90
派生的・補償的メリット　200
八戸市　228-230, 234, 279, 289
バブル経済　62
浜岡原発　342
パワー・エリート　307
バーンウェル再処理工場　322
反核燃サイクル国際シンポジウム　246
反原子力の日　54
反原発ニューウェーブ　36, 54, 231, 251, 252
反公害・反開発行動　308
阪神・淡路大震災　301
反石油化学コンビナート進出運動　312
半農半漁　121
被害者側の行動　307
被害者の範囲　123
被格差・被排除・被支配問題　177, 178, 189
被格差問題　177
東通原子力発電所　76, 158
東通村　42, 47, 51, 52, 77, 91, 318
東日本大震災　5, 67, 72, 78
被支配問題　177
被排除問題　177, 191
被曝労働　180
費用便益分析　188
平戸島　41
ピラミッド構造　175
弘前市　54, 228-230, 234, 247, 279, 289
弘前大学　232
風評被害　58, 237, 300, 341, 345
フェイスブック　252
付加価値　92
不確実性　180
福島原発事故　35, 61, 67, 73, 76, 251, 252, 318, 319, 322, 330, 331, 338, 339, 342, 344
福島原発震災　5, 7, 16, 180, 182, 193, 198
福島第一原発　5, 6, 65, 72
不正溶接事件　67

二つの巨大開発　302
沸騰水型炉　66
負の随伴的帰結の取り集めの不完全性　192
負のストック　93
負のフロー　93
フランス　135
——の再処理工場　180
不良債権問題　62
プルサーマル　66, 69, 243, 326, 327
プルトニウム　69, 319, 325-327, 346
プルトニウム利用政策　226
文化生活　131
分配格差　176
閉鎖的受益圏の階層構造　162, 174, 176
平和推進労働組合推進会議　245
別次元の受益についての取引条件　197
ベルリンの壁崩壊　338
ベント　340
変動地形学　79
放射性セシウム　341
放射性廃棄物　4, 8, 39, 62, 70, 113, 181
——の捨て場　133
放射性廃棄物処分事業　86, 90, 92, 93, 115, 116
放射性廃棄物貯蔵施設　246
放射性廃棄物問題　6, 15, 180
放射能汚染　177, 300
放射能から子どもを守る母親の会（弘前市）　54, 290
放射能被害の特徴　180
法政大学社会学部舩橋研究室　160
星空の街　261
補償的受益　89
北海道東北開発公庫（北東公庫）　5, 63

●ま　行

松木村　306
——の廃村　305
マネータンク　24
マネーフロー　200
見え方の非対称性　188
三重県海山町　243
三沢市　27, 27, 228, 229, 234, 246, 279
三沢の米軍基地　49
三島市　311, 313
緑の党　321, 322
水俣病　272
美浜　66
美浜原発の事故　180
民主的な統御能力　110
むつ小川原開発　86, 88
——の失敗　3
——のフォローアップ作業　100
——予算額　140
むつ小川原開発株式会社　4, 24, 25, 30, 33, 44, 45, 50, 62-64, 87, 95, 98
——の借入金　34
むつ小川原開発計画　21, 31
むつ小川原開発室　79, 141
むつ小川原開発第一次基本計画　21
むつ小川原開発第二次基本計画　21, 47, 48, 225
『むつ小川原開発第二次基本計画フォローアップ調査報告書』　101
むつ小川原開発反対運動　225
むつ小川原開発反対同盟　27, 52, 270
むつ小川原開発立地構想業種（第一次案）　26
むつ小川原開発立地想定業種（第二次案）　27
むつ小川原港　31
むつ小川原石油備蓄株式会社　33
むつ小川原総合開発センター　25
むつ市　6, 69, 91, 115, 195, 198, 247, 285, 318
陸奥湾沿岸地域　27
むつ湾小川原湖大規模工業開発調査報告書　43
メルトダウン　72

もんじゅ →高速増殖炉もんじゅ
問題解決に必要な公準 184
文部科学省 332

●や 行

谷中村 258, 305
八幡製鉄所 259
山形新幹線 74
誘致型開発 86, 87, 89, 167
ユーチューブ 251
余剰プルトニウム 69, 76, 325
予測能力 108
予測不能性 180
四日市公害裁判 303
米内山訴訟 32, 79
四大鉱害事件 305

●ら 行

ラ・アーグ（再処理工場） 50, 135, 245, 246, 282, 319, 320, 346
酪農 125
リサイクル燃料貯蔵株式会社 91
リスク 69, 180, 205, 231, 331
リスク・マネジメント 51
立地基本協定 36
良心的構成員 226
履歴効果 93
臨界事故 65
りんごの花の会 290
隣接農漁業者の会 289
倫理的政策分析 189
連合 245
ロシア 323
炉心溶融 72, 338
六ヶ所海水漁協 32
六ヶ所村
——の産業 120
——の収入構造 154
——の人口変化 150
——の「村内純生産」 152
六ヶ所村議会 28
六ヶ所村村長選挙 29
六ヶ所村漁協 32
六ヶ所村財政収入 158
六ヶ所村住民意識調査 160, 378
六ヶ所村ラプソディー 250
六ヶ所を守る会 32, 52

●わ 行

わが国の外交政策大綱 337
ワシントン・ポスト 54
渡良瀬川 305, 306
ワンス・スルー（once-through） 38, 321

●アルファベット

ATR →新型転換炉
BNFL 社 →イギリス核燃料公社
FDP →自由民主党
IAEA →国際原子力機関
ITER →国際熱核融合実験炉 63
JCO 65
JCO 臨界事故 37, 80, 180, 234, 249, 326, 332, 340
MOX 燃料 66, 76, 158, 325, 326
MOX 燃料工場 37, 63, 150, 338
NDA →原子力廃止措置機関
NPT →核不拡散条約
PA 活動 58
SPD →社会民主党
SPEEDI 341
TVA 94

人名索引

＊（　）は、本文で言及する時点での主な肩書き・職名等である。

●あ　行

浅石紘爾（弁護士）　233
有沢広巳（日本原子力産業会議会長）　48
石橋克彦（地震学者）　78, 182, 339
石橋忠雄（弁護士）　234, 253
伊東良徳（弁護士）　234
稲山嘉寛（経団連会長）　45
李明博（大韓民国大統領）　344
越善靖夫（東通村村長）　77, 91
蛯名年男（農協中央会会長）　239
大下由宮子（反核燃運動リーダー）　62, 289, 293
大平正芳（内閣総理大臣）　348
小沢一郎（自民党幹事長）　60, 243
小沢辰男（衆院議員）　215
小野周（物理学者）　285
オバマ（B. H. Obama, Jr.，アメリカ合衆国大統領）　323

●か　行

海渡雄一（弁護士）　234
カーター（J. E. Carter, Jr.，アメリカ合衆国大統領）　322
金沢茂（弁護士）　60, 233
鎌田慧（作家）　122, 129, 214
鎌仲ひとみ（映画監督）　250
河野幸藏（むつ市長）　43
菅直人（内閣総理大臣）　73, 342
菊川慶子（六ヶ所村民）　232, 240, 287, 291, 293
菊池渙治（むつ市長）　51
北村正哉（青森県知事）　32, 36, 45, 48, 56, 60, 62, 74, 99, 147, 156, 222, 286, 333
木村キソ（六ヶ所村民）　269, 275, 292
木村守男（青森県知事）　37, 51, 62, 64, 100, 196, 291
工藤省三（青森県議）　222
久保晴一（青森県議）　239
河野太郎（衆院議員）　71
河野洋平（衆院議員）　334
近藤駿介（原子力委員会委員長）　71, 324, 329
近藤元次（衆院議員）　215

●さ　行

坂本龍一（作曲家）　250
笹口孝之（新潟県巻町町長）　235
佐藤栄佐久（福島県知事）　71
佐藤栄作（内閣総理大臣）　347
島田恵（写真家）　247
シュラーズ（M. A. Schreurs，環境政治学者）　322
杉山粛（むつ市長）　69, 91
スミス（グリーン・アクション代表）　247
関晴正（衆院議員）　236, 241
ゾナバン（F. Zonabend，社会人類学者）　135

●た　行

高木仁三郎（物理学者）　68, 245, 250
滝口作兵ヱ（六ヶ所村村議）　53, 215
竹内俊吉（青森県知事）　21, 26, 43, 268
田中正造（衆院議員）　257, 305, 307, 308
津川武一（衆院議員）　236
土田浩（六ヶ所村村長）　59, 60, 64, 65, 156, 205, 211, 212, 216, 218, 220, 222, 250, 282
寺下力三郎（六ヶ所村村長）　26, 27, 29, 32, 53, 110, 129, 130, 154, 211, 215, 271,

272, 275, 277, 278, 308, 312
殿塚猷一（核燃料サイクル開発機構理事長） 335

●な 行

中川一郎（科学技術庁長官） 44
中曾根康弘（内閣総理大臣） 35, 337
中村せつ（六ヶ所村民） 276
中村留吉（六ヶ所村村議） 215
中村亮嗣（むつ市民） 228
沼辺せき（六ヶ所村民） 269, 274, 292
野田佳彦（内閣総理大臣） 343

●は 行

橋本勲（六ヶ所村助役） 217
橋本勝四郎（六ヶ所村村議） 28
橋本喜代太郎（土地ブローカー） 212, 220
橋本ソヨ（六ヶ所村民） 277, 286
橋本寿（六ヶ所村村長） 64, 156, 211, 212, 217, 218, 220
橋本道三郎（六ヶ所村村議） 216, 220
橋本龍太郎（内閣総理大臣） 62
長谷川公一（社会学者） 80, 291
長谷川蓉子（青森県農協婦人部会長） 239, 284, 285, 293
八田達夫（経済学者） 335
ハーバーマス（J. Harbermas, 社会学者） 14
伴英幸（原子力資料情報室共同代表） 334
平岩外四（電気事業連合会会長） 44
平野良一（南津軽郡旧浪岡町町長） 253
広瀬隆（作家） 245
フォアウッド（M. Forwood, 反核運動家） 246
フォード（G. R. Ford, アメリカ合衆国大統領） 322
藤洋作（電気事業連合会会長） 71
ブッシュ（G. W. Bush, アメリカ合衆国大統領） 323
舩橋晴俊（社会学者） 159
古川伊勢松（六ヶ所村村長） 29, 32, 33, 53, 59, 99, 154, 211, 212, 216, 217, 218, 222, 248, 278
古川健治（六ヶ所村村長） 211, 213
古泊実（六ヶ所村村議） 216
ベック（U. Beck, 社会学者） 322

●ま 行

前原誠司（外務大臣） 347
松本英子（毎日新聞記者） 258
松本哉（市民運動リーダー） 252
三上隆雄（参院議員） 36, 58, 242
三村申吾（青森県知事） 51, 64, 77, 114, 196, 334
メルケル（A. D. Merkel, ドイツ連邦共和国首相） 321

●や 行

山崎竜男（参院議員） 60
山地憲治（工学者） 68, 70, 328
吉岡斉（科学史家） 336
吉田又次郎（六ヶ所村民） 27
米内山義一郎（衆院議員） 32, 33, 110, 239, 269, 271, 274, 292, 308

●ら 行

レーガン（R. W. Reagan, アメリカ合衆国大統領） 322, 337

●わ 行

若松ユミ（六ヶ所村民） 281, 293
渡辺満久（変動地形学者） 79

資料1

むつ小川原開発と核燃料サイクル施設問題に関する年表

（作成 船橋晴俊）

1968	7.- 青森県竹内俊吉知事，日本工業立地センターに対しむつ湾小川原湖地域の工業開発の可能性，適性に関する調査を委託。
1969	5.30「新全国総合開発計画」（新全総）閣議決定。むつ小川原を大規模工業基地の候補地に指定。 12.2 六ヶ所村村長選挙で寺下力三郎氏当選。
1970	4.1 県は「陸奥湾小川原湖開発室」を設置。 4.20 東奥日報「巨大開発の胎動—むつ湾小川原湖」をキャッチフレーズに開発にむけて大キャンペーンを展開（5月23日まで）。 6.1 県が公式に関係16市町村の農漁業団体に開発構想を説明し，協力を要請。 8.26 竹内知事の要請により，竹内知事，植村経団連会長，平井東北経済連合会会長の三者会談が行われる。以後，経団連を中心に開発計画が具体化。 11.4 県，むつ小川原を中心とする総合開発計画発表。 11.16 陸奥湾小川原湖開発室を「むつ小川原開発室」と改称。三沢市に調査事務所。
1971	1.- 知事選，竹内前知事の三選なる。 3.22 関係8省庁からなる，むつ小川原総合開発会議設置。 3.25 むつ小川原開発（株）が設立。 3.31 財団法人青森県むつ小川原開発公社設立。 8.14 住民対策大綱と立地想定業種規模（第1次案）を発表。および開発構想発表，関係市町村長，議長関係団体へ説明，意見聴取をおこなう（25日まで）。 8.20 寺下六ヶ所村長「開発反対」を表明。 8.25 六ヶ所村議会反対決議。 9.29 竹内知事は青森市で六ヶ所村村長，村議団に対して第2次住民対策案を提示。 10.15 六ヶ所所村開発反対同盟が発足。 12.- 鉄鋼業界は深刻な過剰設備問題を抱え，粗鋼の不況カルテルを実施。 12.- 石油化学業界は深刻な過剰設備問題を抱える。
1972	5.25 青森県は石油基地中心を骨子としたむつ小川原開発第1次基本計画と住民対策大綱を発表し六ヶ所村はじめ関係各市町村および，各種団体に説明（30日まで）。 9.14 政府はむつ小川原巨大開発を閣議口頭了解。 10.1 六ヶ所村議会特別対策委員会がむつ小川原の条件付き開発推進を決議。 12.25 県むつ小川原開発公社による用地買収交渉開始。
1973	1.5 開発反対期成同盟は橋本勝四郎特別対策委員長のリコール手続き。

	1.31 開発推進派は寺下村長リコールの手続きを行う。 **5.13** 橋本村議のリコール投票は不成立。 **6.4** 寺下村長のリコール投票は不成立。 **10.17** 第4次中東戦争による石油輸出機構（OPEC）の石油公示価格の引き上げと敵対国に対する石油輸出禁止阻止に伴うオイル・ショックおこる。 **12.2** 六ヶ所村長に開発推進派古川伊勢松氏当選。
1974	**1.26** 六ヶ所村役場内に企画室設置。 **6.26** 国土庁発足。経済企画庁から国土庁地方振興局にむつ小川原開発の所管移る。 **8.31** 県は，第2次基本計画の骨子を国土庁に提出。 **12.26** 古川村長に対するリコール告示。
1975	**5.14** 六ヶ所村反対同盟は法廷署名数の獲得困難のため，古川村長に対するリコールを中止。 **12.20** 青森県，オイルショック後の石油需給を見通し，経済情勢の変化などをもとにむつ小川原開発第2次基本計画を決定。工業地区5280ha，立地想定は石油精製計100万バレル，石油化学160万t，火力発電320万kWと修正。
1976	**7.20** 環境庁，開発の影響事前評価をテストケースとしてむつ小川原開発に適用決定。
1977	**3.21** 六ヶ所村開発反対同盟は，「六ヶ所を守る会」に改称。開発を認め，条件闘争に転換。 **8.30** むつ小川原開発第2次基本計画について閣議口頭了解。 **12.2** むつ小川原港湾計画を，運輸大臣承認。 **12.4** 六ヶ所村村長選行われ，古川氏再選（3999票）。寺下氏（3074票）に対して925票差。
1978	**2.14** 県むつ小川原開発公社は1977年度の事業報告で94%の土地買収を報告。 **3.6** むつ小川原港建設の漁業補償の交渉を青森県と関係漁協の間で開始。 **6.19** 通産省は，石油備蓄基地（CTS）を，むつ小川原に建設する方針を決め，青森県に協力を要請。 **12.6** 小川原湖総合開発事業に関する基本計画建設大臣告示。主な内容は，湖岸堤整備による治水事業および湖の淡水化による利水事業の開始。
1979	**2.26** 前副知事の北村正哉氏，青森県知事に就任。 **6.14** むつ小川原港建設に伴う漁業補償交渉で，六ヶ所村内3漁協のうち2漁協が県と協定調印。補償額は同村海水漁協が118億円，同村漁協が15億円。 **10.1** 石油備蓄基地のむつ小川原地区立地が正式決定。 **10.23** むつ小川原港建設漁業補償金額に不当な水増し分があるとして，米内山義一郎元衆議院議員（元社

	会党）が青森地裁に，北村知事を被告とする損害賠償請求訴訟を提訴（米内山訴訟）。 **11.21** 石油国家備蓄基地建設の起工式が行われる。
1980	**3.1** 核燃料サイクル事業を行う「日本原燃サービス会社」（日本原燃〔株〕の前身）が設立。 **3.31** 六ヶ所村泊漁協は33億円，東通村白糠漁協は5億5000万円で，県と漁業補償協定調印。 **7.23** むつ小川原港の起工式が行われる。
1981	**12.6** 六ヶ所村長選挙は，古川伊勢松氏（4378票）が橋本喬氏（3291票），寺下力三郎氏（212票）に圧勝，三選した。
1982	**2.25** 県は，むつ小川原港の一点係留ブイ・海底パイプラインの敷設計画に対して許可。
1983	**8.31** CTSはA工区（タンク12基）と中継基地，一点係留ブイバースの一連の付帯施設が完成。 **9.1** オイル・イン開始。 **12.8** 中曽根康弘首相が総選挙遊説先の青森市で記者会見し「下北半島を原子力基地にすればメリットは大きい」と述べる。
1984	**1.5** 電気事業連合会（以下，電事連），核燃料サイクル施設の建設構想発表。 **3.1** 日本原燃産業（株）発足。 **4.20** 電事連，青森県に原子燃料サイクル事業（再処理施設，ウラン濃縮施設，低レベル放射性廃棄物貯蔵施設の3施設）の下北半島立地協力要請。農業者，漁業者，市民らが反対。 **7.27** 電事連が青森県と六ヶ所村に，核燃料サイクル施設立地を正式申し入れ。 **11.26** 県が委託した専門家グループ（11人）が「原子燃料サイクル事業の安全性に関する報告書」を提出。「安全性は基本的に確立しうる」との内容。
1985	**1.17** 古川村長，知事に「核燃料サイクル基地」立地，受け入れ回答。 **4.9** 北村知事が県議会全員協議会で核燃施設立地受け入れを表明。翌日，電事連に回答。受け入れ施設は再処理施設，ウラン濃縮施設，低レベル放射性廃棄物貯蔵施設。 **4.18** 青森県（北村知事），六ヶ所村（古川村長），原燃サービス，原燃産業の四者が電事連を立会人として「原子燃料サイクル施設の立地への協力に関する基本協定」を締結。 **4.26**「むつ小川原第2次基本計画一部修正」を閣議口頭了解。核燃料サイクル基地の立地がむつ小川原開発の一部となる。売却困難な用地と借入金を抱えて困窮してい

たむつ小川原開発株式会社の救済という側面が強い。 5.27 青森県議会が，臨時会を開き，直接請求で提案されていた「核燃料サイクル施設建設立地に関する県民投票条例」を否決。賛成は社会党と共産党のみ。 7.11 六ヶ所村漁協が核燃サイクル施設立地にかかわる海域調査に合意。7月31日六ヶ所村海水漁協，8月19日八戸漁連，八戸地区原燃対策協議会，8月23日三沢市漁協も合意。 12.1 六ヶ村長選，古川氏当選（四選，4343票）。滝口作兵ヱ氏（2469票），中村雄喜氏に大差。

1986 4.26 ソ連でチェルノブイリ原発事故が発生。青森県内にも衝撃。六ヶ所村では核燃施設建設に必要な海域調査への阻止行動が高まる。

1987 5.26 日本原燃産業が，六ヶ所村のウラン濃縮施設の事業許可を申請。
11.25 仏原子力庁が「スーパーフェニックスⅡ」計画を白紙撤回。
12.12 農業4団体の核燃料サイクル建設阻止農業者実行委員会が発足。これ以降，核燃反対は全県的な規模の運動へ拡大。

1988 6.30 ストップ・ザ・核燃署名委員会，知事にサイクル施設建設白紙撤回の署名簿約37万人分提出。 8.6 青森県内外から約60人が出席し「核燃サイクル阻止1万人訴訟原告団」の結成式が行われる。法廷闘争で核燃阻止を訴える。 8.10 国が青森県六ヶ所村ウラン濃縮施設を，正式に事業許可。 10.8 核燃料サイクル施設予定地の活断層に関する内部資料を，社会党県本部が入手。 10.14 ウラン濃縮工場着工。日本原燃は，青森県に「断層は問題なし」と，地盤の安定性を強調。六ヶ所村泊住民ら反対グループは「抜き打ち」と怒りを示す。 12.29 県農協代表者大会で，核燃料サイクル施設建設反対を決議。

1989 4.9 六ヶ所村で「核燃阻止全国集会」。参加者が1万人を超える。「核燃いらね！ 4・9大行動」運動の高まりの象徴。 5.31 独でヴァッカースドルフ再処理工場の建設中止。 7.13 核燃サイクル阻止一万人訴訟原告団がウラン濃縮施設の事業許可取消しを求め，提訴。 7.14 最高裁は，漁業補償金の不当性を訴えた米内山訴訟の上告を棄却。 7.23 青森県参院選で核燃料サイクル建設に反対を掲げた三上隆雄氏（無所属）が当選。青森県選出国会議員は，相次ぐ慎重論に，軌道修正を迫られる。 8.- 青森県内の農協の過半数が核燃反対を決議。8月のみで22農協が表明。
12.10 六ヶ所村長選で「核燃凍結」の土田浩氏（無所属）が，現職の古川氏（自民党）を破り，初当選（土田3820票，古川3514票，高梨341票）。

県や事業者に衝撃。

1990	**1.12** 六ヶ所村議会で，核燃推進の請願が採択される。土田村長の方針と対立し，野党優位が浮彫りに。 **3.17** 六ヶ所村議会，電源3法交付金を含む新年度予算案を可決。 **4.26** 六ヶ所村で低レベル放射性廃棄物貯蔵センターに関する公開ヒアリング開催。 **11.30** 核燃施設低レベル貯蔵施設が着工（事業許可は11月15日）。 **12.20** 核燃立地協定破棄を求める52万余名分の署名が県に提出される。
1991	**2.3** 核燃政策が最大の争点となる青森県知事選で，北村正哉氏（推進）が，金沢茂氏（反対），山崎竜男氏（凍結）を破り四選（順に32万5985票，24万7929票，16万7558票）。この知事選をピークに反核燃運動は下降線に。 **2.24** 参院選青森県補選で，核燃推進の松尾官平氏が当選。 **4.7** 青森県議会選挙で核燃反対候補の落選が相次ぐ。反核燃議員は3名のみ。 **7.1** 青森県核燃料物質等取扱税条例，県議会本会議で可決。 **7.25** ウラン濃縮工場に関する安全協定を青森県知事，六ヶ所村長，日本原燃産業社長の間で締結。 **8.22** 科学技術庁，再処理工場の第一次安全審査を終了，原子力委員会と原子力安全委員会に第二次審査を諮問。 **10.30** 六ヶ所村で，再処理工場と高レベル放射性廃棄物貯蔵施設についての公開ヒアリングが開催される。安全性をめぐり質疑。反対派も意見を述べる。 **11.7** 1万人訴訟原告団が，低レベル放射性廃棄物施設に対する許可取消し訴訟を提訴。
1992	**2.14** 原子力船「むつ」が実験終了を宣言。 **3.27** ウラン濃縮工場が本格操業開始。 **7.1** 原燃サービスと原燃産業が合併し，日本原燃（株）が発足。 **9.21** 低レベル施設に対する安全協定が県，六ヶ所村と日本原燃の間で結ばれる。 **12.8** 低レベル施設の操業開始。ドラム缶初搬入。9日に第1回廃棄物搬入は終了。 **12.24** 国が青森県六ヶ所村再処理工場を事業指定。
1993	**4.28** 日本原燃，使用済み核燃料再処理工場に着工。 **9.17** 1万人訴訟原告団は，高レベル貯蔵施設の事業許可取り消しを求めて提訴。 **11.18** 六ヶ所ウラン濃縮工場から製品の濃縮六フッ化ウラン初出荷。 **12.5** 六ヶ所村村長選挙で土田氏（4196票）が，「核燃反対」の高田興三郎氏（1252票）を退け再選。

1994	**11.19** 科学技術庁，高レベル廃棄物の最終処分地問題について，青森県知事の意向に反しては最終処分地に選定されない旨の確約書を北村知事に渡す。 **12.9** 反核燃3団体，「高レベルガラス固化体の最終処分場拒否条例」の制定を求める請願を県議会に提出。署名10.2万人。県議会は不採択（16日）。 **12.16** 六ヶ所村住民5人（寺下氏ら），高レベル廃棄物受け入れの是非を問う住民投票条例制定を直接請求。六ヶ所議会はこれを否決（24日）。 **12.26** 県，六ヶ所村，日本原燃，返還高レベル放射性廃棄物の安全協定に調印。
1995	**2.5** 青森県知事選で木村守男氏が初当選，反核燃派は大下由宮子氏と西脇洋子氏が分立（木村32万3928票，北村29万7761票，大下5万9101票，西脇2万9759票）。 **3.28** むつ小川原開発（株）の株主総会。繰越損失は20億7100万円，借入金2104億円となる（1994年末）。 **4.25** 海外（フランス）からの第1回返還ガラス固化体搬入で輸送船が六ヶ所沖に到着。木村知事，最終処分地に関する科技庁の回答を不服とし，高レベル廃棄物輸送船の接岸拒否。科技庁長官の確約文書提出を受け，翌26日に接岸許可。1日遅れで接岸が認められる。 **7.23** 参院選で反核燃を訴えた現職の三上氏が落選。 **10.23** 県が国際熱核融合実験炉（ITER）の誘致を決定。 **12.8** 高速増殖炉もんじゅ，ナトリウム漏れ事故で原子炉停止。
1996	**4.25** 科技庁，第1回「原子力政策円卓会議」を開催。 **5.8** 原子力委員会が，「高レベル放射性廃棄物処分懇談会」を発足させる。 **8.4** 新潟県巻町で原発建設の是非を問う住民投票が行われ，建設反対が60％を超える。町長，町有地の売却拒否を宣言。
1997	**1.14** 通産省，総合エネルギー調査会，高速増殖炉開発政策を転換，プルサーマル計画の推進を決める。 **2.4** 政府が，プルサーマル推進計画について国策として閣議で了解する。 **11.30** 六ヶ所村村長選で橋本寿氏が，現職の土田氏を破り初当選（橋本4407票，土田3850票，高田84票）。
1998	**2.2** 仏政府が「スーパーフェニックス」の廃炉を正式決定。 **3.13** 六カ所貯蔵施設に3回目の高レベル廃棄物搬入（知事の接岸拒否で予定より3日遅れ）。 **10.7** 青森県六ヶ所村に搬入される使用済み核燃料輸送容器の性能を示すデータの改竄が発覚。科技庁と木村知事は日本原燃に，使用済み核燃料を使った校正試験と2回目の搬入中断を要請。

1999	**4.26** 日本原燃，再処理工場の操業開始を2003年から05年7月に延期すると発表。総工費は8400億円から2兆1400億円に増大。
2000	**6.7**「特定放射性廃棄物の最終処分に関する法律」が制定。 **8.4** 新むつ小川原（株）が設立，法務局にて登記。経営破綻した「むつ小川原開発会社」（本社東京）の事業を引継ぐ新会社。 **8.18** 県議会で，県としては，「原子炉廃止措置により発生する炉内構造物」も立地協力要請に含まれている，との答弁。 **10.12** 六ヶ所再処理工場へ使用済み核燃料を搬入する前提となる安全協定と覚書締結。木村知事，橋本六ヶ所村長，竹内哲夫日本原燃社長の協定当事者3人と立会人の太田宏次電事連会長が署名。 **12.19** 六ヶ所再処理工場に使用済み燃料の本格搬入開始。
2001	**4.20** 日本原燃が再処理工場で通水作動試験開始。 **8.24** 日本原燃が青森県，六ヶ所村にMOX燃料加工工場（ウラン・プルトニウム混合酸化物燃料工場）立地の協力申し入れ。 **8.-** 使用済み燃料受け入れ貯蔵施設での漏水問題発覚。
2002	**2.22** 福島第二原発が排出した低レベル放射性廃棄物200l入りドラム缶2072本を同廃棄物埋設センター搬入。搬入済み同廃棄物の累計は14万1403本。 **3.15** 青森地裁で，核燃サイクル阻止1万人訴訟原告団がウラン濃縮工場許可の取消しを求めて起こした行政訴訟の判決。「濃縮事業は適法，国の判断に不合理な点はない」との内容で，原告の全面敗訴。 **4.23** 女川原発の使用済み核燃料約15tと福島第二原発から出た約54tを貯蔵施設に搬入。使用済み核燃料の累積受け入れ量は約574tとなった。 **5.18** 橋本六ヶ所村長が自殺。村発注の公共事業に絡む贈収賄の疑惑の渦中にあった。 **5.29** 政府，六ヶ所村を国際熱核融合実験炉（ITER）の建設候補地として国際提案する方針を決める。小泉純一郎首相と森喜朗前首相らが首相官邸で会談して合意。 **6.1** 県の「ITER誘致推進本部」が発足し，「ITER誘致推進室」が設置される。 **7.7** 六ヶ所村長選で古川健治氏が当選。大関正光氏に大差。 **10.2** 村は，日本原燃が計画する次期埋設施設（廃炉廃棄物埋設施設）について，本格調査開始を了解。 **11.1** 再処理工場の化学試験の開始。 **11.13** 日本原燃が高ベータ・ガンマ廃棄物処分施設の本格調査に着手。
2003	**1.1** 日本原燃（株）本社を青森市から六ヶ所村へ移転。 **1.26** 県知事選

で木村氏が三選される。 **5.15** 青森県木村知事，辞職願いを提出。原因は女性問題。16日に与野党が不信任決議案を提出し，議会が合意。 **6.26** 杉山粛むつ市長が使用済み燃料貯蔵施設の誘致を正式表明。 **6.29** 青森県知事選で三村申吾氏初当選（三村29万6828票，横山北斗27万6592票，柏谷弘陽2万1709票，高柳博明1万9422票）。 **8.6** 再処理工場貯蔵プールの漏水問題などを背景に行われた六ヶ所村再処理工場の点検調査が終了。ずさんな溶接は291カ所にのぼるなど，不良施工が問題化。 **10.14** 県原子力政策懇話会の初会合が開催される。 **12.24** 日本原燃は，再処理工場の化学試験の終了を発表。

2004 **7.2** 核燃政策における「再処理方式」に比べ，「使用済み核燃料直接処分」のコストが半分以下であるという政府試算の未公表が明らかに。 **11.12** 原子力開発利用長期計画の新計画策定会議が，再処理路線の継続方針を決定。 **11.22** 再処理工場のウラン試験安全協定を，県，六ヶ所村，日本原燃が締結。 **12.21** 六ヶ所村再処理工場でウラン試験（稼動試験）開始。本格操業に向け機器の不具合・故障を操業前に洗い出す目的。 **12.24** 東通原発一号機（東北電力）の試運転開始。

2005 **4.19** 青森県，六ヶ所村，原燃がMOX燃料加工工場立地で基本協定を締結。 **6.28** 国際熱核融合実験炉（ITER）は，閣僚級会合で，南フランスのカラダッシュに建設決定。 **10.11**「原子力政策大綱」決定。 **11.18** 敦賀発電所からの低レベル放射性廃棄物を埋設施設に搬入。累積量18万2011本。 **12.15** 九州電力玄海原発からの使用済み核燃料約17tを，六ヶ所村の貯蔵プールに搬入。累積受け入れ量は約1541トン。

2006 **3.31** 日本原燃は，再処理工場で，プルトニウムを抽出するアクティブ試験を開始。

2007 **1.25** 高知県東洋町が，高レベル最終処分地の「設置可能性を調査する区域」に応募。町民の反対が強く，4月23日付で取り下げる。 **1.31** 日本原燃は，再処理工場の操業開始を3カ月遅らせて，2007年11月にすると発表。 **4.18** 再処理工場の耐震計算ミス問題が発覚。 **7.16** 中越沖地震発生。柏崎刈羽原発で耐震基準を大幅に上回る揺れがあり，全機停止。原発の安全性が問題化。 **8.17** 日本原燃が耐震補強工事を終了。 **9.6** 原子力安全委員会が，MOX燃料加工工場についての公開ヒアリングを開催。 **9.7** 日本原燃は，再処理工場の操業開始を2008年2月に延期と発表。

	10.1 日本原燃，新潟県中越沖地震発生を受け，六ヶ所再処理工場東方沖で追加断層調査を開始。　12.22 六ヶ所ウラン濃縮工場訴訟で，最高裁が，住民側上告を棄却。
2008	2.14 原燃は再処理工場のアクティブ試験の第五ステップを開始。　3.6 青森県議会野党三会派は，高レベル放射性廃棄物の青森県内での最終処分地を拒否する条例案を提出。　3.11 県議会は，最終処分地拒否条例案を質疑・討論なしで否決。　4.10 三村知事は，電事連と日本原燃に対して，ガラス固化体を貯蔵期間終了後，県外に運び出すという確約書を提出するよう要請。　4.24 電事連と原燃は，確約書を三村知事に提出。　5.24 核燃料サイクル施設の直下に，これまで未発見だった活断層が存在する可能性が高いとの研究を渡辺満久東洋大学教授らが，まとめる。　7.2 日本原燃，再処理工場でのガラス固化体製造試験を，約半年ぶりに再開。しかし，すぐに（翌3日），中断。　12.19 日本原燃が実施した再処理工場の耐震性再評価について，原子力安全・保安院は，妥当とする報告書案を提示。
2009	4.4「4.9 反核燃の日全国集会」を青森市で開催，約1300人が参加。　7.10 原子力安全・保安院は，再処理工場の設計と工事の認可などに対する住民側からの異議申し立て10件を棄却。　8.31 日本原燃の川井吉彦社長は再処理工場の試運転の終了時期を，2009年8月から1年2カ月繰り延べて2010年10月にすると発表。　10.9 核燃料税の税率を引き上げる県条例が可決。　10.23 民主党への政権交代をふまえ，三村知事が，直嶋正行経産相，川端達夫文科相，平野博文官房長官から，高レベル最終処分地にしないという従来からの確約が有効であることを確認したと発表。
2010	3.1 石田徹資源エネルギー長官が，三村知事に，海外返還低レベル放射性廃棄物を六ヶ所村で受け入れるよう打診。　5.6 日本原子力開発機構は，高速増殖炉もんじゅの運転を再開。　6.17 再処理工場ガラス溶解炉内に落下していた耐火レンガが，難航の末，回収された。　7.13 石田資源エネルギー長官は，海外返還低レベル放射性廃棄物受け入れ問題に関連して，「青森県を廃棄物の最終処分地にしない」などとした直嶋経産相名の確約文書を蝦名武副知事に交付。　8.18 古川六カ所村長は，三村知事に，海外返還低レベル放射性廃棄物受け入れの意向を表明。　8.19 三村知事，海外返還低レベル放射性廃棄物受け入れを表明。　8.26 もんじゅの原子炉容器内に3.3tの装置が落下し，再停止。　8.31 むつ市で，使用済み核

	燃料中間貯蔵施設が着工（2012年7月に操業予定）。 **9.10** 日本原燃，再処理工場の完工予定を2年遅らせ，12年10月に延期すると発表。 **9.22** 日本原燃，電力会社などを引き受け先とした4000億円の第三者割当増資を正式決定。 **10.28** 日本原燃，MOX燃料工場の本体工事に着手。2016年3月の完工をめざす。 **12.4** 東北新幹線，新青森駅まで延伸開業。 **12.15** 六ヶ所村ウラン濃縮工場で7系統のうち稼働していた最後の1系統も停止。今後10年かけて，全遠心分離器の更新を行う計画。 **12.21** 原子力委員会が，「原子力政策大綱」を改定するための第1回会合を都内で開催。
2011	**3.11** 東日本大震災が発生。15日までに福島第1原発の1・3・4号機で水素爆発，2号機も危機的状況に。1～3号機でメルトダウン発生。 **3.12** 政府は福島第1原発から半径20km以内の住民に避難指示。 **4.12** 政府は福島原発事故を，国際原子力事象評価尺度でレベル7と発表。 **4.7** 余震による停電で，六ヶ所村の再処理工場，ウラン濃縮工場などで11～15時間外部電源を喪失。 **5.9** 中部電力は菅直人首相の要請を受け，運転中の浜岡原発の4・5号機の停止を決定。 **7.8** ドイツの連邦議会で，2022年末までに，国内の原発17基をすべて閉鎖する脱原子力法案が可決成立。 **7.13** 菅首相，日本の首相としてはじめて「原子力に依存しない社会をめざす」と明言。 **8.26** 再生可能エネルギー特別措置法が成立。

資料 2

青森県六ヶ所村「まちづくりとエネルギー政策についての住民意識調査」単純集計表

2003 年 12 月

法政大学社会学部 舩橋晴俊 研究室

調査の概要

本調査は，青森県上北郡六ヶ所村における今後のまちづくりとエネルギー政策について，既存の様々な地域開発に関する調査や当該地域における調査をふまえて，現時点での住民意識を明らかにすべく，実施したものである。

なお，本調査は，他からの依頼によるものではなく，当研究室が学術的関心に立脚して，独自に企画し，実施したものである。

調査の方法，期間および規模は以下の通りである。

①調査方法

・六ヶ所村選挙人名簿をもとに等間隔抽出法を用いてサンプリングを実施した。

・調査票の配布，回収は郵送留置法を用いた。

②調査期間

・サンプリング　2003 年 7 月 7 日

・調査依頼状の送付　2003 年 8 月 22 日

・調査票の送付　2003 年 8 月 28 日

・回収期間　2003 年 9 月 6 日～ 9 日（不在者には郵送回収を依頼）

③調査規模

・調査票配布数　502 通

有効回収数　311 通　回収率 62.0%

無効回収数　2 通

回収不可　189 通

※不可理由の割合は以下の通りである。

回答拒否・面会拒否	32.3%
回答不可能	7.4%
出稼ぎ・就学などの長期不在	17.5%
既転居	16.9%
不在（長期不在ではない）	24.3%
その他	1.6%

■調査結果単純集計

［問 1］ あなたの性別に○をつけてください。

	度数	割合
男性	140	45.02%
女性	171	54.98%
計	311	100%

［問 2］ あなたの年齢について，あてはまるものに○をつけてください。

	度数	割合		度数	割合
20 代	55	17.68%	50 代	59	18.97%
30 代	53	17.04%	60 代	37	11.90%
40 代	65	20.90%	70 代	42	13.50%
			計	311	100%

［問 3］ あなたのお住まいはどちらですか。あてはまるもの一つに○をつけてください。

	度数	割合		度数	割合		度数	割合
泊	91	29.26%	室ノ久保	4	1.29%	千歳	5	1.61%
石川	3	0.96%	戸鎖	11	3.54%	千歳平	24	7.72%
出戸	11	3.54%	千樽	3	0.96%	庄内	11	3.54%
尾駮	58	18.65%	鷹架	0	0.00%	六原	3	0.96%
二又	8	2.57%	平沼	34	10.93%	端	3	0.96%
雲雀平	1	0.32%	豊原	2	0.64%	倉内	29	9.32%
弥栄平	1	0.32%	睦栄	1	0.32%	中志	6	1.93%
						その他	2	0.64%
						計	311	100%

［問 4］ あなたは六ヶ所村にいつからお住まいですか。あてはまるもの一つに○をつけてください。

	度数	割合
(1) 生まれてからずっと	110	35.37%
(2) 3年未満	23	7.40%
(3) 3年以上10年未満	26	8.36%
(4) 10年以上20年未満	21	6.75%
(5) 20年以上30年未満	23	7.40%
(6) 生まれてからずっとではないが30年以上	51	16.40%
(7) 村の出身だが一時よそで暮らしたこともあり，また村にもどってきた	54	17.36%
(8) その他	2	0.64%
無回答	1	0.32%
計	311	100%

〈つぎに，地域社会における日常の生活についてお聞きします〉

［問5］ あなたは六ヶ所村での生活についてどのように感じていますか。以下から一つ選んでください。

	度数	割合
(1) とても満足している	19	6.11%
(2) まあ満足している	165	53.05%
(3) やや不満	98	31.51%
(4) とても不満	28	9.00%
無回答	1	0.32%
計	311	100%

［問6］ あなたの暮らしむきのなかで，お宅の収入にどれほど満足していますか。一つ選んでください。

	度数	割合
(1) 非常に満足	6	1.93%
(2) まあ満足	104	33.44%
(3) 少し不満	86	27.65%
(4) 非常に不満	60	19.29%
(5) どちらともいえない	52	16.72%

無回答	3	0.96%
計	311	100%

［問 7］　あなたは六ヶ所村で生活していて，町内会（あるいは常会）についてどうお考えですか。以下からあなたのお考えに近いものを一つ選んでください。

	度数	割合
(1) 生活上の諸問題を解決するために町内会，常会が必要である	101	32.48%
(2) 土地のしきたりとして町内会，常会があるのだからそのしきたりに従っていればよい	54	17.36%
(3) わずらわしいので，できればない方がよい	28	9.00%
(4) 町内会，常会ではなく，もっと自由に村民の組織や運動が必要である	24	7.72%
(5) 生活をよくするためには新しい住民組織が必要だが，あまり政治的でない方がよい	98	31.51%
無回答	6	1.93%
計	311	100%

［問 8］　あなたはこの一年間（去年の 9 月頃から今まで）の間にどのような活動に参加しましたか。実際に，活動に参加したことがあるものを，すべて選んで○をつけてください。

	度数	割合		度数	割合
(1) 町内会，常会	83	26.69%	(9) 労働組合	5	1.61%
(2) PTA 活動	44	14.15%	(10) 農協，漁協	29	9.32%
(3) 商店会，同業組合	16	5.14%	(11) 氏子会，お神楽の会	10	3.22%
(4) サークル活動，趣味の会，スポーツ団体	49	15.76%	(12) 議員などの後援会，政党	22	7.07%
(5) 老人クラブ	18	5.79%	(13) 宗教団体	1	0.32%
(6) 婦人会	19	6.11%	(14) ボランティア団体	18	5.79%
(7) 青年団，青年会	4	1.29%	(15) その他	10	3.22%
(8) 防犯協会，消防団，交通安全協会	18	5.79%	(16) 特に活動していない	136	43.73%
			回答者数	311	

※複数回答のため総数は 100%にならない

［問9］　村政に対して何かご不満やご要望があったとき，どのようにして解決しようと思いますか。以下から一つ選んで○をつけてください。

	度数	割合
(1) 役場などの関係機関に直接たのむ	108	34.73%
(2) 議会に陳情・請願する	10	3.22%
(3) 議員などの政治家にたのむ	25	8.04%
(4) 地元の有力者にたのむ	21	6.75%
(5) 町内会・常会にたのむ	30	9.65%
(6) 解決のための運動の組織づくりをする	2	0.64%
(7) マスコミに訴える	4	1.29%
(8) 何もしないだろう	80	25.72%
(9) 不満がない	18	5.79%
無回答	13	4.18%
計	311	100%

［問10］　あなたはこれからもずっと六ヶ所村に住み続けたいと思いますか。それとも，できれば他の地域へ引っ越したいと思いますか。一つ選んで○をつけてください。

	度数	割合
(1) ずっと住んでいたい	137	44.05%
(2) しばらくは住んでいたい	56	18.01%
(3) できれば引っ越したい	51	16.40%
(4) 引っ越したいができない	35	11.25%
(5) 迷っている（わからない）	28	9.00%
無回答	4	1.29%
計	311	100%

(1)(2)(5)を選んだ方は［問11］へお進み下さい。
(3)(4)を選んだ方は［問10-2］へお進み下さい。

［問10-2］　問10で「引っ越したい」と答えた方（3または4を選んだ方）にお聞きします。次の1から9の中より，最大の理由と，2番目の理由を一つずつ選んで，（　）の中に番号を記入してください。

	最大の理由		2番目の理由	
	度数	割合	度数	割合
(1) 住宅事情や道路・上下水道などの生活基盤がよくない	10	11.11%	9	10.00%
(2) 医療福祉体制が十分でない	21	23.33%	12	13.33%
(3) 子供の教育機会が十分でない	3	3.33%	11	12.22%
(4) 良い働き場所が少ない	19	21.11%	9	10.00%
(5) 核燃への不安がある	11	12.22%	10	11.11%
(6) 天候条件が厳しい	7	7.78%	17	18.89%
(7) 行事・近所づきあいが面倒	1	1.11%	4	4.44%
(8) 娯楽や文化活動の機会が乏しい	11	12.22%	7	7.78%
(9) その他：	4	4.44%	2	2.22%
無回答	3	3.33%	9	10.00%
計	90	100%	90	100%

非該当：221

［問 11］ あなたは村長選挙・村議会議員選挙の際にどのようなことを重視して投票していますか。最も重視していることと，次に重視していることを一つずつ選んで，（　）の中に番号を記入してください。

	最も重視		次に重視	
	度数	割合	度数	割合
(1) 候補者の人柄	100	32.26%	53	17.10%
(2) 地元代表で地元の世話をよくすること	79	25.48%	53	17.10%
(3) 自分と知り合いの人であること	17	5.48%	20	6.45%
(4) まちづくりについての政策	35	11.29%	45	14.52%
(5) 核燃問題についての政策	23	7.42%	20	6.45%
(6) 親戚や知人からの依頼	23	7.42%	26	8.39%
(7) 職場や取引先の依頼やつながり	21	6.77%	31	10.00%
(8) その他	7	2.26%	6	1.94%
無回答	5	1.61%	56	18.06%
計	310	100%	310	100%

※順序なし回答者が一件（1と4を選択）

［問 12］ 一般に，地域社会について次のような四つの意見があります。率直に言って，あなたのお考えに近いものを一つお選びください。

	度数	割合
(1) この土地にはこの土地なりの生活やしきたりがある以上，出来るだけこれにしたがって，人々との和を大切にしたい。	90	28.94%
(2) この土地にはたまたま生活しているが，さして関心や愛着といったものはない。地元の熱心な人たちが地域をよくしてくれるだろう。	34	10.93%
(3) この土地に生活することになった以上，自分の生活上の不満や要求をできるだけ村政その他に反映していくのは，住民としての権利である。	55	17.68%
(4) 地域社会は自分の生活上のよりどころであるから，住民がお互いにすすんで協力し，住みやすくするように心がける。	127	40.84%
無回答	5	1.61%
計	311	100%

〈つぎに，地域開発と核燃料サイクル施設に関してお聞きします〉

［問 13］ あなたは，昭和 46 年（1971 年）に発表された「むつ小川原開発計画」について，どのような態度をとられましたか。あてはまるもの一つに○をつけてください。

	度数	割合
(1) 一貫して反対であった（現在も反対である）	27	8.68%
(2) 一貫して賛成であった（現在も賛成である）	47	15.11%
(3) 初めは反対であったが，現在は賛成している	48	15.43%
(4) 初めは賛成であったが，現在は反対している	16	5.14%
(5) 昔（大分以前）のことで分からない	169	54.34%
無回答	4	1.29%
計	311	100%

(1)～(4)を選んだ方は［問 13-2］へお進み下さい。(5)を選んだ方は［問 14］へお進み下さい。

［問 13-2］ （問 13 で 1 ～ 4 と答えた方にお聞きします）あなたは，今の段階でむつ小川原開発をどのように評価しますか。あてはまるものを一つ選んでください。

	度数	割合
(1) よかった	35	24.65%

⑵ 仕方がなかった	49	34.51%
⑶ あまりよくなかった	33	23.24%
⑷ まずかった	8	5.63%
無回答	17	11.97%
計	142	100%

非該当：169

［問 13-3］（問 13 で 1 ～ 4 と答えた方にお聞きします）当初のむつ小川原開発に際して，あなたが悩んだことはなんですか。あてはまるものすべてを選んで○をつけてください。

	度数	割合
⑴ 海や湖の汚染	49	34.51%
⑵ 村民間の感情的対立と村がもっていたまとまりの喪失	30	21.13%
⑶ 農業や漁業への悪い影響	54	38.03%
⑷ 村民間の所得格差の発生・拡大	22	15.49%
⑸ 集落間の富裕格差の発生・拡大	14	9.86%
⑹ 青年の流出	6	4.23%
⑺ 村民の勤労意欲の低下	16	11.27%
⑻ 下北半島の自然環境の破壊	13	9.15%
⑼ これまでにない社会問題発生への危惧	26	18.31%
⑽ 過疎化の進行	6	4.23%
⑾ 土地の売買に関する問題	19	13.38%
⑿ その他	4	2.82%
⒀ 特に悩まなかった	20	14.08%
回答者数	142	

非該当：169 ／複数回答のため総数は 100%にならない

［問 14］あなたは六ヶ所村への核燃料サイクル施設導入の際にどのような態度をとられましたか。

	度数	割合
⑴ 一貫して反対であった（現在も反対である）	31	9.97%
⑵ 一貫して賛成であった（現在も賛成である）	54	17.36%

(3) 初めは反対であったが，現在は賛成している	73	23.47%
(4) 初めは賛成であったが，現在は反対している	12	3.86%
(5) 以前のことなので，わからない	127	40.84%
無回答	14	4.50%
計	311	100%

［問 15］ 核燃施設については，次のようなアからスまでの意見があります。それぞれについて，あなたはどう思いますか。あなたのお考えに近い番号に，一つずつ○をつけてください。

ア　核燃施設は危険であり，環境を汚染する可能性が高い

	度数	割合
(1) そう思う	97	31.19%
(2) どちらかといえばそう思う	116	37.30%
(3) どちらかといえばそう思わない	50	16.08%
(4) そう思わない	33	10.61%
無回答	15	4.82%
計	311	100%

イ　核燃施設は，交付金や税収で村の財政を豊かにする

	度数	割合
(1) そう思う	142	45.66%
(2) どちらかといえばそう思う	95	30.55%
(3) どちらかといえばそう思わない	24	7.72%
(4) そう思わない	25	8.04%
無回答	25	8.04%
計	311	100%

ウ　核燃施設の建設が進むと，いままでどおりには農業や漁業をやっていけない

	度数	割合
(1) そう思う	44	14.15%
(2) どちらかといえばそう思う	80	25.72%
(3) どちらかといえばそう思わない	90	28.94%

⑷ そう思わない	73	23.47%
無回答	24	7.72%
計	311	100%

エ　核燃施設は雇用を増やし，村民を豊かにする

	度数	割合
⑴ そう思う	74	23.79%
⑵ どちらかといえばそう思う	96	30.87%
⑶ どちらかといえばそう思わない	72	23.15%
⑷ そう思わない	41	13.18%
無回答	28	9.00%
計	311	100%

オ　核燃施設は若者の村外流出をくい止める

	度数	割合
⑴ そう思う	58	18.65%
⑵ どちらかといえばそう思う	80	25.72%
⑶ どちらかといえばそう思わない	85	27.33%
⑷ そう思わない	57	18.33%
無回答	31	9.97%
計	311	100%

カ　友人や知人との間で，核燃施設について批判的な意見は話題にしにくい

	度数	割合
⑴ そう思う	32	10.29%
⑵ どちらかといえばそう思う	53	17.04%
⑶ どちらかといえばそう思わない	88	28.30%
⑷ そう思わない	111	35.69%
無回答	27	8.68%
計	311	100%

キ　国や県は，核燃施設について村民に十分な情報を提供している

	度数	割合
(1) そう思う	27	8.68%
(2) どちらかといえばそう思う	100	32.15%
(3) どちらかといえばそう思わない	101	32.48%
(4) そう思わない	57	18.33%
無回答	26	8.36%
計	311	100%

ク　核燃施設のことは，難しすぎてよくわからない

	度数	割合
(1) そう思う	88	28.30%
(2) どちらかといえばそう思う	121	38.91%
(3) どちらかといえばそう思わない	44	14.15%
(4) そう思わない	41	13.18%
無回答	17	5.47%
計	311	100%

ケ　核燃施設は，村のイメージダウンにつながる

	度数	割合
(1) そう思う	24	7.72%
(2) どちらかといえばそう思う	62	19.94%
(3) どちらかといえばそう思わない	121	38.91%
(4) そう思わない	71	22.83%
無回答	33	10.61%
計	311	100%

コ　万一の事故が起きても，事業者と行政は安全に対処する態勢ができている

	度数	割合
(1) そう思う	31	9.97%
(2) どちらかといえばそう思う	83	26.69%
(3) どちらかといえばそう思わない	90	28.94%
(4) そう思わない	73	23.47%
無回答	34	10.93%

計	311	100%

サ　核燃施設は既にたくさん建設されたので，好むと好まざるとにかかわらず，この現実は変えられない

	度数	割合
(1) そう思う	130	41.80%
(2) どちらかといえばそう思う	122	39.23%
(3) どちらかといえばそう思わない	23	7.40%
(4) そう思わない	12	3.86%
無回答	24	7.72%
計	311	100%

シ　核燃施設があるため，村のことを村民自身が決められなくなっている

	度数	割合
(1) そう思う	62	19.94%
(2) どちらかといえばそう思う	80	25.72%
(3) どちらかといえばそう思わない	87	27.97%
(4) そう思わない	53	17.04%
無回答	29	9.32%
計	311	100%

ス　これ以上，六ヶ所村に持ち込む放射性廃棄物の量や種類を増やさないでほしい

	度数	割合
(1) そう思う	141	45.34%
(2) どちらかといえばそう思う	84	27.01%
(3) どちらかといえばそう思わない	38	12.22%
(4) そう思わない	29	9.32%
無回答	19	6.11%
計	311	100%

［問 16］ あなたは六ヶ所村の核燃料サイクル施設に関して，次のことを知っていますか。あなたが知っていることすべてについて，その番号に○をつけて下

さい。

	度数	割合
(1) 1995年以来，海外から返還された高レベル放射性廃棄物が，50年間の約束で貯蔵されていること	199	63.99%
(2) 国際熱核融合実験炉（ITER，イーター）の有力な建設候補地になっていること	243	78.14%
(3) 使用済み核燃料再処理工場内の貯蔵プールで，昨年8月に水漏れが起こったこと	272	87.46%
(4) 再処理工場が，2005年（平成17年）夏から操業を始める予定であること	168	54.02%
(5) 原子力発電所が廃炉になった時に出る廃棄物（高ベータ・ガンマ廃棄物）の処分場をつくることを想定して，そのための調査が進められていること	72	23.15%
回答者数	311	

※複数回答のため，総数は100%にならない

［注］ 調査票においては，上記の（3）の文中において，「昨年8月に」と表記したが，正確な表現は「2001年7月」であった。この集計表では，元の文章を変えずに掲載する。

［問17］ あなた自身のことは別にして，村民のあいだに，核燃料サイクル施設の安全性についてはどのような意見が多いと思いますか。一つ選んでください。

	度数	割合
(1) 安心よりも不安を感じている人のほうが，ずっと多いと思う	116	37.30%
(2) 安心よりも不安を感じている人のほうが，やや多いと思う	92	29.58%
(3) 不安を感ずるよりも安心している人のほうが，やや多いと思う	27	8.68%
(4) 不安を感ずるよりも安心している人のほうが，ずっと多いと思う	10	3.22%
(5) わからない	59	18.97%
無回答	7	2.25%
計	311	100%

〈つぎに，これからの，まちづくりの方向についてうかがいます〉

［問18］ 六ヶ所村は将来，どのような産業を中心として発展すべきだと思いますか。あなたの考えにもっとも近いものを一つ選んで下さい。

	度数	割合
(1) 農林業・漁業を中心にしていく	68	21.86%
(2) 商業を中心にしていく	17	5.47%
(3) 観光，レクリエーション産業を中心にしていく	50	16.08%
(4) 文化・教育に関する産業を中心にしていく	42	13.50%
(5) 原子力に関連した工業を中心にしていく	67	21.54%
(6) 原子力以外の工業を中心にしていく	43	13.83%
無回答	24	7.72%
計	311	100%

［問 19］ まちづくりのために，今後，行政に特に努力してほしいと，あなたが思う課題は何ですか。あてはまるもの三つに○をつけてください。

	度数	割合		度数	割合
(1) 自然環境の保全	68	21.86%	(9) 子供の学校や教育条件	75	24.12%
(2) 買い物の便利さ	67	21.54%	(10) 自然災害対策	19	6.11%
(3) 交通の便利さ	102	32.80%	(11) 原子力の安全対策	81	26.05%
(4) 芸術・文化に触れる機会と施設	6	1.93%	(12) 農林業・漁業の振興	42	13.50%
(5) スポーツ・レジャーの余暇施設	43	13.83%	(13) 地元企業の振興	47	15.11%
(6) ごみ処理や上下水道などの生活環境	44	14.15%	(14) 雇用機会の確保	77	24.76%
(7) 保健・医療の施設やサービス	117	37.62%	(15) その他	5	1.61%
(8) 福祉や介護のための施設やサービス	90	28.94%	回答者数	311	

※複数回答のため，総数は 100%にならない

［問 20］ 六ヶ所村で，「まちづくり」の計画をつくる場合に，あなたは，住民と行政のどちらが主導するのがよいと思いますか。あてはまるもの一つに○をつけてください。

	度数	割合
(1) 住民主導でつくるのがよい	69	22.19%

(2) どちらかといえば住民主導でつくるのがよい	162	52.09%
(3) どちらかといえば行政主導でつくるのがよい	51	16.40%
(4) 行政主導でつくるのがよい	18	5.79%
無回答	11	3.54%
計	311	100%

［問 21］ 六ヶ所村で「まちづくり」の計画をつくるために，住民が参加して発言できる機会が設けられた場合，あなたはどうしますか。あてはまるもの一つに○をつけてください。

	度数	割合
(1) 自発的に参加し積極的に発言する	55	17.68%
(2) 誘われれば出席して発言する	81	26.05%
(3) 出席するが発言しない	65	20.90%
(4) 出席しないで，行政や地域の役職者にまかせる	99	31.83%
無回答	11	3.54%
計	311	100%

［問 22］ あなたは，これからの雇用の確保について，次のア，イの意見についてどう思いますか。それぞれについて，あてはまるもの一つに○をつけてください。

ア 「村内の雇用機会を減少させないために，核燃施設に関連する工事をずっと続けてほしい」

	度数	割合
(1) そう思う	60	19.29%
(2) どちらかと言えばそう思う	84	27.01%
(3) どちらかと言えばそう思わない	41	13.18%
(4) そう思わない	53	17.04%
(5) わからない	65	20.90%
無回答	8	2.57%
計	311	100%

イ 「核燃施設の操業や関連する工事をやめても，別の方法で雇用が確保される

なら，核燃施設は縮小したほうがよい」

	度数	割合
(1) そう思う	92	29.58%
(2) どちらかと言えばそう思う	94	30.23%
(3) どちらかと言えばそう思わない	22	7.07%
(4) そう思わない	40	12.86%
(5) わからない	58	18.65%
無回答	5	1.61%
計	311	100%

［問 23］ あなたは地球温暖化を防止するために，今後どのようなエネルギー対策を講ずるのが良いと思いますか。次のなかから，いくつでもあげてください。

	度数	割合
(1) 天然ガスの利用推進	39	12.54%
(2) 太陽光発電，風力発電などの新エネルギーの導入	244	78.46%
(3) 原子力発電の開発推進	62	19.94%
(4) 省エネルギーの推進	148	47.59%
(5) 特に何も行う必要はない	19	6.11%
計	311	

※複数回答のため，総数は 100%にならない

［問 24］ 今後，日本は原子力発電をどのようにすべきだと思いますか。あなたの考えに一番近いものをお答えください。

	度数	割合
(1) 積極的に増設する	7	2.25%
(2) 慎重に増設する	94	30.23%
(3) 現状を維持する	70	22.51%
(4) 将来的には廃止する	62	19.94%
(5) 早急に廃止する	4	1.29%
(6) わからない	66	21.22%
無回答	8	2.57%
計	311	100%

［問 25］ あなたは，六ヶ所村にある使用済み核燃料再処理工場が操業することについて，どう思いますか。あなたのお考えにもっとも近いもの一つに○をつけてください。

	度数	割合
⑴ 不安はないので，操業してほしい。	24	7.72%
⑵ 不安はあるが，村への経済的効果があるので操業したほうがよい。	122	39.23%
⑶ 不安があるので，できるものなら止めたい。	69	22.19%
⑷ 使い道のはっきりしないプルトニウムを生み出すだけだから，操業しないほうがよい。	31	9.97%
⑸ わからない	61	19.61%
無回答	4	1.29%
計	311	100%

［問 26］ あなたは，次のア，イの意見についてどう思いますか。それぞれについて，もっともあなたの意見に近いものに一つずつ○をつけてください。

ア 「六ヶ所村の核燃料サイクル施設の増設は，住民投票によって決めるべきだ」

	度数	割合
⑴ そう思う	99	31.83%
⑵ どちらかと言えばそう思う	89	28.62%
⑶ どちらかと言えばそう思わない	19	6.11%
⑷ そう思わない	34	10.93%
⑸ わからない	66	21.22%
無回答	4	1.29%
計	311	100%

イ 「原子力の事故を完全に防ぐことは不可能だ」

	度数	割合
⑴ そう思う	126	40.51%
⑵ どちらかと言えばそう思う	96	30.87%
⑶ どちらかと言えばそう思わない	19	6.11%
⑷ そう思わない	25	8.04%
⑸ わからない	42	13.50%

無回答	3	0.96%
計	311	100%

［問 27］ 六ヶ所村には他の地域から放射性廃棄物が搬入されていますが，同時に，開発とともに税収や雇用の機会も増えたと言われています。地域間の公平という点から見ると，六ヶ所村は他の地域に比べて公平に扱われていると思いますか。一つ選んで下さい。

	度数	割合
(1) 公平に扱われている	34	10.93%
(2) だいたい公平に扱われている	125	40.19%
(3) あまり公平に扱われていない	102	32.80%
(4) 不公平に扱われている	30	9.65%
無回答	20	6.43%
計	311	100%

［問 28］ 他の県の人々は，原子力政策に関する六ヶ所村の立場をよく理解していると思いますか。一つ選んで下さい。

	度数	割合
(1) 理解していると思う	21	6.75%
(2) 理解していないと思う	174	55.95%
(3) わからない	113	36.33%
無回答	3	0.96%
計	311	100%

［問 29］ あなたのご職業について，あてはまるもの一つに○をつけてください。

	度数	割合		度数	割合
(1) 民間企業	61	19.61%	(7) 工業・サービス業などの自営業	33	10.61%
(2) 建設業	34	10.93%	(8) 主婦	44	14.15%
(3) 公務員	14	4.50%	(9) 無職，年金生活者	39	12.54%
(4) 専門職（教員，医師，会計士など）	10	3.22%	(10) 学生	1	0.32%

(5) 農業，酪農，林業	34	10.93%	(11) その他	17	5.47%
(6) 漁業	7	2.25%	無回答	17	5.47%
			計	311	100%

[(1)(2)(3)を選んだ方のみお答え下さい]

[問 29-2]　お仕事の内容はどのようなものですか。

	度数	割合
(1) 管理職，経営者	14	11.20%
(2) 技術・研究開発	20	16.00%
(3) 事務職	27	21.60%
(4) 工員，店員，現場作業員，現業職	33	26.40%
(5) その他	11	8.80%
無回答	20	16.00%
計	125	100%

非該当：186

[問 30]　あなたご自身も含めてご家族に，お仕事の上で日本原燃とのつながりがある方がいらっしゃいますか。一つ選んでください。

	度数	割合
(1) 家族の中に，日本原燃で働いている者がいる。	47	15.11%
(2) 家族の中に，日本原燃の関連会社で働いている者がいる。	54	17.36%
(3) 家族の中に，仕事上，日本原燃やその関連会社との取引が重要である者がいる。	27	8.68%
(4) 家族の中に，仕事上，日本原燃やその関連会社との関係がある者はいない。	171	54.98%
無回答	12	3.86%
計	311	100%

[問 31]　あなたが最後に卒業した学校は次のどれでしょうか。中退も卒業として一つ選んでください。

	度数	割合
(1) 中学校・旧制小学校	128	41.16%

(2) 新制高校，旧制中学，旧制女学校，旧制実業高校	125	40.19%
(3) 短大，新制高専	21	6.75%
(4) 大学，大学院，旧制高等専門学校	30	9.65%
無回答	7	2.25%
計	311	100%

［問 32］ 次のうちで，あなたが，ほぼ毎日，読んでいる新聞はどれですか。あてはまるものすべてに○を，つけてください。

	度数	割合		度数	割合
(1) 東奥日報	173	55.63%	(6) 毎日新聞	5	1.61%
(2) デーリー東北	119	38.26%	(7) 日本経済新聞	8	2.57%
(3) 河北新報	1	0.32%	(8) その他	14	4.50%
(4) 朝日新聞	14	4.50%	(9) どれも読んでいない	41	13.18%
(5) 読売新聞	17	5.47%	回答者数	311	

※複数回答のため，総数は 100%にならない

［問 33］ 立ち入ったことをおたずねして恐縮ですが，あなたのご家族全体の年収は合計（税込み）で，およそどのくらいですか。一つ選んで下さい。

	度数	割合		度数	割合
(1) 200 万円未満	37	11.90%	(6) 1000 万－1200 万円未満	9	2.89%
(2) 200 万－400 万円未満	88	28.30%	(7) 1200 万－1500 万円未満	10	3.22%
(3) 400 万－600 万円未満	53	17.04%	(8) 1500 万円以上	19	6.11%
(4) 600 万－800 万円未満	38	12.22%	無回答	36	11.58%
(5) 800 万－1000 万円未満	21	6.75%	計	311	100%

●著者紹介

船橋晴俊（ふなばし はるとし）

法政大学社会学部教授。主著に『組織の存立構造論と両義性論——社会学理論の重層的探究』（2010年，東信堂）など。

長谷川公一（はせがわ こういち）

東北大学大学院文学研究科教授。主著に『脱原子力社会の選択 増補版——新エネルギー革命の時代』（2011年，新曜社）など。

飯島伸子（いいじま のぶこ）

元東京都立大学人文学部教授，2001年逝去。主著に『新版 公害・労災・職業病年表 索引付』（2007年，すいれん舎）など。

核燃料サイクル施設の社会学——青森県六ヶ所村

Sociology on Nuclear Fuel Cycle Facilities in Rokkasho Village

2012年3月10日　初版第1刷発行　〈有斐閣選書〉

著者　船橋晴俊
長谷川公一
飯島伸子

発行者　江草貞治

発行所　株式会社 有斐閣

郵便番号 101－0051
東京都千代田区神田神保町2－17
(03) 3264－1315〔編集〕
(03) 3265－6811〔営業〕
http://www.yuhikaku.co.jp/

印刷・萩原印刷株式会社／製本・株式会社アトラス製本

ISBN 978-4-641-28126-4